WPS 高级数组函数大全

吕洪飞 邓华 主编

清華大学出版社
北京

内 容 简 介

本书是一本全面深入探讨 WPS 表格最新功能——动态数组与 LAMBDA 类函数的著作。全书共 7 章，内容涵盖动态数组功能的基础知识、操作类函数、升级类函数、文本类函数、数组类函数以及 LAMBDA 类函数的详尽解析，并通过丰富的综合案例展示这些新功能在实际工作场景中的应用。本书内容全面，实践性强，语言简洁明了，结构清晰，即使是 WPS 表格初学者也能轻松理解，快速掌握核心技能。

本书适用于所有对 WPS 表格感兴趣的学习者和使用者，无论你是刚接触 WPS 表格的新手，还是有一定经验的中级用户，甚至是寻找进阶技巧的高级用户，都能从本书中找到有价值的内容。

图书在版编目 (CIP) 数据

WPS 高级数组函数大全 / 吕洪飞 , 邓华主编 . -- 北京 : 清华大学出版社 , 2025. 1（2025.3重印）. -- ISBN 978-7-302-67877-9

Ⅰ. TP391.13

中国国家版本馆 CIP 数据核字第 2024FJ1214 号

责任编辑： 黄　芝　张爱华
封面设计： 刘　键
版式设计： 方加青
责任校对： 王勤勤
责任印制： 宋　林

出版发行： 清华大学出版社

网　　址： https://www.tup.com.cn，https://www.wqxuetang.com
地　　址： 北京清华大学学研大厦 A 座　　**邮　　编：** 100084
社 总 机： 010-83470000　　**邮　　购：** 010-62786544
投稿与读者服务： 010-62776969，c-service@tup.tsinghua.edu.cn
质 量 反 馈： 010-62772015，zhiliang@tup.tsinghua.edu.cn
课 件 下 载： https://www.tup.com.cn，010-83470236

印 装 者： 小森印刷（北京）有限公司
经　　销： 全国新华书店
开　　本： 185mm×260mm　　**印　　张：** 18　　**字　　数：** 375 千字
版　　次： 2025 年 1 月第 1 版　　**印　　次：** 2025 年 3 月第 2 次印刷
印　　数： 2501 ～ 4000
定　　价： 89.90 元

产品编号：106515-01

推荐语 RECOMMENDATION

我谨向本书的两位作者致以最诚挚的敬意与深切的感激，衷心感谢他们在数组函数场景测试过程中所付出的辛勤努力与贡献。

自2023年正式启动动态数组项目立项，至2023年年底正式推出该功能，其已赢得了众多WPS表格用户的认可。在动态数组功能的助力下，2024年间，我们陆续新增并发布了超过40个高级数组函数。在此，向WPS表格研发团队的每一位成员致以诚挚的感谢。正是凭借他们坚持不懈的努力及创新精神，WPS表格的数组函数得以持续扩展与完善，从而为用户提供了更为强大且高效的数据处理手段。书中介绍的每一个函数及其应用场景，均充分展现了我们团队的心血与智慧成果。

对于WPS表格的用户而言，本书无疑是一部极具价值的参考书。无论是数据分析师、财务专家，还是企业管理者，均可从中汲取提升工作效率、解决实际问题的实用技巧与方法。通过深入研习这些高级数组函数，用户将能够更加自如地应对复杂数据处理挑战，挖掘数据潜在价值。

聂道强——金山办公研发总监

很高兴推荐《WPS高级数组函数大全》这本书。

今天，业务决策及增长越来越依赖数据的支撑。熟练掌握表格函数的应用不仅是提升工作效率的关键，也是加强数据分析和洞察的重要手段。而《WPS高级数组函数大全》正好提供了深入浅出的高级数组函数的讲解，帮助用户更好地操作和分析数据。

该书从基础到高级，逐步引导用户掌握复杂的数组操作；涵盖了WPS表格新增的高级数组函数，为用户提供了完整的使用参考。每个函数都配有详细的示例，让用户能够学以致用。

对于WPS表格用户而言，本书将成为WPS用户提升专业能力的有力工具，助力用户在未来更好地利用数据。

汪大炜——金山办公用户增长高级运营总监

2024年是WPS表格爆发式更新的一年，新函数新功能层出不穷，更新频率之快、更新内容之多让人目不暇接。尤其是全面支持动态数组以及针对动态数组开发的多个新函数，让WPS表格的性能和用户体验提升到了全新的高度。

动态数组是不是很难学？要怎么学？金山办公负责表格组件开发的技术大咖邓华老师

和知名 WPS Office 培训师吕洪飞老师联袂，厚积薄发，博采众家之长，将动态数组的使用经验和技巧倾囊相授，全方位剖析 WPS 表格动态数组的方方面面。本书无疑是读者提升 WPS 表格动态数组使用水平的助推器，让读者使用函数公式处理数据的水平更上一个新台阶。

祝洪忠——ExcelHome 技术论坛版主

本书讲解了 WPS 表格的数组函数，并展示了一个值得骄傲的成就。

过去我们总认为函数要数微软的 Excel 最强，尤其动态数组功能出现后更是如此。然而，这种情况正在改变。今年年初，我发现 WPS 中没有 Sheet 和 Sheets 两个函数，就询问本书作者之一的邓华先生，对方干脆地让我写个需求申请出来。

提交后，我又尝试建议增加提取工作表名和工作簿名的函数，自此一发而不可收，不到半年，WPS 新增了许多 Excel 不具备的函数，如 SheetsName 函数和 BookName 函数，以及后来陆续出现的批量替换、正则表达式函数等，实现了函数公式的超越。

方洁影（网名：小妖同学）——金山办公最有价值专家 KVP

函数公式是表格的灵魂，能够灵活地完成各种数据的计算，也是简历中彰显表格技能的必备选项。

如果想在函数公式上再来一次大幅的提升，一定不要错过本书。本书向你全面地介绍 WPS 全新引入的 LAMBDA、REDUCE、REGEXP 等一系列编程式新函数，让我们轻松解决各种复杂文本的拆分、提取，实现列表数据的迭代计算，摈弃传统的、复杂的公式套路，用更简单、更优雅的方式，实现数据的高效处理。

相信本书一定能为你打开一扇全新的函数公式大门。

拉小登——B 站知识区，知名 UP 主

近几年来，Excel 和 WPS 表格迎来了最大的变革之一——动态数组公式功能。函数的返回值不再局限于单一值，而是可以一次性在多个单元格中返回多行多列的结果。这项技术虽然最初由微软 Excel 推出，但由于需要高版本的支持，限制了其广泛应用。直到 WPS 表格全面跟进，推出了具备同样功能的新系列函数，才真正开启了一个新时代。

许多过去需要借助 VBA、JSA 或插件才能实现的效果，如今仅用原生函数就能轻松完成。作为一名 Excel/WPS 表格插件开发者，我深知插件的局限性（安装烦琐，且仅限于 Windows 平台）。因此，在特定场景下，用原生函数实现功能具有独特价值，尤其是在跨平台和跨系统的应用中。

然而，新函数的学习资料零散且缺乏系统性，本书的出版恰好填补了这一空白。两位作者是 Office 圈内知名的 WPS 函数布道者，他们的专业与热情保证了本书的高质量。这本书，值得您拥有。

李伟坚——金山办公最有价值专家 KVP，Excel 催化剂、EasyShu、WPS 演示催化剂等插件开发者

动态数组是表格领域一项划时代的进步，它彻底改变了使用孤立单元格为单位的传统公式书写模式。首先，动态数组减少了锁定区域、拖曳填充、三键结尾等烦琐操作，减少了公式的长度，更易于用户的理解掌握；其次，动态数组能够最大限度地发挥传统函数的功效，一些本不相干的函数组合能够碰撞出奇妙的火花；再者，动态数组衍生出一系列全新函数，能够以数据矩阵为单位进行拆分、拼装与整合，为数据的多维处理分析提供了便捷。感谢两位行业先驱者深入浅出地将宝贵经验整理成册，惠及全国用户。

任泽岩——金山办公认证培训师 KCT、金山办公最有价值专家 KVP

看到本书的目录时，我立马眼前一亮：哟，WPS 竟然不声不响新增了这么多数组函数！再细看这些函数的名字和功能，哇，这也太强大了吧！筛选区域或数组、根据范围或数组排序、使用分隔符将文本拆分为行或列，好多“梦中情函”一步到位！好多以往在培训时遇到的有难度的问题，在有了这些数组函数的加持后，立马变得简单了！

更重要的是，本书里的每一个函数不仅讲解了每一个参数的意义，还配合了详细的案例讲解该函数的使用场景，即使你是一个新手也能很快掌握其精髓。如果你是一名函数教学者，本书更是一本优秀的教材，可以直接带上书和配套练习去给学生上课！

所以，诚挚地将本书推荐给每一位奋战在表格一线的“表哥表姐”们，也推荐给奋战在办公软件、WPS 表格教学一线的每一位老师！

贺菊中——金山办公认证培训师 KCT、金山办公最有价值专家 KVP

动态数组及其配套高阶函数的引入，极大降低了旧版函数使用的技巧性，特别是这些函数所包含的编程思想和技巧。例如，循环甚至递归，它们共同使得函数式编程真正步入办公领域，弥补了工作表函数在数组处理方面的短板，让很多以前的难题有了通性通法的解决方案。WPS 在 2024 年更新了大量的新函数，不但有对标兼容微软的数组函数，还有诸多独创的实用函数。作为活跃在函数使用最前沿的吕老师和邓老师，他们对于函数的理解是深刻且全面的，本书是目前市面上少有的专门讲解数组函数的一本最新好书。我相信，通过认真阅读此书并勤加操练，一定可以快速掌握目前最为先进的函数技术，极大提升自己的数据分析处理效率！

张周武——金山办公最有价值专家 KVP、B 站“阿武教程”UP 主

前言 PREFACE

在数字化时代，数据处理与分析成为各行各业不可或缺的技能。WPS 表格作为广大用户熟悉的数据处理工具之一，其功能强大而灵活，尤其在函数和公式应用方面，为数据工作者提供了极大的便利。然而，随着数据量的增长和处理需求的复杂化，传统的函数和公式已不能满足日益增长的需求。

近年来，国外的同类表格产品陆续推出新的功能和函数，其中动态数组功能尤为引人注目，将公式的应用推上了更高的台阶。它改变了传统数组公式的限制，使得数据的处理和分析更加高效和直观，尽管国外的表格产品在几年前就已发布了动态数组功能，但由于其价格较高，在国内使用的用户数量相对较少，这一优秀功能并未得到广泛应用。因此，WPS 表格推出的动态数组有望改变这一现状，让更多用户能够享受到更优质的使用体验。

WPS 表格动态数组功能发布后，受到一批高阶用户的一致好评，国产办公软件也终于有了如此优秀的功能。在此背景下，官方研发团队在收到来自各行业的用户提出的“WPS 表格也应该开发出类似国外同类产品已有的高阶数组函数”需求后，经过研发团队的评估及不懈努力，高阶数组函数在 2024 年 4 月迎来了爆发期。不到半年的时间，先后陆续更新了 40 多个高阶函数，其中包含数组类、LAMBDA 类函数，还有不少 WPS 独有的函数，例如 ROUNDBANK、REPTARRAY、SUBSTITUTES、REGEXP 等函数，特别是通过正则表达式处理数据这方面做到了全球领先。

数组类函数和 LAMBDA 类函数的引入，为表格在处理数据方面带来了革命性的变化。这些函数使得数组操作更加灵活，功能更加强大，而 LAMBDA 函数更是为函数式编程提供了强大的技术支持，进一步提高了数据处理的效率和便捷性，为 WPS AI 写公式提供了强大且稳定的函数“基座”。

本书将详细介绍这些新功能和函数的使用方法，并通过综合案例展示它们在实际工作中的应用。无论您是数据分析师、财务工作者，还是其他需要处理和分析数据的工作者，本书都能为您提供一个全面、实用的指南，有助于更好地使用 WPS 表格，提高工作效率。相信本书会为您的工作带来极大的帮助和启示。

读者可通过扫描下方二维码下载本书涉及的所有案例表格文件。

下载案例文件

编者

2024 年 5 月

目录 CONTENTS

第 4 章 文本类函数 / 86

第 5 章 数组类函数 / 120

第 6 章 LAMBDA 类函数 / 171

第 1 章　了解动态数组

WPS 动态数组功能是一种新的数据处理方式，在使用公式处理或分析数据时，在动态数组的加持下会变得更加灵活、直观，并简化了对数据集进行计算的过程，动态数组的溢出功能可以更加简单、快速、优雅地实现相同需求。在操作上只需要输入一个公式，无须按 Ctrl+Shift+Enter 组合键确认，也无须下拉或双击填充操作，即可将计算后数组结果返回到指定的单元格中。

1.1 从了解动态数组开始

在讲解动态数组之前，需要先了解在没有动态数组功能前表格中的两种公式。

第一种是常规的公式。函数或公式通过计算返回一个值，在单元格中输入公式即可显示计算结果。在 D3 单元格输入公式，函数返回 B3:B7 单元格区域的合计值 15，如图 1-1 所示。

```
=SUM(B3:B7)
```

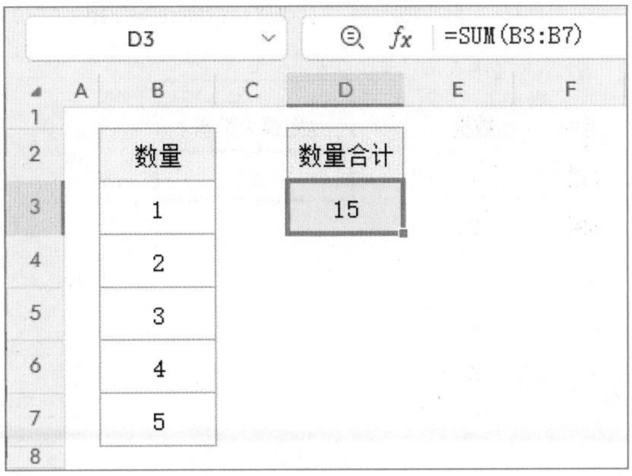

D3　=SUM(B3:B7)

	A	B	C	D	E	F
1						
2		数量		数量合计		
3		1		15		
4		2				
5		3				
6		4				
7		5				
8						

图 1-1　输入求和公式

第二种是数组公式。当需要公式计算或返回多个值时，需要使用数组公式来实现。数组公式又分为区域数组和内存数组，其中，区域数组公式需要先选中多个单元格，输入公式后同时按 Ctrl+Shift+Enter 组合键确认。选中 D3:D7 单元格区域后输入公式，然后同时按 Ctrl+Shift+Enter 组合键，公式依次对 B3:B7 单元格区域进行计算后返回 5 个计算结果，依次填充到 D3:D7 单元格区域，如图 1-2 所示。

=B3:B7*2

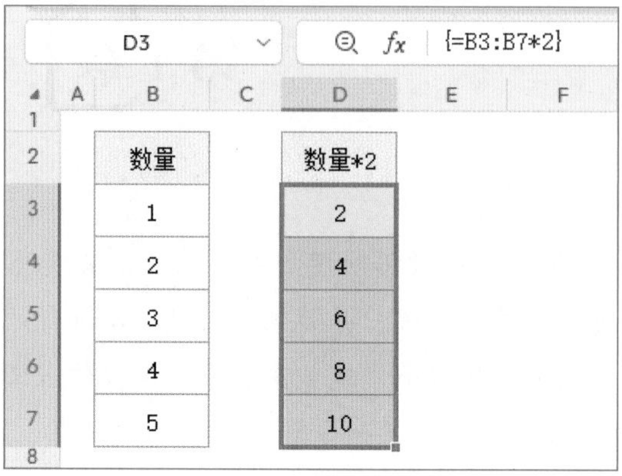

D3 {=B3:B7*2}

	A	B	C	D	E	F
1						
2		数量		数量*2		
3		1		2		
4		2		4		
5		3		6		
6		4		8		
7		5		10		
8						

图 1-2　输入区域数组公式

内存数组公式是在一个单元格输入公式，在使用公式计算时对多个值进行计算，计算后使用聚合函数或引用函数返回一个值，在输入公式后也需要同时按 Ctrl+Shift+Enter 组合键确认。如求“A 组”最大数量，在 E3 单元格输入公式，然后同时按 Ctrl+Shift+Enter 组合键，如图 1-3 所示。IF 函数依次对 B3:B7 单元格区域进行判断，如果等于“A 组”则返回对应的 C3:C7 单元格区域，如果不等于则返回空文本，然后使用 MAX 函数求最大值，结果为 3。

=MAX(IF(B3:B7="A 组",C3:C7,""))

E3 {=MAX(IF(B3:B7="A组",C3:C7,""))}

	A	B	C	D	E	F	G
1							
2		组别	数量		A组最大数量		
3		A组	1		3		
4		B组	2				
5		A组	3				
6		B组	4				
7		B组	5				
8							

图 1-3　输入内存数组公式

可以看到，在输入数组公式后，软件会自动给公式加上大括号，用于区分正常公式。两种数组公式也都有各自的缺点：区域数组公式不够灵活，很多时候在公式计算前，我们无法得知公式返回数组的大小，导致无法选择合适的单元格区域，又或者当我们需要选择一个比较大的单元格区域时，选择单元格区域后输入数组公式的操作也是很不方便的；内存数组虽然没有选取单元格区域的问题，但是由于有些函数自身支持数组，无须按Ctrl+Shift+Enter组合键也可以正常计算，有些函数不支持数组需要按Ctrl+Shift+Enter组合键才可计算，导致用户学习成本太高，大部分用户依旧无法熟练地使用，此外内存数组计算效率也很低，如果在工作表中大量使用内存数组公式，每一次计算都需要很长时间，从而使表格变得卡顿，使用体验很差。

在了解数组公式后，开始学习动态数组功能。动态数组功能是指软件可以根据公式返回的多个值，自动向下向右溢出，把公式返回的多个值对应填充到多个单元格中。

如在E3单元格输入公式，如图1-4所示。

=B3:C7

输入公式后，软件即可自动把B3:C7单元格区域5行2列10个值自动填充到从E3单元格开始向下5行向右2列区域。

E3　=B3:C7

	A	B	C	D	E	F	G
1							
2		组别	数量		组别	数量	
3		A组	1		A组	1	
4		B组	2		B组	2	
5		A组	3		A组	3	
6		B组	4		B组	4	
7		B组	5		B组	5	
8							

图1-4　动态数组溢出

相同需求下动态数组溢出功能可以更简单、更快速、更优雅地实现，输入一个公式即可，无须按Ctrl+Shift+Enter组合键确认，无须用鼠标下拉单元格或双击填充公式，特别在一些新函数的加持下，可以简化之前很多复杂的公式，以及可以实现很多在没有动态数组功能之前，只能通过VBA、JSA编程才可以实现的功能，并且在溢出功能的特性下计算效率也有很大的提升。

1.2 神秘的@和#符号

1. 隐式交集运算符：@运算符

该运算符用于支持动态数组功能，以确保旧版本表格公式能够正常显示。当在支持动态数组的软件中打开使用旧版本编写的公式时，如果公式存在隐式交集运算，系统会自动在引用单元格前添加@运算符，如图1-5所示。

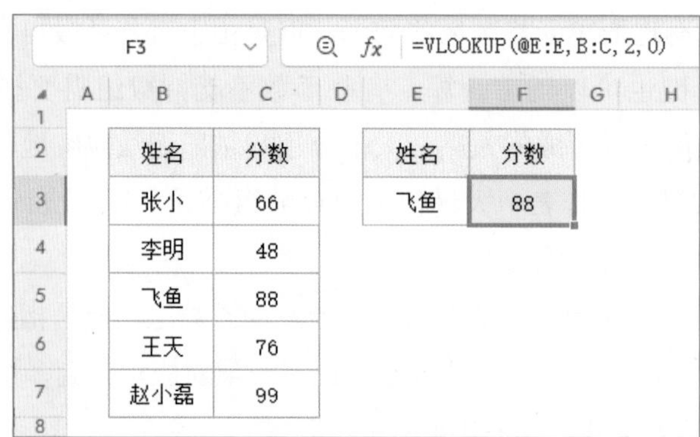
F3 =VLOOKUP(@E:E,B:C,2,0)

姓名	分数
张小	66
李明	48
飞鱼	88
王天	76
赵小磊	99

姓名	分数
飞鱼	88

图 1-5　自动加隐式运算符

因为 VLOOKUP 函数中的第 1 个参数引用的 E 列为隐式交集运算，所以在支持动态数组功能版本软件中打开时，会自动添加 @ 运算符。

1）隐式交集运算

在旧版本的软件中，因为没有动态数组功能，一个单元格中只能接收一个返回值，在公式引用单元格区域时，如果引用了多个单元格区域，会自动触发隐式交集运算，强制返回一个单值。隐式交集运算规则如下。

（1）如果引用一个单元格，则返回该单元格值。

在 F3 单元格输入公式，如图 1-6 所示。

=E3

F3 =E3

姓名	分数
张小	66
李明	48
飞鱼	88
王天	76
赵小磊	99

姓名	分数
飞鱼	飞鱼

图 1-6　引用一个单元格

使用公式计算后返回 E3 单元格的值“飞鱼”。

（2）如果引用多个单元格区域，则返回与公式位于同一行或同一列中的单元格中的值。

在 F3 单元格输入公式引用 E 列，如图 1-7 所示。

旧版本输入：

=E:E

支持动态数组功能输入：

=@E:E

F3 =@E:E

	A	B	C	D	E	F	G
1							
2		姓名	分数		姓名	分数	
3		张小	66		飞鱼	飞鱼	
4		李明	48				
5		飞鱼	88				
6		王天	76				
7		赵小磊	99				
8							

图 1-7 引用多个单元格区域（E 列）

公式中引用 E 列，因为是在 F 列第 3 行 F3 单元格输入的公式，所以隐式交集运算后返回 E 列第 3 行 E3 单元格的值“飞鱼”。

在 F3 单元格输入公式，引用第 2 行，如图 1-8 所示。

旧版本输入：

=2:2

支持动态数组功能输入：

=@2:2

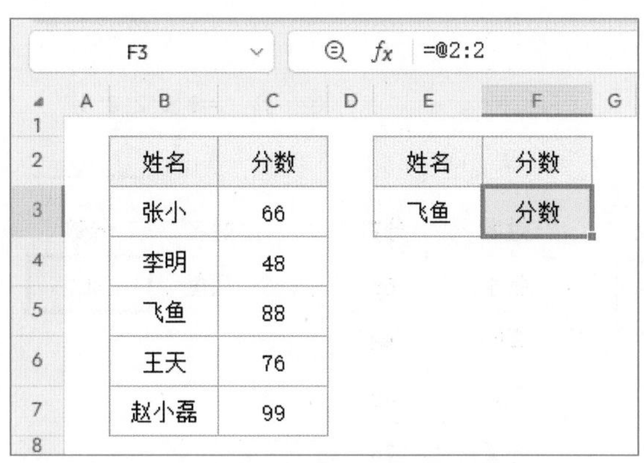

F3 =@2:2

	A	B	C	D	E	F	G
1							
2		姓名	分数		姓名	分数	
3		张小	66		飞鱼	分数	
4		李明	48				
5		飞鱼	88				
6		王天	76				
7		赵小磊	99				
8							

图 1-8 引用多个单元格区域（第 2 行）

公式中引用第 2 行，因为是在 F 列第 3 行 F3 单元格输入的公式，所以隐式交集运算后返回 F 列第 2 行 F2 单元格的值“分数”。

（3）在 F3 单元格输入公式，引用 B4:C7 单元格区域时，如图 1-9 所示。

旧版本输入：

=B4:C7

支持动态数组功能输入：

=@B4:C7

图 1-9　引用多个单元格区域（B4:C7）

当公式引用的单元格区域和输入公式的单元格无交集时，返回错误值 #VALUE!。

2）如果值为数组，则返回数组左上角值

在 F3 单元格输入公式，引用一个常量数组，如图 1-10 所示。

旧版本输入：

={1;2;3;4}

支持动态数组功能输入：

=@{1;2;3;4}

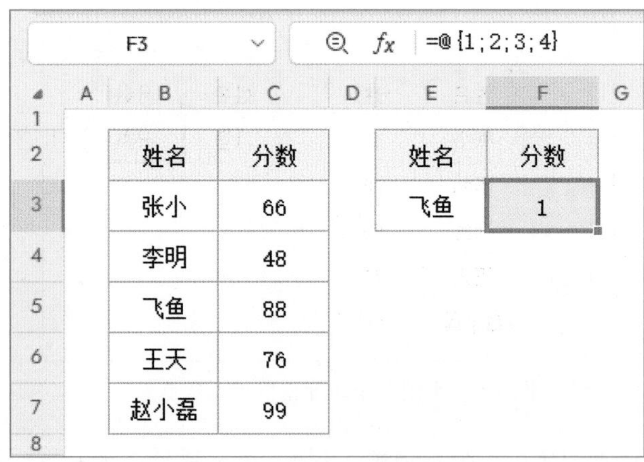

图 1-10　引用常量数组

在 F3 单元格输入公式后同时按 Ctrl+Shift+Enter 组合键，引用 B5:C7 单元格区域，如图 1-11 所示。

=B5:C7

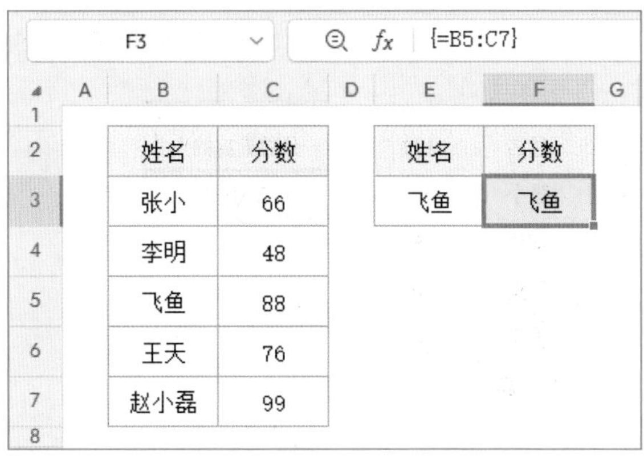

F3　fx　{=B5:C7}

	A	B	C	D	E	F	G
1							
2		姓名	分数		姓名	分数	
3		张小	66		飞鱼	飞鱼	
4		李明	48				
5		飞鱼	88				
6		王天	76				
7		赵小磊	99				
8							

图 1-11　使用内存数组公式

因为是内存数组公式，所以公式返回的是一个 3 行 2 列的数组中左上角 B5 单元格的值“飞鱼”。在支持动态数组功能新版本中，旧版本的数组公式也是可以使用的。

在 F3 单元格输入公式，引用 B5:C7 单元格区域，如图 1-12 所示。

```
=@+B5:C7
```

F3　fx　=@+B5:C7

	A	B	C	D	E	F	G
1							
2		姓名	分数		姓名	分数	
3		张小	66		飞鱼	飞鱼	
4		李明	48				
5		飞鱼	88				
6		王天	76				
7		赵小磊	99				
8							

图 1-12　+运算符可以将单元格区域转换为数组

可以看出，使用 + 运算符可以将单元格区域转换为数组，然后使用 @ 运算符返回数组左上角的值“飞鱼”。

某些函数返回的结果为一个单元格区域，这些常用的函数包括 OFFSET、INDIRECT 以及 INDEX。在使用这些函数时，如果需要使用 @ 运算符，则需先使用 + 运算符进行转换。

> 提示：支持动态数组功能的软件可以使用 + 运算符进行转换，旧版本则无法使用此功能。

示例 1-1：查询分数最高的人

在 E3 单元格输入公式，如图 1-13 所示。

```
=@SORTBY(B3:B7,C3:C7,-1)
```

图 1-13　查询分数最高的人

本示例公式未考虑最高分重复的情况。当出现最高分重复时，此公式将返回数据源中最先出现的人。

SORTBY 函数内容可转至 2.6 节学习。

2. 引用动态数组结果：# 运算符

在需要引用动态数组返回的数据二次计算时，可以通过引用动态数组左上角公式所在单元格，并在其后加上 # 运算符，可直接获取该单元格公式返回的数组结果，如图 1-14 所示。

在 D3 单元格输入公式，使用 UNIQUE 函数对 B3:B7 单元格区域去除重复项。

```
=UNIQUE(B3:B7)
```

在 F3 单元格输入公式，使用 COUNTA 函数对 D3 单元格返回的去重后的姓名进行计数。

```
=COUNTA(D3#)
```

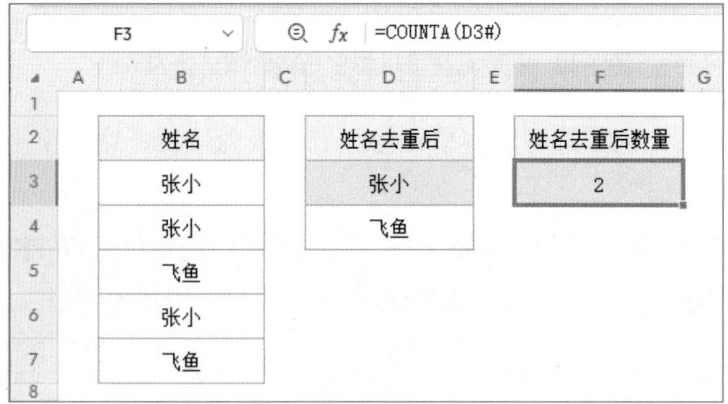

图 1-14　使用 # 引用区域

此外，在引用单元格区域时，如果通过鼠标选取的单元格区域是动态数组返回的数据，将自动转换为 # 引用模式。

如果引用的单元格没有公式，则在其后加上 # 运算符后，会返回错误值 #REF!，如

图 1-15 所示。

```
=B3#
```

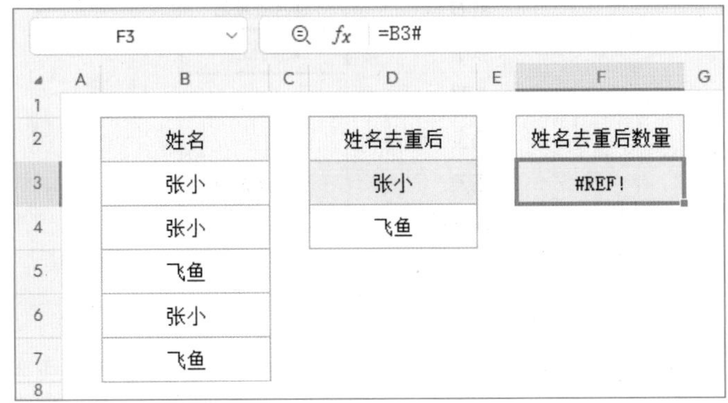

图 1-15　引用无效单元格错误

由于 B3 单元格并未输入公式，因此在引用该单元格时，如果在其单元格后面添加 # 运算符，会导致公式返回错误值 #REF!，即引用了无效的单元格。

1.3 动态数组功能注意事项

1. 支持动态数组功能的 WPS

WPS Office 2023 秋季更新（15933）版本后，下载 WPS 的地址为 https://www.wps.cn/。

2. 文件保存类型：XLSX、XLSM

（1）动态数组功能只支持 XLSX 格式的文件，不支持 XLS 格式，如果在 XLS 格式文件中使用动态数组功能，在保存 XLS 格式的文件时，会将动态数组功能溢出的公式转换为区域数组公式，关闭文件后再次打开，单元格中溢出的公式将转换为区域数组公式，如果需要使用动态数组功能，只能将区域数组公式清除后重新输入公式。

（2）如果在 XLS 格式文件中使用了 LET 函数或 LAMBDA 类函数，则在保存 XLS 格式文件时，无法保存此类函数，关闭文件后再次打开，包含 LET 函数或 LAMBDA 类函数公式的单元格将返回错误值 #VALUE!。

3. 错误值：#SPILL!(溢出错误)

（1）动态数组溢出功能只能向空白单元格区域溢出，当溢出单元格区域已有内容时，会返回错误值 #SPILL!，并提示“溢出区域不是空白区域”。在 D3 单元格输入公式，如图 1-16 所示。

```
=UNIQUE(B3:B7)
```

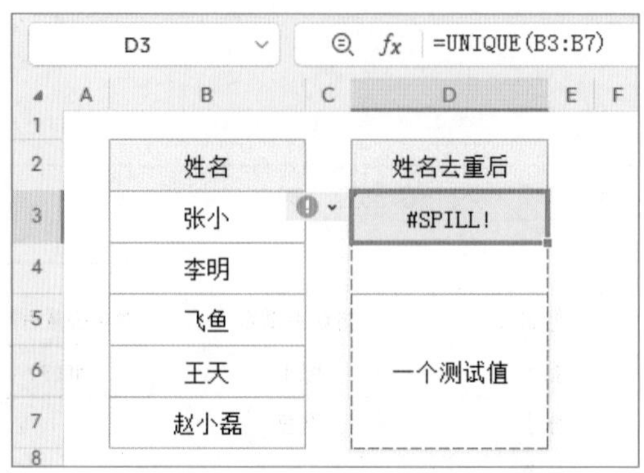

图 1-16　溢出区域不是空白区域

单击输入公式单元格右侧的“错误检查”按钮，单击“选择造成阻碍的单元格 (S)”按钮，可以选中阻碍的单元格，如图 1-17 所示。

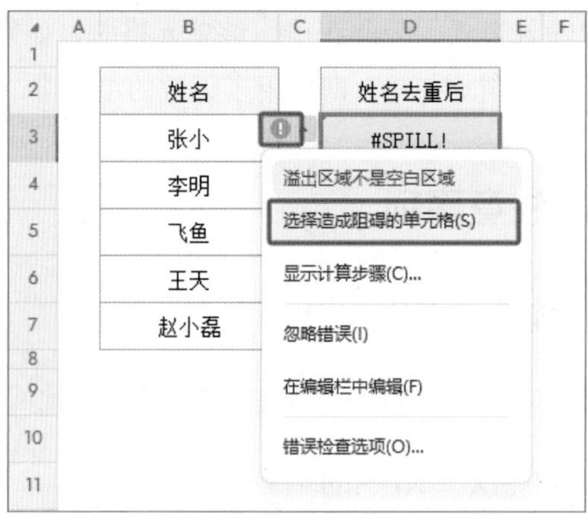

图 1-17　选择造成阻碍的单元格 (S)

选中阻碍单元格后，右击，在弹出的快捷菜单中单击“清除内容 (N)”命令即可。

（2）输入公式的单元格及溢出单元格区域不能有合并单元格，否则公式会返回错误值 #SPILL!，并提示“溢出区域包含合并单元格”，如图 1-18 所示。

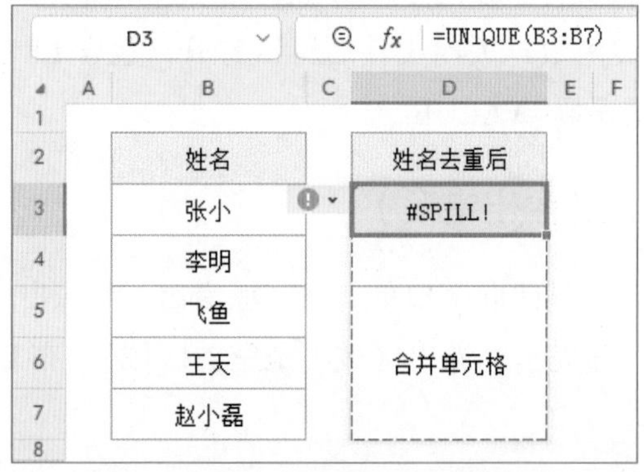

图 1-18　溢出区域包含合并单元格

单击输入公式单元格右侧的“错误检查”按钮，单击“选择造成阻碍的单元格 (S)”按钮，选中阻碍的单元格，单击“开始”选项卡，展开“合并”菜单，单击“取消合并单元格 (U)”按钮，取消合并单元格即可。

（3）动态数组溢出功能不能在“表格”中使用，否则公式会返回错误值 #SPILL!，并提示“溢出区域位于表中”，如图 1-19 所示。

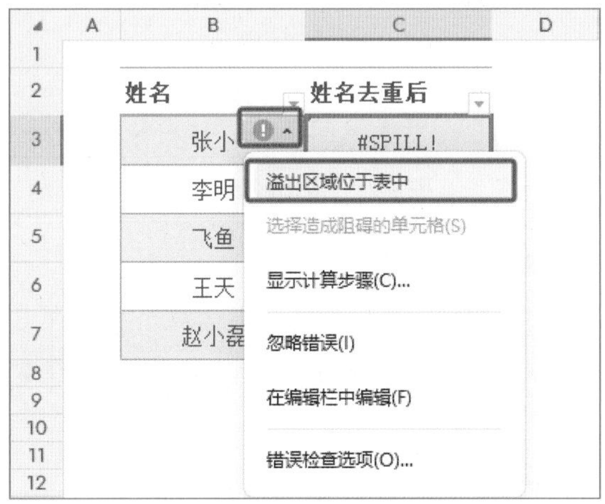

图 1-19　溢出区域位于表中

（4）溢出到工作表边缘之外，公式会返回错误值 #SPILL!，并提示“溢出区域太大”。在 F3 单元格输入公式，如图 1-20 所示。

=VLOOKUP(E:E,B:C,2,0)

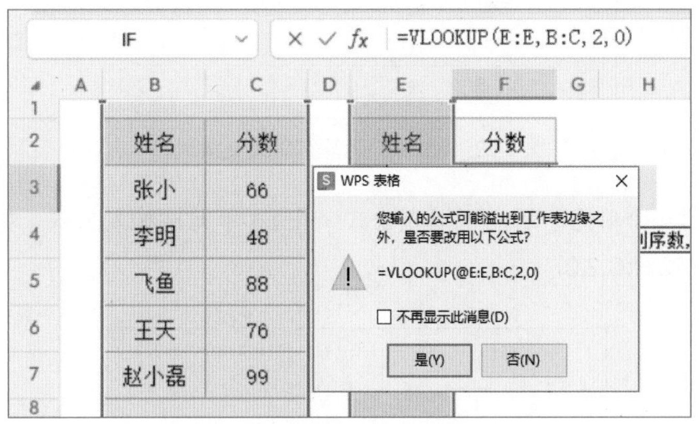

图 1-20　公式可能溢出到工作表边缘之外

在输入公式后，会弹出“是否要改用以下公式？”对话框，是因为在动态数组功能中使用隐式交集运算，需要在引用单元格地址前加 @ 运算符，如果不加 @ 运算符，同时不是在第 1 行输入公式引用整列，会弹出此对话框。如果单击“否 (N)”按钮，公式会返回错误值 #SPILL!，并提示“溢出区域太大”，如图 1-21 所示。

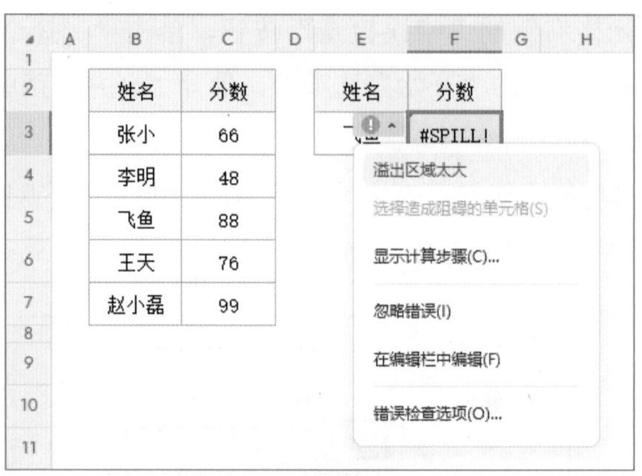

图 1-21　溢出区域太大

可以通过以下 3种方法解决。

第 1 种，使用 @ 运算符，强制使用隐式交集运算，手动在 E 列前加 @ 运算符，或在“是否要改用以下公式？”对话框中单击“是 (Y)”按钮。在 F3 单元格输入公式，如图 1-22 所示。

=VLOOKUP(@E:E,B:C,2,0)

图 1-22　使用 @ 运算符隐式交集运算

第 2种，引用一个单元格后向下填充公式。在 F3 单元格输入公式，如图 1-23 所示。

=VLOOKUP(E3,B:C,2,0)

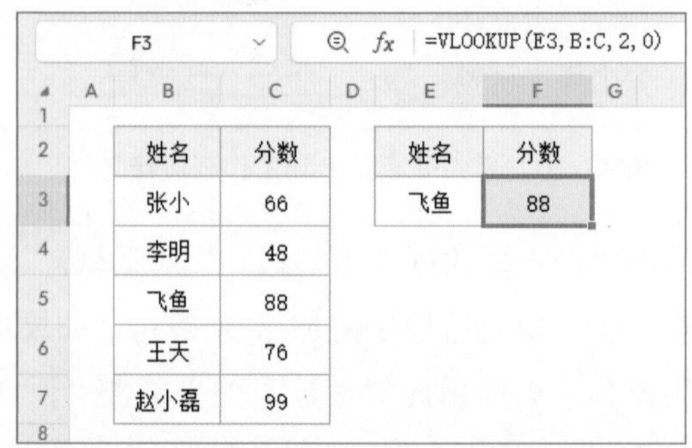

图 1-23　引用一个单元格后向下填充公式

第 3 种，引用有内容的多个单元格区域。在 F3 单元格输入公式，如图 1-24 所示。

```
=VLOOKUP(E3:E4,B:C,2,0)
```

F3　=VLOOKUP(E3:E4,B:C,2,0)

姓名	分数
张小	66
李明	48
飞鱼	88
王天	76
赵小磊	99

姓名	分数
飞鱼	88
赵小磊	99

图 1-24　引用有内容的多个单元格区域

除 VLOOKUP 函数以外，对于 XLOOKUP、SUMIF、SUMIFS、COUNTIF、COUNTIFS 等函数，当函数的参数类型是一个值、非单元格区域或数组时，如果引用了整行或整列，需要使用 @ 运算符，强制使用隐式交集运算，否则除在 A 列或第 1 行输入公式外，公式将返回错误值 #SPILL!。

（5）手动计算无法溢出。如果将“公式”选项卡下“计算选项”按钮设置为“手动”，在 D3 单元格输入公式后，双击公式溢出的 E3:F7 单元格区域中的任意单元格，公式将返回错误值 #SPILL!，并提示“无法溢出”，如图 1-25 所示。

```
=B3:C7
```

图 1-25　手动计算无法溢出

在“公式”选项卡下单击“重算工作簿”按钮或单击“计算工作表”按钮，重新计算即可解决，将“公式”选项卡下“计算选项”按钮设置为“自动”也可以解决此问题。

（6）动态数组溢出功能不支持随机函数结果溢出。包括 RAND、RANDBETWEEN 等随机函数，在 B3 单元格输入公式后，按快捷键 F9 计算工作表，公式将返回错误值

#SPILL!，并提示“溢出区域未知”，如图 1-26 所示。

```
=SEQUENCE(RANDBETWEEN(1,5))
```

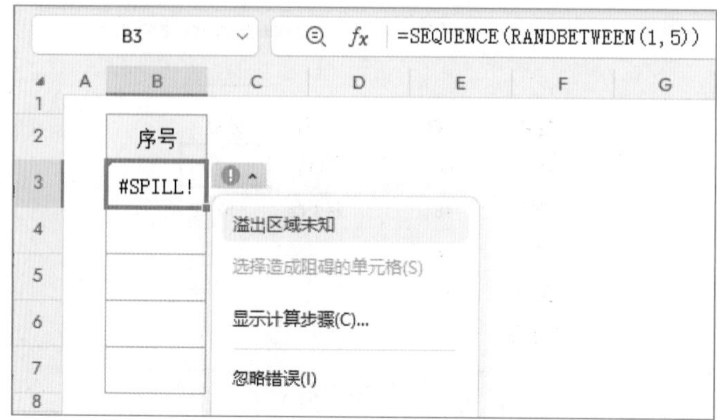

图 1-26　溢出区域未知

4. 错误值：#CALC!（空数组）

由于一些新函数可以返回数组结果，当函数返回空的数组时，会返回错误值 #CALC!。在 F5 单元格输入公式，如图 1-27 所示。

```
=FILTER(B2:D7,B2:B7=G2)
```

F5　=FILTER(B2:D7,B2:B7=G2)

组别	数量	金额
A组	1	10
B组	2	20
A组	3	30
B组	4	40
B组	5	50

组别	C组

组别	数量	金额
#CALC!		

计算错误：公式返回了空的数组
显示计算步骤(C)...

图 1-27　公式返回了空的数组

FILTER 函数可以通过设置第 3 个参数来指定空值，如果其他函数返回错误值 #CALC!，可以使用 IFERROR 函数将错误值转换为指定值。

第 2 章 操作类函数

在传统的函数中，函数通常返回单个值作为结果。然而，近年来，新型函数开始崭露头角，这些函数可以返回一个数组，同时能实现一些之前必须通过选项卡操作来实现的功能，例如删除重复项、排序、筛选等。这些新函数的引入，大大提高了数据处理的灵活性和效率。

2.1 SEQUENCE（返回一个数字序列）

SEQUENCE 函数可以根据给定的条件生成指定数量的有序数字数组，函数语法如图 2-1 所示。

SEQUENCE（返回一个数字序列）

语法：

=SEQUENCE(行数，[列数]，[开始值]，[增量])

参数说明：

参数1	生成行数（参数1、参数2至少填一项） 大于0的整数 省略参数时，默认值（1）
参数2	生成列数（参数1、参数2至少填一项） 大于0的整数 省略参数时，默认值（1）
参数3	开始值 数值（整数、小数） 省略参数时，默认值（1）
参数4	增量 数值（整数、小数） 省略参数时，默认值（1）

图 2-1　SEQUENCE 函数语法

该函数共有 4 个参数，根据需求填写参数即可生成指定大小的序列。

示例 2-1：生成 6 行 1 列的序列

在 B5 单元格输入任意一个公式，如图 2-2 所示。

=SEQUENCE(6,1)

=SEQUENCE(6)

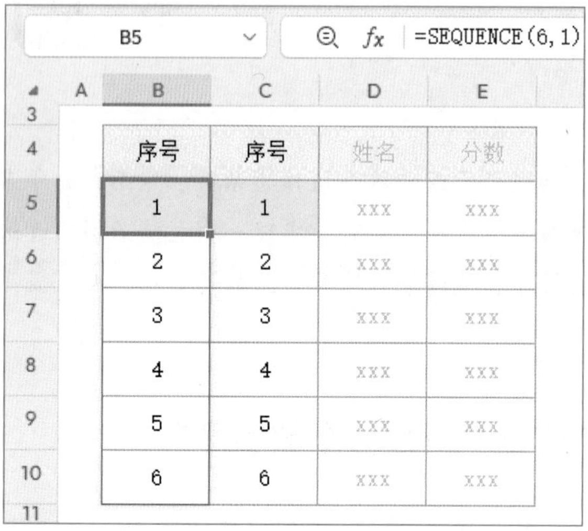
B5
=SEQUENCE(6, 1)
A B C D E
3 4 5 6 7 8 9 10 11
序号 序号 姓名 分数
1 1 xxx xxx
2 2 xxx xxx
3 3 xxx xxx
4 4 xxx xxx
5 5 xxx xxx
6 6 xxx xxx

图 2-2　生成 6 行 1 列的序列

示例 2-2：生成 1 行 6 列的序列

在 C14 单元格输入任意一个公式，如图 2-3 所示。

=SEQUENCE(1,6)

=SEQUENCE(,6)

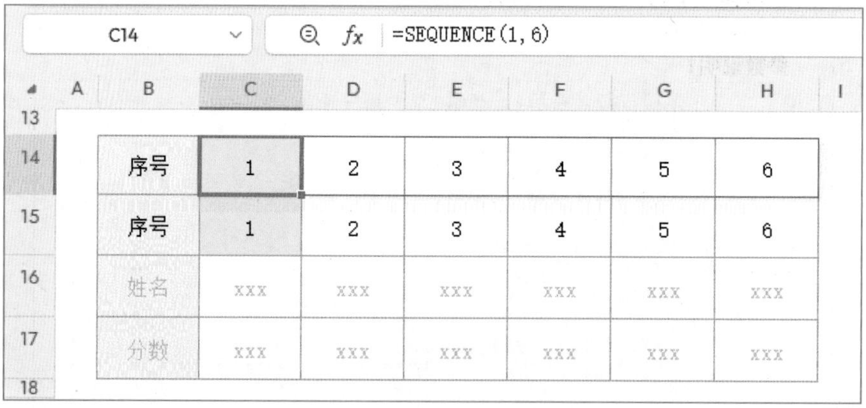
C14
=SEQUENCE(1, 6)
A B C D E F G H I
13 14 15 16 17 18
序号 1 2 3 4 5 6
序号 1 2 3 4 5 6
姓名 xxx xxx xxx xxx xxx xxx
分数 xxx xxx xxx xxx xxx xxx

图 2-3　生成 1 行 6 列的序列

示例 2-3：生成 6 行 4 列的序列

在 B22 单元格输入公式，如图 2-4 所示。

=SEQUENCE(6,4)

B22 =SEQUENCE(6, 4)

序号			
1	2	3	4
5	6	7	8
9	10	11	12
13	14	15	16
17	18	19	20
21	22	23	24

图 2-4　生成 6 行 4 列的序列

当生成多行多列的序列时，是逐行生成的，先向右生成指定的列数，再换行向下生成。

示例 2-4：生成 6 行 4 列的序列，逐列生成

在 B32 单元格输入公式，如图 2-5 所示。

```
=TRANSPOSE(SEQUENCE(4,6))
```

B32 =TRANSPOSE(SEQUENCE(4, 6))

序号			
1	7	13	19
2	8	14	20
3	9	15	21
4	10	16	22
5	11	17	23
6	12	18	24

图 2-5　生成 6 行 4 列的序列，逐列生成

如果需逐列生成，可使用 SEQUENCE 函数生成 4 行 6 列的序列，然后使用 TRANSPOSE 函数转置成 6 行 4 列，即可满足需求。

示例 2-5：生成 6 行 1 列开始值为 10、增量为 5 的序列

在 B42 单元格输入任意一个公式，如图 2-6 所示。

```
=SEQUENCE(6,1,10,5)
=SEQUENCE(6,,10,5)
```

B42 | =SEQUENCE(6,1,10,5)

	A	B	C	D	E	F	G
40							
41		序号	序号	姓名	分数		
42		10	10	xxx	xxx		
43		15	15	xxx	xxx		
44		20	20	xxx	xxx		
45		25	25	xxx	xxx		
46		30	30	xxx	xxx		
47		35	35	xxx	xxx		
48							

图 2-6　生成 6 行 1 列开始值为 10、增量为 5 的序列

示例 2-6：生成 6 行 1 列开始值为 6、增量为 –1 的倒序序列

在 B52 单元格输入任意一个公式，如图 2-7 所示。

=SEQUENCE(6,1,6,−1)

=SEQUENCE(6,,6,−1)

B52 | =SEQUENCE(6,1,6,-1)

	A	B	C	D	E	F	G
50							
51		序号	序号	姓名	分数		
52		6	6	xxx	xxx		
53		5	5	xxx	xxx		
54		4	4	xxx	xxx		
55		3	3	xxx	xxx		
56		2	2	xxx	xxx		
57		1	1	xxx	xxx		
58							

图 2-7　生成 6 行 1 列开始值为 6、增量为 –1 的倒序序列

示例 2-7：嵌套 INDEX 函数将一列数据转换为 3 行 3 列

在 B62 单元格输入公式，如图 2-8 所示。

=INDEX(B62:B70,SEQUENCE(3,3))

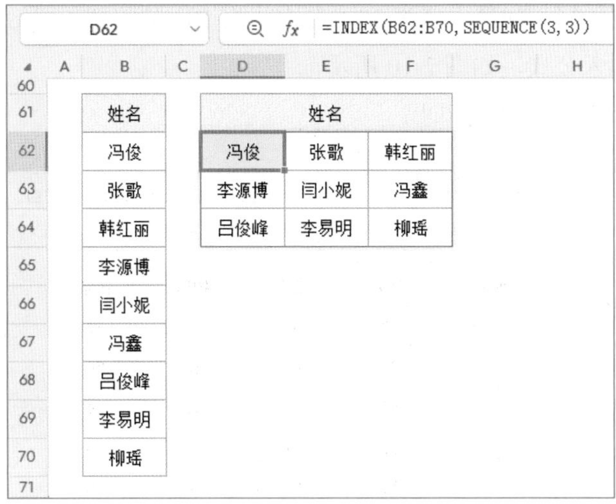

图 2-8　嵌套 INDEX 函数将一列数据转换为 3 行 3 列

2.2 RANDARRAY（返回随机数组）

RANDARRAY 函数可以根据给定的条件生成指定数量的随机数组，函数语法如图 2-9 所示。

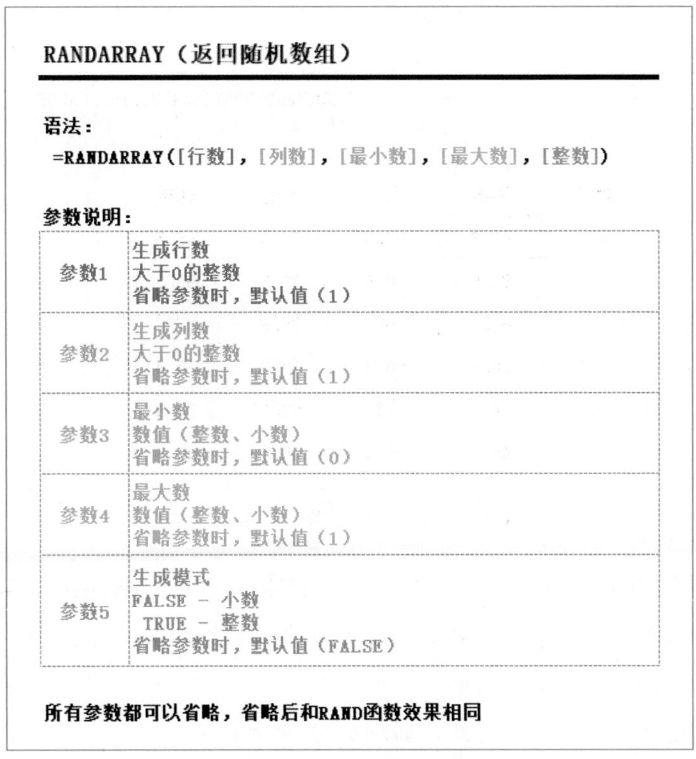
RANDARRAY（返回随机数组）

语法：

=RANDARRAY([行数]，[列数]，[最小数]，[最大数]，[整数])

参数说明：

参数1	生成行数 大于0的整数 省略参数时，默认值（1）
参数2	生成列数 大于0的整数 省略参数时，默认值（1）
参数3	最小数 数值（整数、小数） 省略参数时，默认值（0）
参数4	最大数 数值（整数、小数） 省略参数时，默认值（1）
参数5	生成模式 FALSE － 小数 TRUE － 整数 省略参数时，默认值（FALSE）

所有参数都可以省略，省略后和RAND函数效果相同

图 2-9　RANDARRAY 函数语法

示例 2-8：生成 6 行 4 列最小值为 30、最大值为 100 的整数随机数组

在 C5 单元格输入公式，如图 2-10 所示。

=RANDARRAY(6,4,30,100,TRUE)

C5　=RANDARRAY(6, 4, 30, 100, TRUE)

姓名	数学	语文	物理	化学
冯俊	73	39	73	70
张歌	71	49	36	50
韩红丽	47	51	46	94
李源博	38	41	99	59
闫小妮	65	52	66	46
冯鑫	65	72	76	86

图 2-10　生成整数随机数组

当生成整数时，需要设置第 5 个参数为 TRUE。

示例 2-9：生成 6 行 4 列最小值为 30、最大值为 100 的小数随机数组

在 C15 单元格输入任意一个公式，如图 2-11 所示。

=ROUND(RANDARRAY(6,4,30,100,FALSE),1)

=ROUND(RANDARRAY(6,4,30,100),1)

C15　=ROUND(RANDARRAY(6, 4, 30, 100, FALSE), 1)

姓名	数学	语文	物理	化学
冯俊	42.3	57.8	71.9	45.5
张歌	89.9	90.8	31.3	98.3
韩红丽	41.4	69	75.8	77
李源博	30.9	68.4	39.8	75.4
闫小妮	42	73	93.1	76.4
冯鑫	46.9	81.3	68.2	96.7

图 2-11　生成小数随机数组

当生成小数随机数组时，第 5 个参数可以省略，使用 RANDARRAY 函数生成数组后，可以使用 ROUND 函数，通过 ROUND 函数的第 2 个参数来设置小数位数。

示例 2-10：将数据按行随机排序

在 F25 单元格输入任意一个公式，如图 2-12 所示。

=SORTBY(B25:D30,RANDARRAY(6))

=SORTBY(B25:D30,RANDARRAY(ROWS(B25:D30)))

F25 fx =SORTBY(B25:D30,RANDARRAY(6))

学号	姓名	年龄
K0001	冯俊	23
K0002	张歌	28
K0003	韩红丽	32
K0004	李源博	18
K0005	闫小妮	20
K0006	冯鑫	26

学号	姓名	年龄
K0003	韩红丽	32
K0006	冯鑫	26
K0004	李源博	18
K0002	张歌	28
K0005	闫小妮	20
K0001	冯俊	23

图 2-12 将数据按行随机排序

使用 RANDARRAY 函数生成指定行数的随机数组，将生成的随机数组作为 SORTBY 函数的排序条件即可实现按行随机排序。

使用 RANDARRAY 函数生成的随机数组行数需要和随机排序的数据源行数相同，如果数据源行数太多，可使用 ROWS 函数计算数据源行数。

SORTBY 函数可转至 2.6 节学习。

示例 2-11：将数据按行随机排序后提取前 *N* 行，实现随机抽样、抽奖等功能

在 F35 单元格输入任意一个公式，如图 2-13 所示。

=TAKE(SORTBY(B35:D40,RANDARRAY(6)),3)

=CHOOSEROWS(SORTBY(B35:D40,RANDARRAY(6)),SEQUENCE(3))

=INDEX(SORTBY(B35:D40,RANDARRAY(6)),SEQUENCE(3,1),SEQUENCE(1,3))

F35 fx =TAKE(SORTBY(B35:D40,RANDARRAY(6)),3)

学号	姓名	年龄
K0001	冯俊	23
K0002	张歌	28
K0003	韩红丽	32
K0004	李源博	18
K0005	闫小妮	20
K0006	冯鑫	26

学号	姓名	年龄
K0004	李源博	18
K0005	闫小妮	20
K0006	冯鑫	26

图 2-13 将数据按行随机排序后提取前 *N* 行

在对数据源随机排序后，可以使用 TAKE、CHOOSEROWS、INDEX 函数取指定数量的前 N 行。建议使用 TAKE 函数，其他函数仅供参考。

TAKE 函数可转至 5.9 节学习。

CHOOSEROWS 函数可转至 5.1 节学习。

注意事项

（1）当第 3 个参数值大于第 4 个参数值时，函数返回错误值 #VALUE!，在 C5 单元格输入公式，如图 2-14 所示。

```
=RANDARRAY(6,4,100,30,TRUE)
```

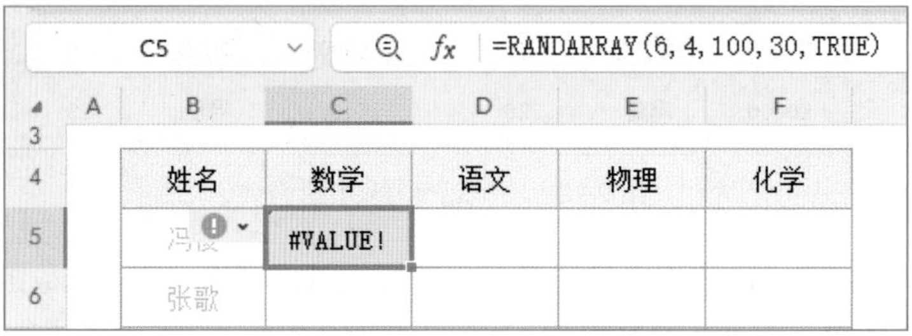

图 2-14　第 3 参数大于第 4 个参数

因为 RANDARRAY 函数的第 3 个参数值大于第 4 个参数值时，导致多个参数值之间逻辑错误，所以函数会返回错误值 #VALUE!。

（2）当第 3 个参数设置大于 1，同时第 4 个参数省略时，函数返回错误值 #VALUE!。在 C15 单元格输入公式，如图 2-15 所示。

```
=RANDARRAY(6,4,2,,TRUE)
```

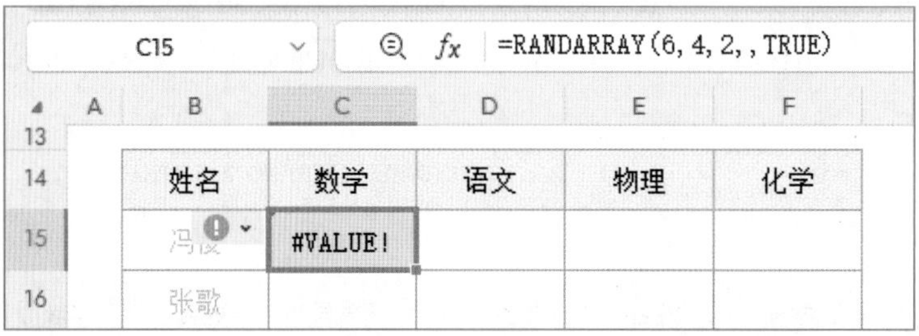

图 2-15　第 3 个参数设置大于 1，同时第 4 个参数省略

因为 RANDARRAY 函数的第 4个参数省略后默认值为 1，所以当第 3 个参数设置值大于 1 时，导致多个参数值之间逻辑错误，因此函数返回错误值 #VALUE!。

（3）当第 3 个参数、第 4 个参数中任意一个参数指定为小数，同时第 5 个参数设置为 TRUE（整数模式）时，函数返回错误值 #VALUE!，在 C25 单元格输入公式，如图 2-16 所示。

```
=RANDARRAY(6,1,1.5,9,TRUE)
```

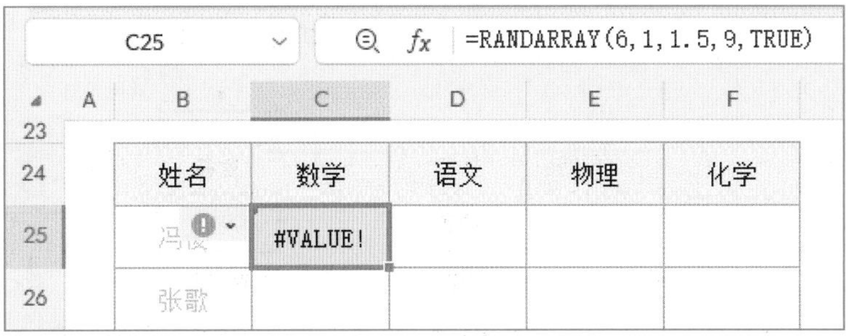

C25　=RANDARRAY(6,1,1.5,9,TRUE)

	A	B	C	D	E	F
23						
24		姓名	数学	语文	物理	化学
25		冯提	#VALUE!			
26		张歌				

图 2-16　第 3 个参数、第 4 个参数中任意一个参数指定为小数，同时第 5 个参数设置为 TRUE

因为 RANDARRAY 函数的第 3 个参数设置为小数，同时第 5 个参数设置为 TRUE（整数模式），导致多个参数值之间逻辑错误，所以函数返回错误值 #VALUE!。

2.3 UNIQUE（从一个范围或数组返回唯一值）

UNIQUE 函数可以删除数据重复项，返回唯一值，函数语法如图 2-17 所示。

UNIQUE（从一个范围或数组返回唯一值）

语法

=UNIQUE(数组，[按列]，[仅出现一次])

参数说明

参数	说明
参数1	数组（必填项） 数组或单元格区域
参数2	按行或按列 TRUE － 按列 FALSE － 按行 省略参数时，默认值（FALSE）
参数3	返回模式 TRUE － 返回出现一次的项 FALSE － 返回每个不同的项 省略参数时，默认值（FALSE）

图 2-17　UNIQUE 函数语法

示例 2-12：单列删除重复项

在 E5 单元格输入公式，如图 2-18 所示。

=UNIQUE(C5:C10)

E5　=UNIQUE(C5:C10)

日期	姓名		姓名
11-17	冯鑫		冯鑫
11-17	冯鑫		韩红丽
11-17	韩红丽		飞鱼
11-18	飞鱼		
11-18	冯鑫		
11-18	飞鱼		

图 2-18　单列删除重复项

UNIQUE 函数的第 1 个参数引用“姓名”所在的 C5:C10单元格区域，UNIQUE 函数即可返回删除重复项后的结果。

示例 2-13：多列删除重复项

在 E15 单元格输入公式，如图 2-19 所示。

```
=UNIQUE(B15:C20)
```

E15　=UNIQUE(B15:C20)

日期	姓名		日期	姓名
11-17	冯鑫		11-17	冯鑫
11-17	冯鑫		11-17	韩红丽
11-17	韩红丽		11-18	飞鱼
11-18	飞鱼		11-18	冯鑫
11-18	冯鑫			
11-18	飞鱼			

图 2-19　多列删除重复项

对行删除重复项时，只需输入第一个参数，要删除重复项的单元格区域即可，可以省略第 2 个、第 3 个参数，函数返回结果和通过“数据”选项卡中“重复项”→“删除重复项 (D)”删除重复项结果相同。

示例 2-14：不连续多列删除重复项

在 E25 单元格输入公式，如图 2-20 所示。

```
=UNIQUE(CHOOSECOLS(B25:D30,1,3))
```

F25	=UNIQUE(CHOOSECOLS(B25:D30,1,3))					
	A	B	C	D	E	F	G

	B	C	D	E	F	G
24	日期	时间	姓名		日期	姓名
25	11-17	10:09	冯鑫		11-17	冯鑫
26	11-17	15:18	冯鑫		11-17	韩红丽
27	11-17	16:32	韩红丽		11-18	飞鱼
28	11-18	9:19	飞鱼		11-18	冯鑫
29	11-18	10:09	冯鑫			
30	11-18	10:09	飞鱼			

图 2-20 不连续多列删除重复项

对不连续多列删除重复项时，可以使用 CHOOSECOLS 函数返回指定的列后，使用 UNIQUE 函数删除重复项。

CHOOSECOLS 函数可转至 5.2 节学习。

示例 2-15：按列删除重复项，统计项目参与人员

一个项目中横向排列多位参与人员，一位人员负责多种工作，现需要统计每个项目参与人员名单，在 I36 单元格输入公式，如图 2-21 所示。

```
=TEXTJOIN("、",TRUE,UNIQUE(C36:H36&"",TRUE))
```

I36 =TEXTJOIN("、",TRUE,UNIQUE(C36:H36&"",TRUE))

	项目名称	策划		制作		后期		参与人员
		人员1	人员2	人员1	人员2	人员1	人员2	
36	项目A	冯鑫	飞鱼	冯鑫	韩红丽	飞鱼	张歌	冯鑫、飞鱼、韩红丽、张歌
37	项目B	韩红丽	飞鱼	韩红丽		韩红丽		韩红丽、飞鱼
38	项目C	冯鑫		冯鑫	飞鱼	冯鑫	张歌	冯鑫、飞鱼、张歌
39	项目D	闫小妮	张歌	张歌	韩红丽	闫小妮	飞鱼	闫小妮、张歌、韩红丽、飞鱼
40	项目E	冯俊		张歌		张歌		冯俊、张歌
41	项目F	飞鱼		张歌	韩红丽	飞鱼	韩红丽	飞鱼、张歌、韩红丽

图 2-21 按列删除重复项

将 UNIQUE 函数的第 2 个参数设置为 TRUE，函数将按列删除重复项，第 1 个参数 C36:H36 单元格区域使用 & 运算符连接 ""（空文本），当引用单元格空时，可以将 0 转换为空文本，可以避免 UNIQUE 函数删除重复项后将空单元格返回 0，然后使用 TEXTJOIN 函数，将 UNIQUE 函数返回删除重复项后的数组用 “、” 符号进行连接，同时将 TEXTJOIN 函数的第 2 个参数设置为 TRUE，连接时忽略空文本，即可完成。

TEXTJOIN 函数可转至 4.2 节学习。

示例 2-16：返回只出现一次的项，返回新客户名单

在销售记录表中，只出现一次的客户视为新客户，在 F46 单元格输入公式，如图 2-22 所示。

=UNIQUE(C46:C51,,TRUE)

F46 =UNIQUE(C46:C51,,TRUE)

日期	姓名	金额
11-17	冯鑫	756
11-17	张歌	282
11-17	韩红丽	116
11-18	飞鱼	823
11-18	冯鑫	744
11-18	闫小妮	805

姓名	金额
张歌	282
韩红丽	116
飞鱼	823
闫小妮	805

图 2-22　返回只出现一次的项

省略 UNIQUE 函数的第 2 个参数，将第 3 个参数设置 TRUE，即可返回名单中只出现一次的项，返回新客户名单。

如需其他字段信息，可以使用 VLOOKUP、INDEX、MATCH 等函数引用 UNIQUE 函数返回的结果查询其他字段信息。在 G46 单元格输入公式，如图 2-23 所示。

=VLOOKUP(F46#,C46:D51,2,FALSE)

G46 =VLOOKUP(F46#,C46:D51,2,FALSE)

日期	姓名	金额
11-17	冯鑫	756
11-17	张歌	282
11-17	韩红丽	116
11-18	飞鱼	823
11-18	冯鑫	744
11-18	闫小妮	805

姓名	金额
张歌	282
韩红丽	116
飞鱼	823
闫小妮	805

图 2-23　引用 UNIQUE 函数返回的结果查询其他字段信息

VLOOKUP 函数的第 1 个参数引用 UNIQUE 函数公式所在的 F46 单元格，在单元格地址后加 # 运算符即可引用 UNIQUE 函数返回的数组结果，根据 UNIQUE 函数返回的数组大小，VLOOKUP 函数也会返回对应大小的数组结果。

示例 2-17：根据分数进行中国式排名

在 E56 单元格输入公式，如图 2-24 所示。

=MATCH(D56:D61,UNIQUE(SORT(D56:D61,1,−1)),0)

E56　=MATCH(D56:D61,UNIQUE(SORT(D56:D61,1,-1)),0)

日期	姓名	金额	排名
11-17	冯鑫	96	1
11-17	张歌	96	1
11-17	韩红丽	71	3
11-18	飞鱼	88	2
11-18	冯鑫	69	4
11-18	闫小妮	88	2

图 2-24　根据分数进行中国式排名

使用 SORT 函数对分数所在单元格区域进行降序排序，然后使用 UNIQUE 函数对降序排序后的分数进行重复项删除，最后使用 MATCH 函数返回指定分数的所在位置，即可得出对应排名。

SORT 函数可转至 2.5 节学习。

2.4 FILTER（筛选区域或数组）

FILTER 函数可以对一个单元格区域或数组进行指定条件筛选，返回满足条件的数据数组，函数语法如图 2-25 所示。

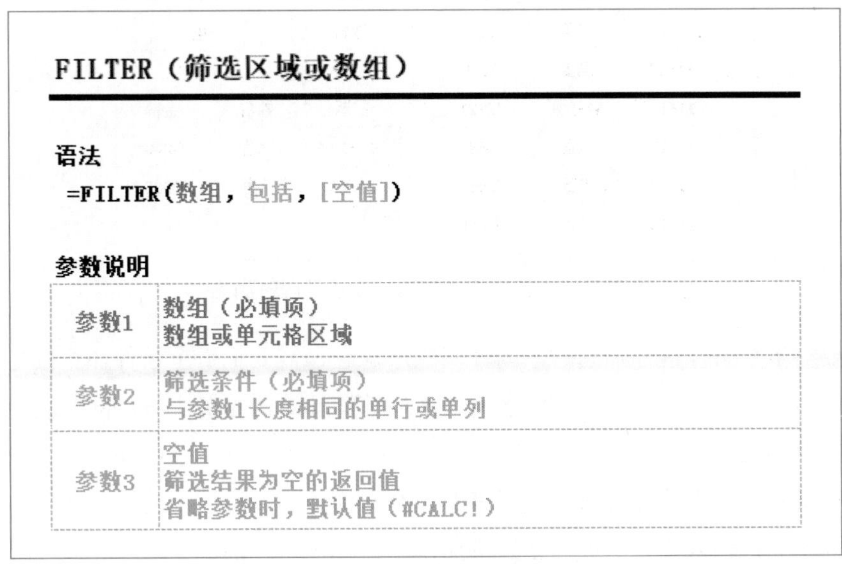

图 2-25　FILTER 函数语法

示例 2-18：单条件按行筛选

在 F7 单元格输入公式，如图 2-26 所示。

=FILTER(B5:D10,C5:C10=G4)

F7 =FILTER(B5:D10,C5:C10=G4)

	A	B	C	D	E	F	G	H	I
3									
4		日期	姓名	金额		姓名	飞鱼		
5		11-17	飞鱼	19684					
6		11-17	冯鑫	5191		日期	姓名	金额	
7		11-17	韩红丽	32721		11-17	飞鱼	19684	
8		11-18	飞鱼	14840		11-18	飞鱼	14840	
9		11-18	冯鑫	22568		11-18	飞鱼	9683	
10		11-18	飞鱼	9683					
11									

图 2-26　单条件按行筛选

FILTER 函数的第 1 个参数引用 B5:D10 单元格区域，第 2 个参数筛选条件为姓名所在列，C5:C10 单元格区域等于 G4 单元格，把姓名为“飞鱼”筛选出来。

示例 2-19：多条件按行筛选（多条件同时满足）

在 F18 单元格输入公式，如图 2-27 所示。

=FILTER(B15:D20,(B15:B20=G14)*(C15:C20=G15))

F18 =FILTER(B15:D20,(B15:B20=G14)*(C15:C20=G15))

	A	B	C	D	E	F	G	H	I
13									
14		日期	姓名	金额		日期	11-18		
15		11-17	冯鑫	19684		姓名	飞鱼		
16		11-17	冯鑫	5191					
17		11-17	韩红丽	32721		日期	姓名	金额	
18		11-18	飞鱼	14840		11-18	飞鱼	14840	
19		11-18	冯鑫	22568		11-18	飞鱼	9683	
20		11-18	飞鱼	9683					
21									

图 2-27　多条件按行筛选（多条件同时满足）

当需要对多个条件进行筛选时，因计算顺序问题，需要把每个条件加个括号，如果需要多个条件同时满足时，将每个条件之间用 * 运算符计算，当多个条件同时满足时，数据才会被筛选出来。

示例 2-20：多条件按行筛选（满足任意一个条件）

在 F28 单元格输入公式，如图 2-28 所示。

=FILTER(B25:D30,(B25:B30=G24)+(C25:C30=G25))

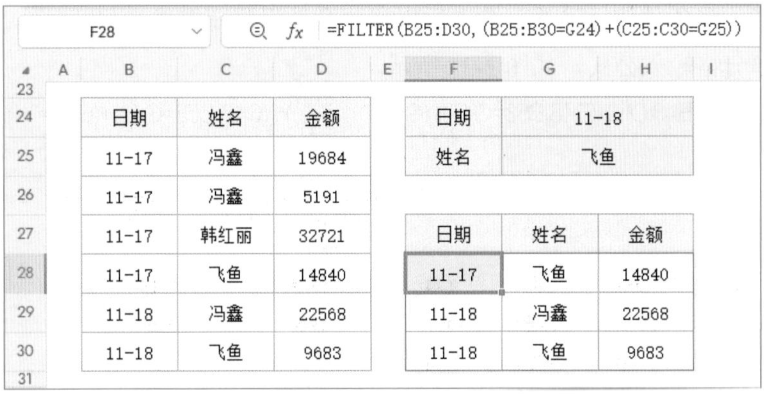

F28　=FILTER(B25:D30,(B25:B30=G24)+(C25:C30=G25))

日期	姓名	金额
11-17	冯鑫	19684
11-17	冯鑫	5191
11-17	韩红丽	32721
11-17	飞鱼	14840
11-18	冯鑫	22568
11-18	飞鱼	9683

日期	11-18
姓名	飞鱼

日期	姓名	金额
11-17	飞鱼	14840
11-18	冯鑫	22568
11-18	飞鱼	9683

图 2-28　多条件按行筛选（满足任意一个条件）

如果只需满足任何一个条件时，将每个条件之间用 + 运算符计算，当多个条件中有任意一个条件满足时，数据就会被筛选出来。

示例 2-21：多条件按行筛选，添加“全部”条件

在 F38 单元格输入公式，如图 2-29 所示。

=FILTER(B35:D40,((B35:B40=G34)+(G34=" 全部 "))*((C35:C40=G35)+(G35=" 全部 ")))

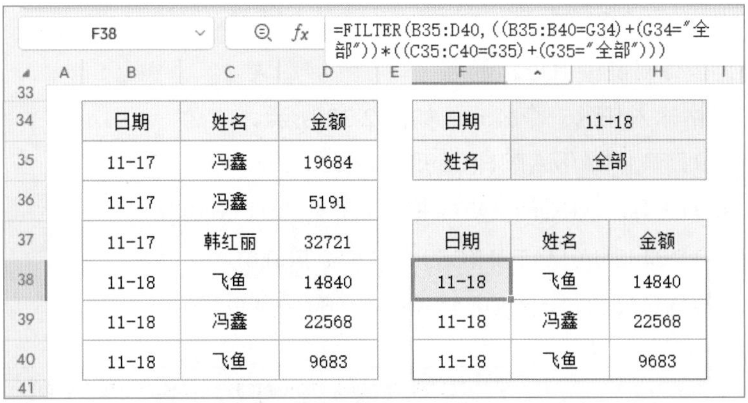

F38　=FILTER(B35:D40,((B35:B40=G34)+(G34="全部"))*((C35:C40=G35)+(G35="全部")))

日期	姓名	金额
11-17	冯鑫	19684
11-17	冯鑫	5191
11-17	韩红丽	32721
11-18	飞鱼	14840
11-18	冯鑫	22568
11-18	飞鱼	9683

日期	11-18
姓名	全部

日期	姓名	金额
11-18	飞鱼	14840
11-18	冯鑫	22568
11-18	飞鱼	9683

图 2-29　多条件按行筛选，添加“全部”条件

在设置多个条件时，添加一个规则，如果任意一个条件输入了“全部”，则筛选这个条件的全部数据，在设置条件公式时，可以在每个条件后添加一个并且条件，条件列等于筛选值或筛选值等于“全部”，这样无论是正常的筛选值还是“全部”，都可以筛选出指定条件的数据。

在设置多个条件时，需要注意括号的位置及数量，可以先写好一组条件，测试条件正确后再依次添加多个条件，设置条件语法如图 2-30 所示。

```
=FILTER(数组,
        ((条件列1=条件1)+(条件1="全部"))*((条件列2=条件2)+(条件2="全部"))
        )
```

图 2-30　多条件按行筛选，添加“全部”条件嵌套语法

示例 2-22：多条件按行筛选，筛选后根据“金额”降序排序

在 F51 单元格输入公式，如图 2-31 所示。

=SORT(FILTER(B48:D53,((B48:B53=G47)+(G47="全部"))*((C48:C53=G48)+(G48="全部"))),3,-1)

F51 =SORT(FILTER(B48:D53,((B48:B53=G47)+(G47="全部"))*((C48:C53=G48)+(G48="全部"))),3,-1)

日期	姓名	金额
11-17	冯鑫	19684
11-17	冯鑫	5191
11-17	韩红丽	32721
11-18	飞鱼	14840
11-18	冯鑫	22568
11-18	飞鱼	9683

日期	11-18
姓名	全部

日期	姓名	金额
11-18	冯鑫	22568
11-18	飞鱼	14840
11-18	飞鱼	9683

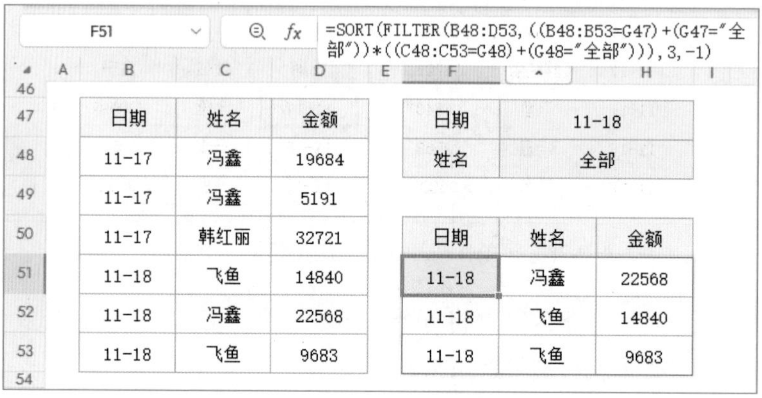

图 2-31　多条件按行筛选，筛选后根据“金额”降序排序

使用 FILTER 函数筛选后，可以使用 SORT 函数对结果中的一个或多个字段进行排序。

SORT 函数可转至 2.5 节学习。

示例 2-23：按行对多个值进行筛选

在 H59 单元格输入任意一个公式，如图 2-32 所示。

=FILTER(B59:D64,IFNA(MATCH(C59:C64,F59:F60,0),0))

=FILTER(B59:D64,IFERROR(MATCH(C59:C64,F59:F60,0),0))

=FILTER(B59:D64,ISNA(MATCH(C59:C64,F59:F60,0))=FALSE)

=FILTER(B59:D64,NOT(ISNA(MATCH(C59:C64,F59:F60,0))))

H59 =FILTER(B59:D64,IFNA(MATCH(C59:C64,F59:F60,0),0))

日期	姓名	金额
11-17	冯鑫	19684
11-17	冯鑫	5191
11-17	韩红丽	32721
11-18	飞鱼	14840
11-18	冯鑫	22568
11-18	飞鱼	9683

姓名
飞鱼
冯鑫

日期	姓名	金额
11-17	冯鑫	19684
11-17	冯鑫	5191
11-18	飞鱼	14840
11-18	冯鑫	22568
11-18	飞鱼	9683

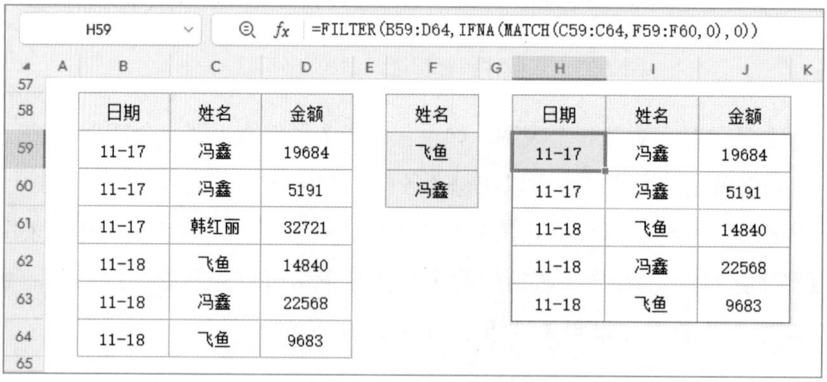

图 2-32　按行对多个值进行筛选

在对多个值进行筛选时，可以使用 MATCH 函数查找“条件列”每一个值在多个筛选值中的位置，如果“条件列”的值在多个筛选值中，MATCH 函数将返回大于 0 的整数，

否则返回错误值 #N/A，最后使用 IFNA 函数把错误值 #N/A 转换为 0 即可。

在处理错误值 #N/A 时，使用 IFNA、IFERROR、ISNA 函数都是可以的。

示例 2-24：按行对多个值进行筛选，并按筛选值顺序返回筛选结果

在 H69 单元格输入公式，如图 2-33 所示。

```
=LET(arr,SORTBY(B69:D74,MATCH(C69:C74,F69:F70,0)),FILTER(arr,IFNA(MATCH(CHOOSECOLS(arr,2),F69:F70,0),0)))
```

L69　=LET(arr, SORTBY(B69:D74, MATCH(C69:C74, F69:F70, 0)), FILTER(arr, IFNA(MATCH(CHOOSECOLS(arr, 2), F69:F70, 0), 0)))

日期	姓名	金额
11-17	冯鑫	19684
11-17	冯鑫	5191
11-17	韩红丽	32721
11-18	飞鱼	14840
11-18	冯鑫	22568
11-18	飞鱼	9683

姓名
冯鑫
飞鱼

日期	姓名	金额
11-17	冯鑫	19684
11-17	冯鑫	5191
11-18	冯鑫	22568
11-18	飞鱼	14840
11-18	飞鱼	9683

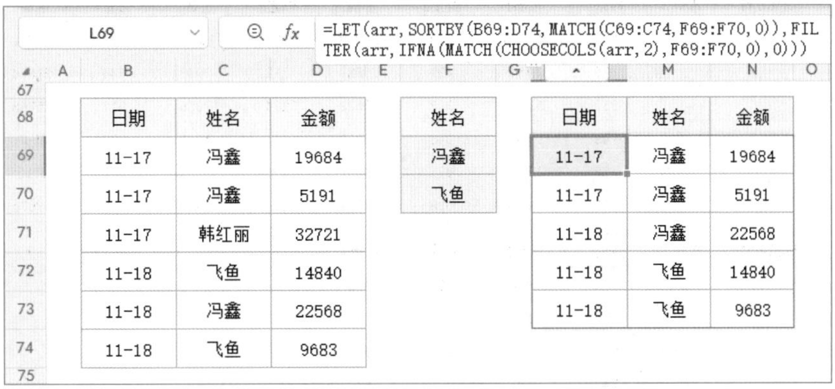

图 2-33　按行对多个值进行筛选，并按筛选值顺序返回筛选结果

使用 FILTER 函数筛选前，使用 SORTBY 函数先将要筛选的单元格区域根据筛选值进行排序，然后再使用 FILTER 函数筛选即可。

或使用 FILTER 函数筛选后，使用 SORTBY 函数排序，在 H69 单元格输入公式，如图 2-34 所示。

```
=LET(arr,FILTER(B69:D74,IFNA(MATCH(C69:C74,F69:F70,0),0)),SORTBY(arr,MATCH(CHOOSECOLS(arr,2),F69:F70,0)))
```

H69　=LET(arr, FILTER(B69:D74, IFNA(MATCH(C69:C74, F69:F70, 0), 0)), SORTBY(arr, MATCH(CHOOSECOLS(arr, 2), F69:F70, 0)))

日期	姓名	金额
11-17	冯鑫	19684
11-17	冯鑫	5191
11-17	韩红丽	32721
11-18	飞鱼	14840
11-18	冯鑫	22568
11-18	飞鱼	9683

姓名
冯鑫
飞鱼

日期	姓名	金额
11-17	冯鑫	19684
11-17	冯鑫	5191
11-18	冯鑫	22568
11-18	飞鱼	14840
11-18	飞鱼	9683

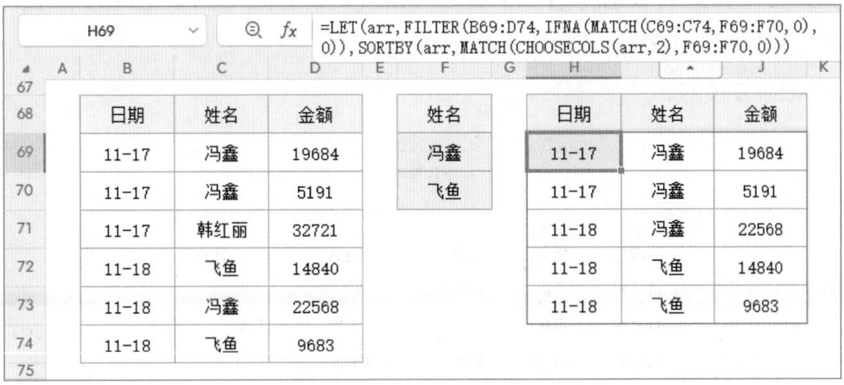

图 2-34　使用 FILETR 函数筛选后，使用 SORTBY 函数排序

SORTBY 函数可转至 2.6 节学习。

LET 函数可转至 2.7 节学习。

CHOOSECOLS 函数可转至 5.2 节学习。

示例 2-25：按列筛选“数量”字段

在 D86 单元格输入公式，如图 2-35 所示。

=FILTER(D78:K84,LEFT(D78:K78,2)=" 数量 ")

D86　=FILTER(D78:K84,LEFT(D78:K78,2)="数量")

商品名称	单价	数量1	金额1	数量2	金额2	数量3	金额3	数量4	金额4
商品A	37	532	19684	524	19388	434	16058	333	12321
商品B	29	179	5191	891	25839	312	9048	744	21576
商品C	39	839	32721	398	15522	204	7956	917	35763
商品D	20	742	14840	948	18960	297	5940	177	3540
商品E	31	728	22568	471	14601	366	11346	152	4712
商品F	23	421	9683	618	14214	189	4347	812	18676

商品名称	单价	数量1	数量2	数量3	数量4
商品A	37	532	524	434	333
商品B	29	179	891	312	744
商品C	39	839	398	204	917
商品D	20	742	948	297	177
商品E	31	728	471	366	152
商品F	23	421	618	189	812

图 2-35　按列筛选“数量”字段

使用 FILTER 函数时，当第 2 个参数的条件区域是一行时，函数可以筛选指定条件列，使用 LEFT 函数从左截取 2 位，判断是否等于“数量”，即可把所有“数量”字段列筛选出来。

注意事项

（1）当第 1 个参数的数组与第 2 个参数的条件数组行数或列数不同时，函数返回错误值 #VALUE!。在 F7 单元格输入公式，如图 2-36 所示。

=FILTER(B5:D10,C5:C11=G4)

F7　=FILTER(B5:D10,C5:C11=G4)

日期	姓名	金额
11-17	飞鱼	19684
11-17	冯鑫	5191
11-17	韩红丽	32721
11-18	飞鱼	14840
11-18	冯鑫	22568
11-18	飞鱼	9683

姓名	飞鱼

日期	姓名	金额
#VALUE!		

图 2-36　第 1 个参数的数组与第 2 个参数的条件数组行数或列数不同

第 1 个参数引用 B5:D10 单元格区域，此单元格区域大小为 6 行 3 列，第 2 个参数条件单元格区域为 C5:C11，7 行 1 列，因为与第 1 个参数 6 行不同，所以函数返回错误值 #VALUE!。

（2）当第 2 个参数引用多行或多列时，函数返回错误值 #VALUE!。在 F17 单元格输入公式，如图 2-37 所示。

```
=FILTER(B15:D20,C15:D20=G14)
```

F17 fx =FILTER(B15:D20,C15:D20=G14)

	A	B	C	D	E	F	G	H
13								
14		日期	姓名	金额		姓名	飞鱼	
15		11-17	飞鱼	19684				
16		11-17	冯鑫	5191		日期	姓名	金额
17		11-17	韩红丽	32721		#VALUE!		
18		11-18	飞鱼	14840				
19		11-18	冯鑫	22568				
20		11-18	飞鱼	9683				

图 2-37　第 2 个参数引用多行或多列

FILTER 函数的第 2 个参数只接受单行或单列的数组条件，因为参数引用了 C15:D20 单元格区域，此单元格区域为 6 行 2 列，所以函数返回错误值 #VALUE!。

当有多行或多列条件时，可以使用 * 或 + 运算符，把多行或多列的数组通过计算转换为单行或单列，或使用 BYROW、BYCOL、MAP 循环类函数也可以将多行或多列的数组转换为单行或单列。

（3）当条件数组所有数据都没有满足条件时，函数会返回空的数组，对应错误值为 #CALC!。在 F27 单元格输入公式，如图 2-38 所示。

```
=FILTER(B25:D30,C25:C30=G24)
```

F27 fx =FILTER(B25:D30,C25:C30=G24)

	A	B	C	D	E	F	G	H
23								
24		日期	姓名	金额		姓名	飞小鱼	
25		11-17	飞鱼	19684				
26		11-17	冯鑫	5191		日期	姓名	金额
27		11-17	韩红丽	32721		#CALC!		
28		11-18	飞鱼	14840				
29		11-18	冯鑫	22568				
30		11-18	飞鱼	9683				

计算错误：公式返回了空的数组
显示计算步骤(C)...
忽略错误(I)

图 2-38　返回空的数组

因为 FILTER 函数的第 2 个参数条件数组中没有等于“飞小鱼”的值，所以函数返回空的数组，显示错误值 #CALC!。

可以通过指定第 3 个参数，将错误值 #CALC! 显示成指定值。在 F27 单元格输入公式，如图 2-39 所示。

=FILTER(B25:D30,C25:C30=G24," 无数据 ")

F27 =FILTER(B25:D30,C25:C30=G24,"无数据")

日期	姓名	金额
11-17	飞鱼	19684
11-17	冯鑫	5191
11-17	韩红丽	32721
11-18	飞鱼	14840
11-18	冯鑫	22568
11-18	飞鱼	9683

姓名	飞小鱼

日期	姓名	金额
无数据		

图 2-39　将空的数组显示成指定值

（4）当条件数组包含错误值时，需要使用 IFERROR 函数将错误值转换为非错误值的任意值。在 F37 单元格输入公式，如图 2-40 所示。

=FILTER(B35:D40,IFERROR(C35:C40,"")=G34)

F37 =FILTER(B35:D40,IFERROR(C35:C40,"")=G34)

日期	姓名	金额
11-17	飞鱼	19684
11-17	冯鑫	5191
11-17	#N/A	32721
11-18	飞鱼	14840
11-18	冯鑫	22568
11-18	飞鱼	9683

姓名	飞鱼

日期	姓名	金额
11-17	飞鱼	19684
11-18	飞鱼	14840
11-18	飞鱼	9683

图 2-40　条件数组包含错误值

使用 IFERROR 函数将条件数组中的错误值转换为空文本，否则 FILTER 函数返回条件数组中的第一个错误值。

2.5 SORT（对范围或数组进行排序）

SORT 函数可以对一个单元格区域或数组进行指定条件排序，返回排序后的数据数组，函数语法如图 2-41 所示。

SORT（对范围或数组进行排序）

语法

=SORT(数组，[排序依据]，[排序顺序]，[按列])

参数说明

参数1	数组（必填项） 数组或单元格区域
参数2	排序依据 大于0的整数 省略参数时，默认值（1）
参数3	排序顺序 1 - 升序 -1 - 降序 省略参数时，默认值（1）
参数4	按列 TRUE - 按列排序 FALSE - 按行排序 省略参数时，默认值（FALSE）

图 2-41　SORT 函数语法

示例 2-26：单条件排序，根据“日期”升序排序

在 F5 单元格输入任意一个公式，如图 2-42 所示。

=SORT(B5:D10)

=SORT(B5:D10,1,1,FALSE)

F5　=SORT(B5:D10)

	A	B	C	D	E	F	G	H
4		日期	姓名	金额		日期	姓名	金额
5		11-17	飞鱼	19684		11-17	飞鱼	19684
6		11-17	韩红丽	32721		11-17	韩红丽	32721
7		11-18	飞鱼	14840		11-17	冯鑫	5191
8		11-17	冯鑫	5191		11-18	飞鱼	14840
9		11-18	冯鑫	22568		11-18	冯鑫	22568
10		11-18	飞鱼	9683		11-18	飞鱼	9683

图 2-42　根据“日期”升序排序

使用 SORT 函数对数据排序时，如果排序条件是首列按行升序排序，则输入第 1 个参数即可。

示例 2-27：单条件排序，根据“金额”降序排序

在 F15 单元格输入任意一个公式，如图 2-43 所示。

=SORT(B15:D20,3,−1)

=SORT(B15:D20,3,−1,FALSE)

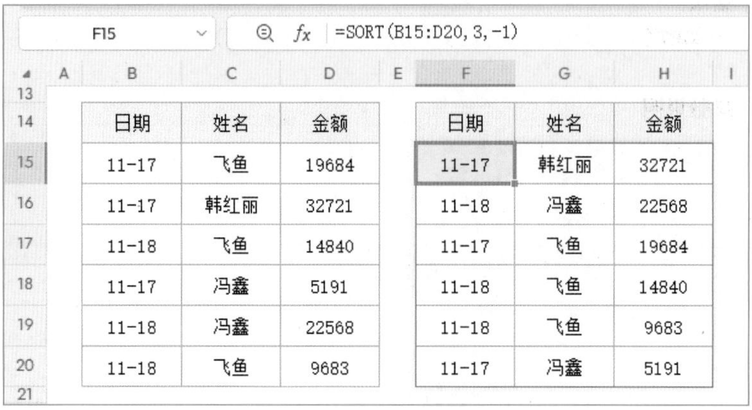

F15 =SORT(B15:D20,3,-1)

	A	B	C	D	E	F	G	H	I
13									
14		日期	姓名	金额		日期	姓名	金额	
15		11-17	飞鱼	19684		11-17	韩红丽	32721	
16		11-17	韩红丽	32721		11-18	冯鑫	22568	
17		11-18	飞鱼	14840		11-17	飞鱼	19684	
18		11-17	冯鑫	5191		11-18	飞鱼	14840	
19		11-18	冯鑫	22568		11-18	飞鱼	9683	
20		11-18	飞鱼	9683		11-17	冯鑫	5191	
21									

图 2-43　根据“金额”降序排序

SORT 函数的第 1 个参数引用 B15:D20 单元格区域，因为“金额”字段在此区域中的第 3 列，所以第 2 个参数排序依据输入 3，第 3 个参数设置为 –1 表示降序排序，第 4 个参数设置为 FALSE 或省略此参数，都可按行排序。

示例 2-28：多条件排序，根据“日期”进行升序排序，同时对“金额”降序排序

在 F25 单元格输入公式，如图 2-44 所示。

=SORT(B25:D30,{1,3},{1,−1})

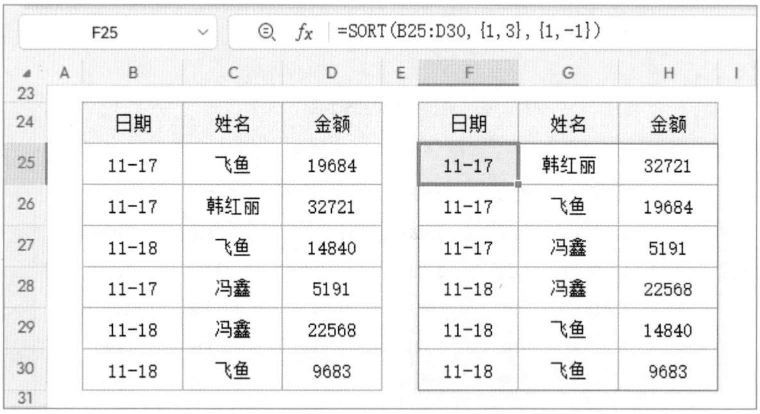

F25 =SORT(B25:D30, {1, 3}, {1, -1})

	A	B	C	D	E	F	G	H	I
23									
24		日期	姓名	金额		日期	姓名	金额	
25		11-17	飞鱼	19684		11-17	韩红丽	32721	
26		11-17	韩红丽	32721		11-17	飞鱼	19684	
27		11-18	飞鱼	14840		11-17	冯鑫	5191	
28		11-17	冯鑫	5191		11-18	冯鑫	22568	
29		11-18	冯鑫	22568		11-18	飞鱼	14840	
30		11-18	飞鱼	9683		11-18	飞鱼	9683	
31									

图 2-44　多条件排序

SORT 函数的第 2 个参数和第 3 个参数可指定数组，第 2 个参数设置 1、3 列两列作为排序依据，第 3 个参数对应设置 1（升序）、–1（降序）两个排序方式，函数可以根据参数中数组顺序依次进行排序。

示例 2-29：按列升序排序，根据“合计”行报价，进行升序排序

在 C42 单元格输入公式，如图 2-45 所示。

=SORT(C34:H40,ROWS(C34:H40),1,TRUE)

C42 =SORT(C34:H40,ROWS(C34:H40),1,TRUE)

产品名称	公司A报价	公司B报价	公司C报价	公司D报价	公司E报价	公司F报价
产品01	42	43	45	47	34	50
产品02	50	37	39	45	36	30
产品03	45	35	42	32	38	50
产品04	39	47	49	34	45	46
产品05	34	47	39	44	46	47
合计	210	209	214	202	199	223

产品名称	公司E报价	公司D报价	公司B报价	公司A报价	公司C报价	公司F报价
产品01	34	47	43	42	45	50
产品02	36	45	37	50	39	30
产品03	38	32	35	45	42	50
产品04	45	34	47	39	49	46
产品05	46	44	47	34	39	47
合计	199	202	209	210	214	223

图 2-45 按列升序排序

按列排序需要设置 SORT 函数的第 4 个参数值为 TRUE，因为“合计”行在最后一行，可使用 ROWS 函数引用 C34:H40 单元格区域，计算此单元格区域的总行数，作为 SORT 函数的第 2 个参数。

注意事项

（1）当第 2 个参数值大于第 1 个参数的数组长度时，函数会返回错误值 #VALUE!。在 F5 单元格输入公式，如图 2-46 所示。

=SORT(B5:D10,4,−1)

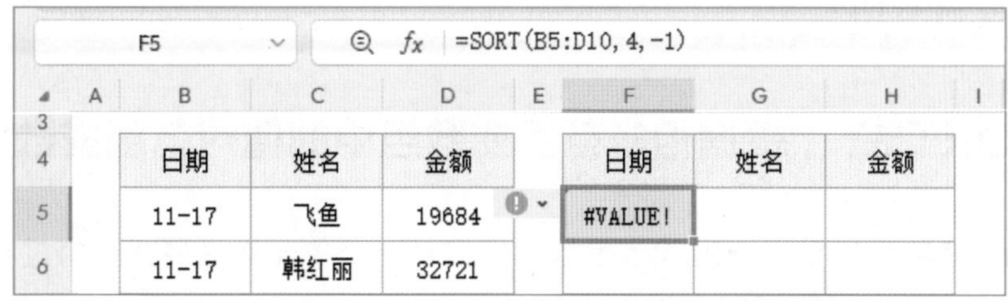

F5 =SORT(B5:D10,4,-1)

日期	姓名	金额		日期	姓名	金额
11-17	飞鱼	19684		#VALUE!		
11-17	韩红丽	32721				

图 2-46 第 2 个参数值大于第 1 个参数的数组长度

因 SORT 函数的第 1 个参数引用了 B5:D10 单元格区域，此单元格区域为 6 行 3 列，当第 2 个参数值大于 3，并且按行排序时，超出第 1 个参数的数组列数，所以函数会返回错误值 #VALUE!。

（2）当第 3 个参数不等于 1 并且不等于 –1 时，函数会返回错误值 #VALUE!。在 F15 单元格输入公式，如图 2-47 所示。

=SORT(B15:D20,3,2)

F15 =SORT(B15:D20, 3, 2)

	A	B	C	D	E	F	G	H	I
13									
14		日期	姓名	金额		日期	姓名	金额	
15		11-17	飞鱼	19684		#VALUE!			
16		11-17	韩红丽	32721					

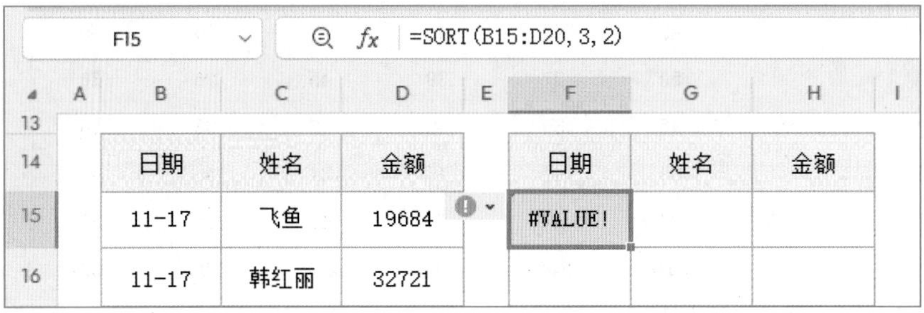

图 2-47　第 3 个参数不等于 1 并且不等于 –1

SORT 函数的第 3 个参数只接受 1 或 –1，如果设置其他值，则函数会返回错误值 #VALUE!。

（3）在多条件排序时，当第 2 个参数与第 3 个参数数组长度不同时，函数会返回错误值 #VALUE!。在 F25 单元格输入公式，如图 2-48 所示。

=SORT(B25:D30,{1,3,2},{1,−1})

F25 =SORT(B25:D30, {1, 3, 2}, {1, -1})

	A	B	C	D	E	F	G	H	I
23									
24		日期	姓名	金额		日期	姓名	金额	
25		11-17	飞鱼	19684		#VALUE!			
26		11-17	韩红丽	32721					

图 2-48　第 2 个参数与第 3 个参数数组长度不同

第 2 个参数数组长度为 3，第 3 个参数数组长度为 2，两个参数数组长度不同，函数会返回错误值 #VALUE!。

2.6 SORTBY（根据相应范围或数组中的值对范围或数组排序）

SORTBY 函数可以根据一组或多组排序依据对一个单元格区域或数组进行排序，返回排序后的数据数组，函数语法如图 2-49 所示。

SORTBY（根据相应范围或数组中的值对范围或数组排序）

语法

=SORTBY(数组，排序依据或数组1，[排序方式1]，...)

参数说明

参数1	数组（必填项） 数组或单元格区域
参数2	排序依据数组1（必填项） 与参数1数组行数或列数相同的单行或单列
参数3	排序方式1 1 - 升序 -1 - 降序 省略参数时，默认值（1）
参数n	...

图 2-49　SORTBY 函数语法

SORTBY 函数最多支持 126 组排序依据。

示例 2-30：单条件排序，根据“金额”降序排序

在 F5 单元格输入公式，如图 2-50 所示。

=SORTBY(B5:D10,D5:D10,–1)

F5　=SORTBY(B5:D10, D5:D10, -1)

日期	姓名	金额
11-17	飞鱼	19684
11-17	韩红丽	32721
11-18	飞鱼	14840
11-17	冯鑫	5191
11-18	冯鑫	22568
11-18	飞鱼	9683

日期	姓名	金额
11-17	韩红丽	32721
11-18	冯鑫	22568
11-17	飞鱼	19684
11-18	飞鱼	14840
11-18	飞鱼	9683
11-17	冯鑫	5191

图 2-50　单条件排序，根据“金额”降序排序

SORTBY 函数的第 1 个参数引用 B5:D10 单元格区域，对此单元格区域进行排序，第 2 个参数引用 D5:D10单元格区域作为排序依据，排序依据数组需要是单行或单列，并且行数或列数需要与第 1 个参数相同，第 3 个参数设置为 –1（降序排序），第 2 个参数和第 3 个参数是一组排序条件，从第 2 个参数开始，每两个参数是一组排序条件。

示例 2-31：单条件排序，对日期、姓名根据“金额”降序排序

在 G15 单元格输入公式，如图 2-51 所示。

=SORTBY(B15:C20,E15:E20,−1)

G15　=SORTBY(B15:C20,E15:E20,-1)

	A	B	C	D	E	F	G	H
14		日期	姓名	备注	金额		日期	姓名
15		11-17	飞鱼	无	19684		11-17	韩红丽
16		11-17	韩红丽	无	32721		11-18	冯鑫
17		11-18	飞鱼	无	14840		11-17	飞鱼
18		11-17	冯鑫	无	5191		11-18	飞鱼
19		11-18	冯鑫	无	22568		11-18	飞鱼
20		11-18	飞鱼	无	9683		11-17	冯鑫

图 2-51　对日期、姓名根据“金额”降序排序

SORTBY 函数的第 1 个参数引用“姓名”“日期”所在的 B15:C20 单元格区域，第 2 个参数排序依据数组 1，引用“金额”所在的 E15:E20 单元格区域，排序依据数组参数引用的单元格区域或数组，需要和第 1 个参数引用的单元格区域或数组的行数或列数相同，第 3 个参数设置为 –1 进行降序排序。

示例 2-32：多条件排序，根据日期进行升序，同时对“金额”降序排序

在 F25 单元格输入公式，如图 2-52 所示。

=SORTBY(B25:D30,B25:B30,1,D25:D30,−1)

F25　=SORTBY(B25:D30,B25:B30,1,D25:D30,-1)

	A	B	C	D	E	F	G	H
24		日期	姓名	金额		日期	姓名	金额
25		11-17	飞鱼	19684		11-17	韩红丽	32721
26		11-17	韩红丽	32721		11-17	飞鱼	19684
27		11-18	飞鱼	14840		11-17	冯鑫	5191
28		11-17	冯鑫	5191		11-18	冯鑫	22568
29		11-18	冯鑫	22568		11-18	飞鱼	14840
30		11-18	飞鱼	9683		11-18	飞鱼	9683

图 2-52　根据日期进行升序，同时对“金额”降序排序

SORTBY 函数的第 1 个参数引用 B25:D30 单元格区域，第 2 个参数排序依据数组 1，引用 B25:B30单元格区域，第 3 个参数排序方式 1，设置为 1（升序排序），第 4 个参数排序依据数组 2，引用 D25:D30 单元格区域，第 5 个参数排序方式 2，设置为 –1（降序排

序），其中第 2、3 个参数为第 1 组排序条件，第 4、5 个参数为第 2 组排序条件，函数会根据多组排序条件的顺序进行排序。

示例 2-33：自定义序列排序，根据姓名自定义序列排序

在 H35 单元格输入公式，如图 2-53 所示。

=SORTBY(B35:D40,MATCH(C35:C40,F35:F37,0),1)

H35　=SORTBY(B35:D40,MATCH(C35:C40,F35:F37,0),1)

日期	姓名	金额		姓名		日期	姓名	金额
11-17	飞鱼	19684		冯鑫		11-17	冯鑫	5191
11-17	韩红丽	32721		飞鱼		11-18	冯鑫	22568
11-18	飞鱼	14840		韩红丽		11-17	飞鱼	19684
11-17	冯鑫	5191				11-18	飞鱼	14840
11-18	冯鑫	22568				11-18	飞鱼	9683
11-18	飞鱼	9683				11-17	韩红丽	32721

图 2-53　根据姓名自定义序列排序

使用 SORTBY 函数可以实现自定义序列排序，第 1 个参数引用 B35:D40 单元格区域，第 2 个参数使用 MATCH 函数查询 C35:C40 单元格区域中的每一个姓名在 F35:F37 单元格自定义序列中所在的位置，MATCH 函数返回 1 到 N 的整数，第 3 个参数设置 1（升序排序），SORTBY 函数可根据 MATCH 函数返回的位置对数据进行排序，当 C35:C40 单元格区域中的姓名不在 F35:F37 单元格区域中时，MATCH 函数会返回错误值 #N/A，因为错误值大于任意数值，所以升序排序后，姓名不在自定义序列的对应行会被排到最后。

示例 2-34：对数据进行倒序排序

在 F45 单元格输入公式，如图 2-54 所示。

=SORTBY(B45:D50,SEQUENCE(ROWS(B45:D50)),−1)

F45　=SORTBY(B45:D50,SEQUENCE(ROWS(B45:D50)),-1)

日期	姓名	金额		日期	姓名	金额
11-17	飞鱼	19684		11-18	飞鱼	9683
11-17	韩红丽	32721		11-18	冯鑫	22568
11-18	飞鱼	14840		11-17	冯鑫	5191
11-17	冯鑫	5191		11-18	飞鱼	14840
11-18	冯鑫	22568		11-17	韩红丽	32721
11-18	飞鱼	9683		11-17	飞鱼	19684

图 2-54　对数据进行倒序排序

SORTBY 函数的第 1 个参数引用 B45:D50 单元格区域，第 2 个参数使用 ROWS 函数计算 B45:D50 单元格区域的行数，根据 ROWS 函数返回的行数，使用 SEQUENCE 函数生成和第 1 个参数单元格区域行数相同的序列，第 3 个参数设置为 –1 表示降序排序。SORTBY 函数排序后即可实现对数据进行倒序排序效果。

示例 2-35：对数据进行随机排序

在 F55 单元格输入任意一个公式，如图 2-55 所示。

```
=SORTBY(B55:D60,RANDARRAY(ROWS(B55:D60)),1)
=SORTBY(B55:D60,RANDARRAY(ROWS(B55:D60)),−1)
```

F55　fx　=SORTBY(B55:D60,RANDARRAY(ROWS(B55:D60)),1)

日期	姓名	金额
11-17	飞鱼	19684
11-17	韩红丽	32721
11-18	飞鱼	14840
11-17	冯鑫	5191
11-18	冯鑫	22568
11-18	飞鱼	9683

日期	姓名	金额
11-18	飞鱼	14840
11-17	飞鱼	19684
11-18	冯鑫	22568
11-18	飞鱼	9683
11-17	韩红丽	32721
11-17	冯鑫	5191

图 2-55　对数据进行随机排序

SORTBY 函数的第 1 个参数引用 B55:D60 单元格区域，第 2 个参数使用 ROWS 函数计算 B55:D60 单元格区域的行数，根据 ROWS 函数返回的行数，使用 RANDARRAY 函数生成和参数 1 单元格区域行数相同的随机数数组，第 3 个参数设置为 1（升序排序）或 –1（降序排序）。SORTBY 函数排序后即可实现对数据进行随机排序，将数据按行随机排序后提取前 *N* 行，可以实现随机抽样、抽奖等功能。

注意事项

（1）当排序依据数组与第 1 个参数行数或列数不同时，函数会返回错误值 #VALUE!。在 F5 单元格输入公式，如图 2-56 所示。

```
=SORTBY(B5:D10,B5:B11,−1)
```

F5　fx　=SORTBY(B5:D10,B5:B11,-1)

日期	姓名	金额
11-17	飞鱼	19684
11-17	韩红丽	32721

日期	姓名	金额
#VALUE!		

图 2-56　排序依据数组与第 1 个参数行数或列数不同

第 1 个参数引用 B5:D10 单元格区域，此单元格区域为 6 行 3 列，第 2 个参数引用 B5:B11 单元格区域，此单元格区域为 7 行 1 列，与第 1 个参数 6 行的行数不同，所以函数返回错误值 #VALUE!。

（2）当排序依据数组多行或多列时，函数会返回错误值 #VALUE!。在 F15 单元格输入公式，如图 2-57 所示。

=SORTBY(B15:D20,B15:C20,1)

F15　=SORTBY(B15:D20,B15:C20,1)

	B	C	D	E	F	G	H
13							
14	日期	姓名	金额		日期	姓名	金额
15	11-17	飞鱼	19684		#VALUE!		
16	11-17	韩红丽	32721				

图 2-57　排序依据数组多行或多列

SORTBY 函数排序依据数组只支持单行或单列的数组或单元格区域，因为排序依据数组引用了 B15:C20 单元格区域，此单元格区域为 6 行 2 列的多行多列数组，所以函数会返回错误值 #VALUE!。

（3）当排序方式参数不等于 1 并且不等于 –1 时，函数会返回错误值 #VALUE!。在 F25 单元格输入公式，如图 2-58 所示。

=SORTBY(B25:D30,B25:B30,0)

F25　=SORTBY(B25:D30,B25:B30,0)

	B	C	D	E	F	G	H
23							
24	日期	姓名	金额		日期	姓名	金额
25	11-17	飞鱼	19684		#VALUE!		
26	11-17	韩红丽	32721				

图 2-58　排序方式参数不等于 1 并且不等于 –1

SORTBY 函数排序方式参数只接受 1 或 –1，如果设置其他值，函数会返回错误值 #VALUE!。

2.7 LET（将计算结果分配给名称）

LET 函数可以将计算结果分配给名称，通过定义的名称来计算结果，函数语法如图 2-59 所示。

LET（将计算结果分配给名称）

语法

=LET(名称1，名称值1，[名称2，名称值2]，...，计算公式)

参数说明

参数1	名称1（必填项） 符合命名规则的名称
参数2	名称值1（必填项） 值、数组、单元格引用、计算公式、LAMBDA函数公式
参数3	名称2 符合命名规则的名称
参数4	名称值2 值、数组、单元格引用、计算公式、LAMBDA函数公式
参数n	...
最后一个参数	计算公式（必填项） 最后一个参数必须是计算公式

图 2-59 LET 函数语法

LET 函数至少需要设置一组名称，最多支持 126 组名称，定义的名称仅在 LET 函数中使用。LET 函数的参数分两部分：第 1 部分是名称的定义，每一组名称占用两个参数，依次是名称和名称对应的值；第 2 部分在最后一个参数中编写计算公式。一个正确的 LET 函数使用的参数数量一定是奇数。

示例 2-36：根据长和宽计算面积

在 D5 单元格输入公式，如图 2-60 所示。

=LET(长 ,B5, 宽 ,C5, 长 * 宽)

D5 =LET(长, B5, 宽, C5, 长*宽)

长	宽	面积
50	20	1000

图 2-60 根据长和宽计算面积

LET 函数的第 1 个参数设置名称为“长”，第 2 个参数设置对应值为 B5 单元格，第 3 个参数设置名称为“宽”，第 4 个参数设置对应值为 C5 单元格，第 5 个参数设置计算公式为“长”乘以“宽”，公式返回计算结果为 1000。

示例 2-37：根据期初表、入库表、出库表计算当前库存

在 C13 单元格输入公式，如图 2-61 所示。

=LET(期初 ,SUMIFS($F$13:$F$16,$E$13:$E$16,B13), 入库 ,SUMIFS($J$13:$J$16,$I$13:$I$16,B13), 出库 ,SUMIFS($N$13:$N$16,$M$13:$M$16,B13), 期初 + 入库 − 出库)

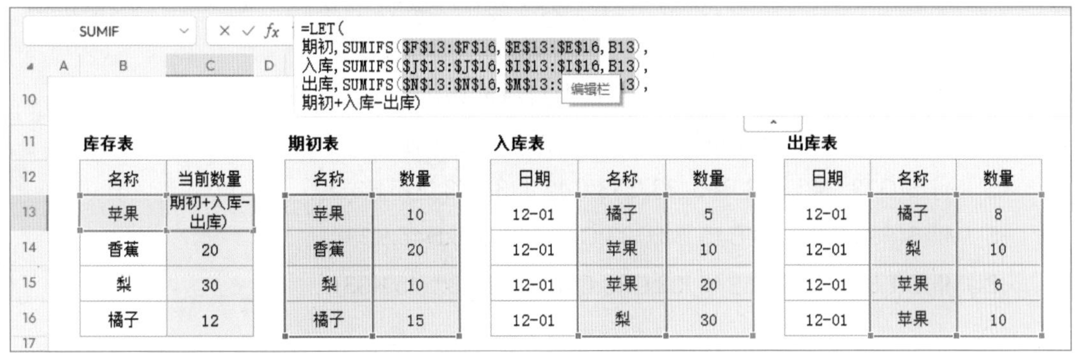

```
=LET(
期初,SUMIFS($F$13:$F$16,$E$13:$E$16,B13),
入库,SUMIFS($J$13:$J$16,$I$13:$I$16,B13),
出库,SUMIFS($N$13:$N$16,$M$13:$M$16,B13),
期初+入库-出库)
```

库存表

名称	当前数量
苹果	期初+入库-出库)
香蕉	20
梨	30
橘子	12

期初表

名称	数量
苹果	10
香蕉	20
梨	10
橘子	15

入库表

日期	名称	数量
12-01	橘子	5
12-01	苹果	10
12-01	苹果	20
12-01	梨	30

出库表

日期	名称	数量
12-01	橘子	8
12-01	梨	10
12-01	苹果	6
12-01	苹果	10

图 2-61 根据期初表、入库表、出库表计算当前库存

使用 LET 函数依次定义了“期初”“入库”“出库”3 个名称，使用 SUMIFS 函数计算每个表对应的产品数量为每个名称的值，最后一个参数编写计算公式，“期初”数量加“入库”数量减“出库”数量即可计算出当前库存数量。

使用 LET 函数可以更直观地表达公式计算逻辑，在编写或调试公式时也更加方便。在定义好对应名称后，通过修改最后一个参数的计算公式，可以快速地了解每个名称返回的结果。

示例 2-38： 计算销售提成，1000 元以下无提成，1000 元以上提成为销售额的 10%

在 C23 单元格输入公式，如图 2-62 所示。

=LET(销售额 ,SUMIFS($G$23:$G$28,$F$23:$F$28,B24),IF(销售额 >1000, 销售额 *0.1," 无提成 "))

```
=LET(销售额,SUMIFS($G$23:$G$28,$F$23:$F$28,B23),IF(销售额>1000,销售额*0.1,"无提成"))
```

提成表

姓名	提成金额
步志文	152.1
飞鱼	无提成
杨问旋	179.3

销售流水表

日期	姓名	金额
12-01	步志文	654
12-01	杨问旋	1265
12-01	段绍辉	73
12-02	步志文	867
12-02	杨问旋	528
12-02	飞鱼	416

图 2-62 计算销售提成

使用 LET 函数第 1 个参数定义名称为“销售额”，使用 SUMIFS 函数计算对应姓名的合计金额作为名称值，定义好名称后，编写计算公式，使用 IF 函数判断如果销售额大于 1000，销售额乘以 0.1（0.1 换算成百分比为 10%），计算提成金额，否则返回“无提成”。

当公式中需要多次使用一个相同的计算公式时，可以使用 LET 函数来简化公式，在简化公式的同时还能提升公式计算效率。

示例 2-39：根据品牌、名称、型号查询对应的售价、物流、成本并计算利润金额

使用公式 1：在 I36 单元格输入公式，如图 2-63 所示。

```
=SUMIFS(G33:G45,B33:B45,I33,C33:C45,J33,D33:D45,K33)
-SUMIFS(F33:F45,B33:B45,I33,C33:C45,J33,D33:D45,K33)
-SUMIFS(E33:E45,B33:B45,I33,C33:C45,J33,D33:D45,K33)
```

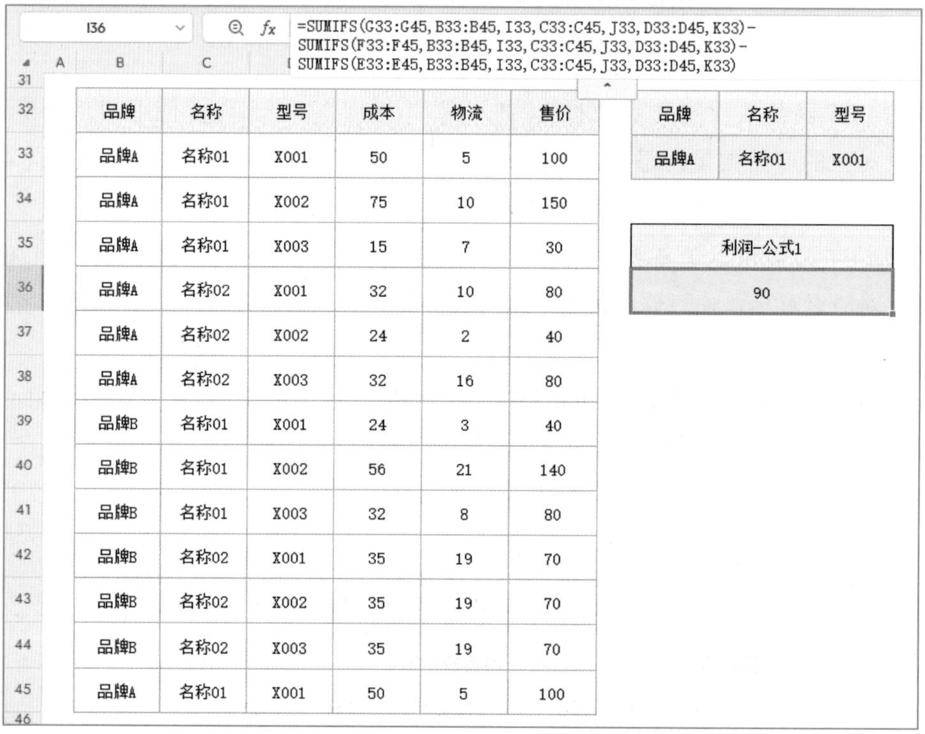

I36 =SUMIFS(G33:G45,B33:B45,I33,C33:C45,J33,D33:D45,K33)-SUMIFS(F33:F45,B33:B45,I33,C33:C45,J33,D33:D45,K33)-SUMIFS(E33:E45,B33:B45,I33,C33:C45,J33,D33:D45,K33)

品牌	名称	型号	成本	物流	售价
品牌A	名称01	X001	50	5	100
品牌A	名称01	X002	75	10	150
品牌A	名称01	X003	15	7	30
品牌A	名称02	X001	32	10	80
品牌A	名称02	X002	24	2	40
品牌A	名称02	X003	32	16	80
品牌B	名称01	X001	24	3	40
品牌B	名称01	X002	56	21	140
品牌B	名称01	X003	32	8	80
品牌B	名称02	X001	35	19	70
品牌B	名称02	X002	35	19	70
品牌B	名称02	X003	35	19	70
品牌A	名称01	X001	50	5	100

品牌	名称	型号
品牌A	名称01	X001

利润-公式1
90

图 2-63　计算利润 - 公式 1

使用 SUMIFS 函数根据条件分别统计“售价”“物流”“成本”金额合计，用“售价”金额减去“物流”金额，再减去“成本”金额，即可得出“利润”金额。

使用公式 2：在 I36 单元格输入公式，如图 2-64 所示。

```
=LET(
售价,SUMIFS(G33:G45,B33:B45,I33,C33:C45,J33,D33:D45,K33),
物流,SUMIFS(F33:F45,B33:B45,I33,C33:C45,J33,D33:D45,K33),
成本,SUMIFS(E33:E45,B33:B45,I33,C33:C45,J33,D33:D45,K33),
售价-物流-成本)
```

I36 =LET(售价,SUMIFS(G33:G45,B33:B45,I33,C33:C45,J33,D33:D45,K33),物流,SUMIFS(F33:F45,B33:B45,I33,C33:C45,J33,D33:D45,K33),成本,SUMIFS(E33:E45,B33:B45,I33,C33:C45,J33,D33:D45,K33),售价-物流-成本)

品牌	名称	型号	成本	物流	售价
品牌A	名称01	X001	50	5	100
品牌A	名称01	X002	75	10	150
品牌A	名称01	X003	15	7	30
品牌A	名称02	X001	32	10	80
品牌A	名称02	X002	24	2	40
品牌A	名称02	X003	32	16	80
品牌B	名称01	X001	24	3	40
品牌B	名称01	X002	56	21	140
品牌B	名称01	X003	32	8	80
品牌B	名称02	X001	35	19	70
品牌B	名称02	X002	35	19	70
品牌B	名称02	X003	35	19	70
品牌A	名称01	X001	50	5	100

品牌	名称	型号
品牌A	名称01	X001

利润-公式2
90

图 2-64 计算利润 - 公式 2

使用 LET 函数依次定义了“售价”“物流”“成本”3 个名称，使用 SUMIFS 函数计算，将结果作为每个名称的值，最后一个参数编写计算公式，“售价”金额减去“物流”金额，再减去“成本”金额，即可得出“利润”金额。

通过观察可以发现，多个 SUMIFS 函数中的条件是相同的，只有第 1 个参数求和区域不同，可以在 LET 函数中使用 LAMBDA 函数创建一个自定义函数，然后依次将不同的求和单元格区域传入自定义函数中即可。

使用公式 3：在 I36 单元格输入公式，如图 2-65 所示。

=LET(fx,LAMBDA(x,SUMIFS(x,B33:B45,I33,C33:C45,J33,D33:D45,K33)),fx(G33:G45)-fx(F33:F45)-fx(E33:E45))

I36 =LET(fx,LAMBDA(x,SUMIFS(x,B33:B45,I33,C33:C45,J33,D33:D45,K33)),fx(G33:G45)-fx(F33:F45)-fx(E33:E45))

品牌	名称	型号	成本	物流	售价
品牌A	名称01	X001	50	5	100
品牌A	名称01	X002	75	10	150
品牌A	名称01	X003	15	7	30
品牌A	名称02	X001	32	10	80
品牌A	名称02	X002	24	2	40
品牌A	名称02	X003	32	16	80
品牌B	名称01	X001	24	3	40
品牌B	名称01	X002	56	21	140
品牌B	名称01	X003	32	8	80
品牌B	名称02	X001	35	19	70
品牌B	名称02	X002	35	19	70
品牌B	名称02	X003	35	19	70
品牌A	名称01	X001	50	5	100

品牌	名称	型号
品牌A	名称01	X001

利润-公式3
90

图 2-65 计算利润 - 公式 3

使用LET函数的第1个参数定义一个名称为fx的自定义函数，LET函数的第2个参数使用LAMBDA函数创建自定义函数，LAMBDA函数的第1个参数的名称为x，LAMBDA函数的最后一个参数计算公式，使用SUMIFS函数统计，SUMIFS函数的第1个参数求和区域引用变量名称x，条件区域及条件依次引用指定单元格区域、单元格，创建好自定义函数后，分3次调用自定义函数，依次将“售价”“物流”“成本”所在单元格区域传入自定义函数即可。

使用公式4：在I36单元格输入公式，如图2-66所示。

```
=LET(
售价,G33:G45,
物流,F33:F45,
成本,E33:E45,
fx,LAMBDA(x,SUMIFS(x,B33:B45,I33,C33:C45,J33,D33:D45,K33)),
fx(售价)-fx(物流)-fx(成本))
```

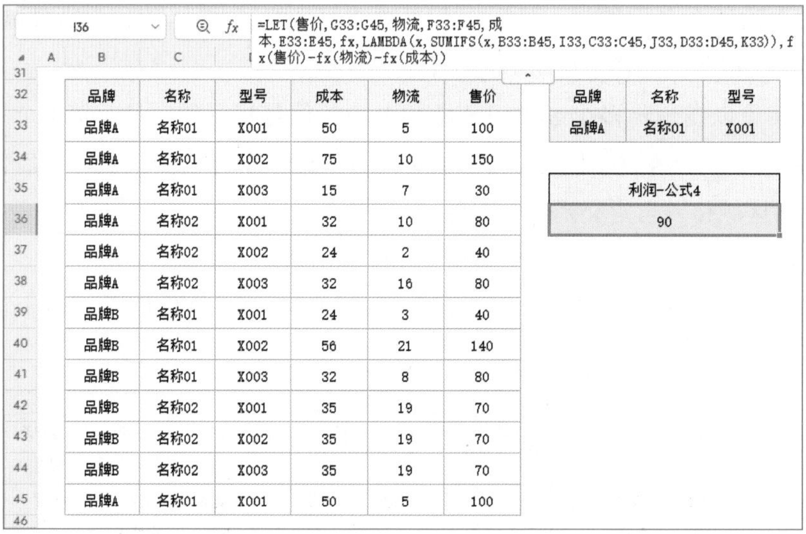

I36　=LET(售价,G33:G45,物流,F33:F45,成本,E33:E45,fx,LAMBDA(x,SUMIFS(x,B33:B45,I33,C33:C45,J33,D33:D45,K33)),fx(售价)-fx(物流)-fx(成本))

品牌	名称	型号	成本	物流	售价
品牌A	名称01	X001	50	5	100
品牌A	名称01	X002	75	10	150
品牌A	名称01	X003	15	7	30
品牌A	名称02	X001	32	10	80
品牌A	名称02	X002	24	2	40
品牌A	名称02	X003	32	16	80
品牌B	名称01	X001	24	3	40
品牌B	名称01	X002	56	21	140
品牌B	名称01	X003	32	8	80
品牌B	名称02	X001	35	19	70
品牌B	名称02	X002	35	19	70
品牌B	名称02	X003	35	19	70
品牌A	名称01	X001	50	5	100

品牌	名称	型号
品牌A	名称01	X001

利润-公式4
90

图2-66　计算利润-公式4

使用LET函数依次定义了“售价”“物流”“成本”3个名称，依次引用“售价”“物流”“成本”所在的单元格区域作为名称值，在调用LET函数创建的名称为fx的自定义函数时，依次将定义的“售价”“物流”“成本”3个名称传入自定义函数即可。

LAMBDA函数可转至6.1节学习。

注意事项

（1）使用LET函数定义名称时，需符合名称命名规范。

- 在使用LET函数定义多个名称时，多个名称不可重复。
- 名称不能使用单元格地址，如A1、R1C1等。

- 名称不能用纯数字或数字开头的字符串。
- 名称长度不能超过 255 个字符。
- 名称不能使用逻辑值，如 TRUE、FALSE 等。
- 名称不能包含除汉字、字母、数字、句号、问号、下画线之外的符号。

（2）使用 LET 函数定义多个名称时，根据定义名称的顺序，名称对应值可以引用此名称之前的名称参与计算，不可引用此名称之后的名称，否则 LET 函数将返回错误值 #NAME?。在 B4 单元格输入公式，如图 2-67 所示。

```
=LET(a,b+10,b,10,a)
```

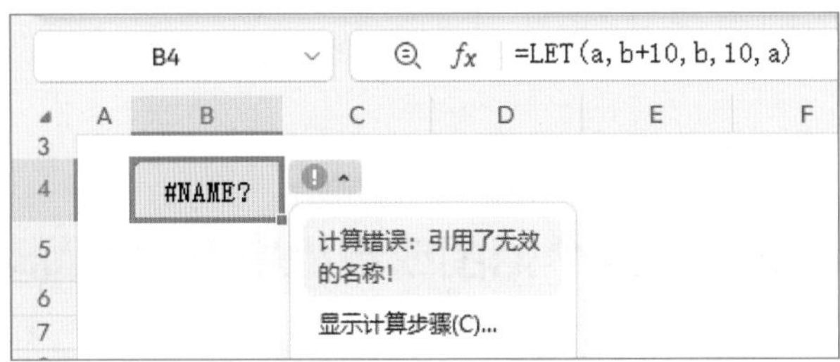

图 2-67 引用了无效名称

使用 LET 函数依次定义 a、b 两个名称，因第 1 个名称 a 对应值引用第 2 个名称 b 参与计算，所以 LET 函数返回错误值 #NAME?。

使用 LET 函数定义多个名称时，当引用此名称之后的名称时，除了 LET 函数返回错误值 #NAME? 外，还有可能弹出“您输入的公式存在错误”提示框，无法输入公式，在 B4 单元格输入公式，如图 2-68 所示。

```
=LET(a,10,b,c+20,c,30,b)
```

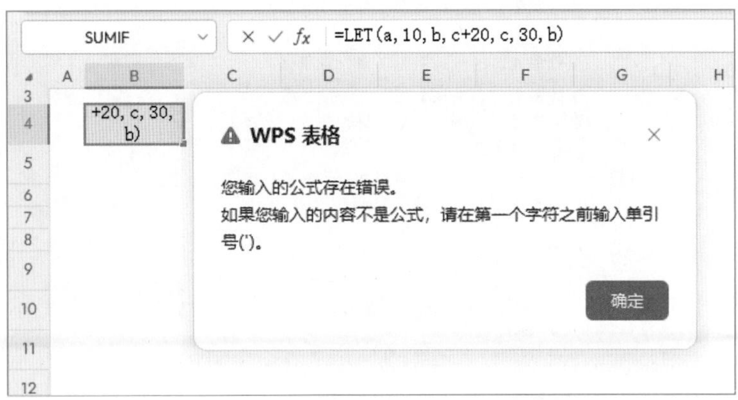

图 2-68 提示“您输入的公式存在错误”

第 3 章 升级类函数

在增加新函数的同时，WPS 在一些旧函数的基础功能上升级了一些新的函数，这些函数可以在很大程度上弥补旧函数的不足，在一些特定的场景下，可以更简单、高效地实现相对应的功能。

3.1 XLOOKUP（在某个范围或数组中搜索匹配项）

XLOOKUP 函数是 VLOOKUP 函数的升级版，在反向查找匹配、查找值包含通配符、查找匹配相近值时，都可以轻松应对，函数语法如图 3-1 所示。

XLOOKUP（在某个范围或数组中搜索匹配项）

语法

=XLOOKUP(查找值，查找数组，返回数组，[未找到值]，[匹配模式]，[搜索模式])

参数说明

参数1	查找值（必填项） 值、数组、单元格区域（非整行或整列引用）
参数2	查找数组（必填项） 查找单元格区域或数组（单行或单列）
参数3	返回数组（必填项） 返回单元格区域或数组（支持多行或多列）
参数4	未找到值 在查找单元格区域或数组匹配不到对应值时返回值 省略参数时，默认值（#N/A）
参数5	匹配模式 0 - 精确匹配 -1 - 精确匹配，没有匹配项时返回下一个较小的项 1 - 精确匹配，没有匹配项时返回下一个较大的项 2 - 通配符匹配 省略参数时，默认值（0）
参数6	搜索模式 1 - 正序搜索 -1 - 倒序搜索 2 - 二分法搜索（参数2需升序排序） -2 - 二分法搜索（参数2需降序排序） 省略参数时，默认值（1）

图 3-1　XLOOKUP 函数语法

示例 3-1：根据姓名查找匹配性别

在 G5 单元格输入公式，如图 3-2 所示。

=XLOOKUP(F5:F7,B5:B10,D5:D10)

姓名	工号	性别
冯鑫	K0001	男
张歌	K0002	女
韩红丽	K0003	女
飞鱼	K0004	男
闫小妮	K0005	女
步志文	K0006	男

姓名	性别
冯鑫	男
韩红丽	女
步志文	男

图 3-2 根据姓名查找匹配性别

XLOOKUP 函数的第 1 个参数引用 F5:F7 单元格区域作为查找值，第 1 个参数支持数组，支持查询匹配对应的多个值，公式计算后可以溢出到指定单元格区域，第 2 个参数引用 B5:B10 单元格区域作为查找数组，第 3 个参数引用 D5:D10 单元格区域作为返回数组，函数即可返回姓名对应的性别。

XLOOKUP 函数和 VLOOKUP 函数的主要区别在于，VLOOKUP 函数查找区域需要指定一个连续的单元格区域，然后通过设置第 3 个参数返回指定的列内容，XLOOKUP 函数将查找区域和返回值区域参数分为 2 个参数，可以分别设置查找区域和返回值区域，在查找多列内容时，可以更直观地设置引用单元格区域，无须设置返回查找区域的指定的列。

示例 3-2：根据工号查找匹配姓名

在 G15 单元格输入公式，如图 3-3 所示。

=XLOOKUP(F15:F17,C15:C20,B15:B20)

姓名	工号	性别
冯鑫	K0001	男
张歌	K0002	女
韩红丽	K0003	女
飞鱼	K0004	男
闫小妮	K0005	女
步志文	K0006	男

工号	姓名
K0001	冯鑫
K0003	韩红丽
K0006	步志文

图 3-3 根据工号查找匹配姓名

XLOOKUP 函数的第 1 个参数引用 F15:F17 单元格区域作为查找值，第 2 个参数引用 C15:C20 单元格区域作为查找区域，第 3 个参数引用 B15:B20 单元格区域作为返回值区域。

可以看到，使用 XLOOKUP 函数查找匹配时，是可以从右向左匹配的，VLOOKUP 函数只能从左向右匹配，反向匹配需要使用 IF({1,0}) 数组公式嵌套，所以当遇到反向查找匹配的需求时，使用 XLOOKUP 函数可以很轻松地解决问题。

示例 3-3：匹配不到返回指定值

在 G25 单元格输入公式，如图 3-4 所示。

```
=XLOOKUP(F25:F27,C25:C30,B25:B30,"")
```

G25　=XLOOKUP(F25:F27,C25:C30,B25:B30,"")

姓名	工号	性别
冯鑫	K0001	男
张歡	K0002	女
韩红丽	K0003	女
飞鱼	K0004	男
闫小妮	K0005	女
步志文	K0006	男

工号	姓名
K0001	冯鑫
K0003	韩红丽
K0009	

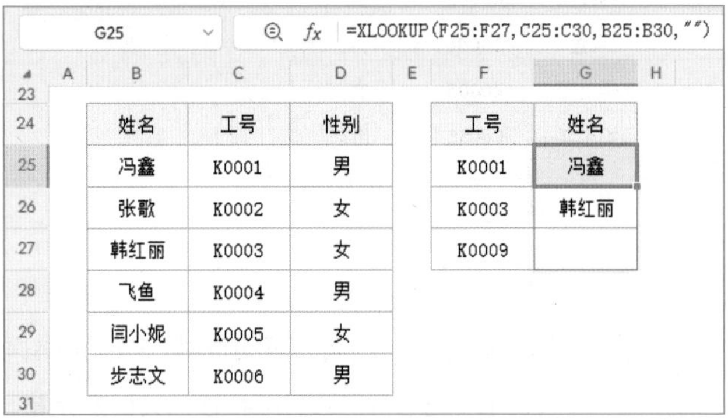

图 3-4　匹配不到返回指定值

当 XLOOKUP 函数的第 2 个参数查找区域没有包含查找值时，函数会返回错误值 #N/A，可以使用函数的第 4 个参数将错误值返回指定值。

VLOOKUP 函数查找匹配时，当函数返回错误值 #N/A 时，需要嵌套使用 IFNA 函数或 IFERROR 函数将错误值返回指定值，而通过指定 XLOOKUP 函数的第 4 个参数，函数即可将错误值返回指定值，无须嵌套 IFNA 函数或 IFERROR 函数处理。

示例 3-4：匹配后返回多列内容

在 H35 单元格输入公式，如图 3-5 所示。

```
=XLOOKUP(G35,$B$35:$B$40,$C$35:$E$40,"")
```

H35　=XLOOKUP(G35,$B$35:$B$40,$C$35:$E$40,"")

姓名	工号	性别	金额
冯鑫	K0001	男	19684
张歡	K0002	女	5191
韩红丽	K0003	女	32721
飞鱼	K0004	男	14840
闫小妮	K0005	女	22568
步志文	K0006	男	9683

姓名	工号	性别	金额
闫小妮	K0005	女	22568
韩红丽	K0003	女	32721
飞小鱼			

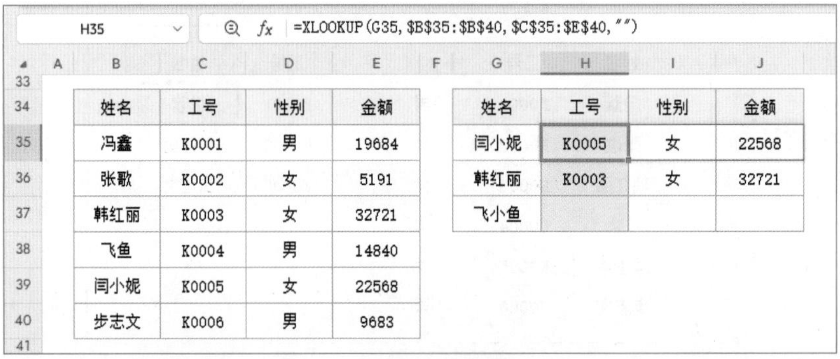

图 3-5　匹配后返回多列内容

XLOOKUP 函数的第 1 个参数引用 G35 单元格，第 2 个参数引用 B35:B40 单元格区域，第 3 个参数引用 C35:E40 单元格区域，XLOOKUP 函数的第 3 个参数是可以引用一个多行多列的单元格区域的，函数匹配后会返回对应行的多列内容。

需要注意的是，XLOOKUP 函数只能返回单行或单列的数组结果，如果函数的第 3 个参数引用了多列内容，那么函数的第 1 个参数查找值只能指定一个值，输入公式后向下填充公式实现查找多个值。

如果第 1 个参数查找值引用了一个单元格区域，如引用 L35:L37 单元格区域，在 M35 单元格输入公式，如图 3-6 所示。

=XLOOKUP(L35:L37,$B$35:$B$40,$C$35:$E$40,"")

M35 =XLOOKUP(L35:L37, $B$35:$B$40, $C$35:$E$40, "")

姓名	工号	性别	金额
冯鑫	K0001	男	19684
张歌	K0002	女	5191
韩红丽	K0003	女	32721
飞鱼	K0004	男	14840
闫小妮	K0005	女	22568
步志文	K0006	男	9683

姓名	工号	性别	金额
闫小妮	K0005		
韩红丽	K0003		
飞小鱼			

图 3-6 第 1 个参数引用单元格区域，同时第 3 个参数引用多行多列

可以看到，XLOOKUP 函数返回的是第 3 个参数引用单元格区域的首列内容，函数是无法同时返回多行多列的。

示例 3-5：匹配后返回多列之和

在 H45 单元格输入公式，如图 3-7 所示。

=SUM(XLOOKUP(G45,$B$45:$B$50,$C$45:$E$50,0))

H45 =SUM(XLOOKUP(G45, $B$45:$B$50, $C$45:$E$50, 0))

姓名	数学	语言	化学
冯鑫	57	76	76
张歌	81	64	70
韩红丽	68	53	79
飞鱼	74	88	56
闫小妮	63	63	68
步志文	59	79	66

姓名	合计分数
闫小妮	194
韩红丽	200
飞鱼	218

图 3-7 匹配后返回多列之和

在使用 XLOOKUP 函数返回多列内容后，使用 SUM 函数对多列内容进行求和，也可

嵌套其他函数对 XLOOKUP 函数返回的多行或多列结果进行二次计算。

示例 3-6：匹配包含通配符字符

在 G55 单元格输入任意一个公式，如图 3-8 所示。

=VLOOKUP(F55:F57,B55:D60,3,0)

=INDEX(D55:D60,MATCH(F55:F57,B55:B60,0))

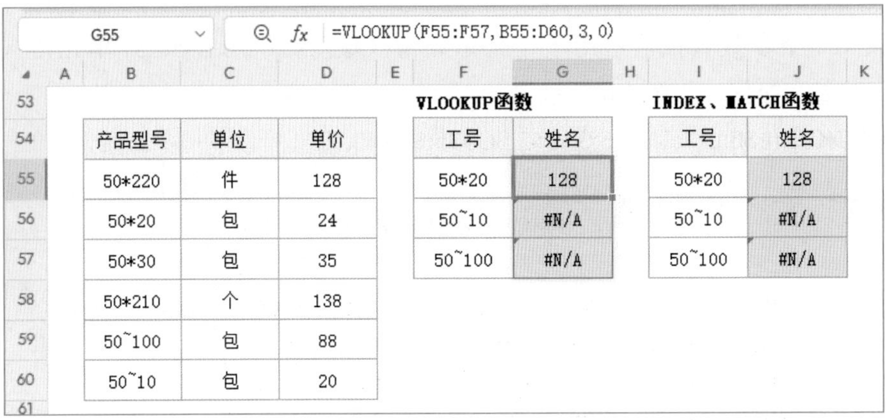

G55 =VLOOKUP(F55:F57,B55:D60,3,0)

产品型号	单位	单价
50*220	件	128
50*20	包	24
50*30	包	35
50*210	个	138
50~100	包	88
50~10	包	20

VLOOKUP函数

工号	姓名
50*20	128
50~10	#N/A
50~100	#N/A

INDEX、MATCH函数

工号	姓名
50*20	128
50~10	#N/A
50~100	#N/A

图 3-8　匹配包含通配符字符

在 WPS 表格中 *、?、~ 三个符号为通配符，VLOOKUP 函数和 MATCH 函数是支持通配符匹配的，所以当查找值包含通配符时，使用 VLOOKUP、MATCH 和 INDEX函数匹配将无法返回正确结果，可使用 XLOOKUP 函数解决这个问题。在 G63 单元格输入公式，如图 3-9 所示。

=XLOOKUP(F63:F65,B63:B68,D63:D68)

G63 =XLOOKUP(F63:F65,B63:B68,D63:D68)

产品型号	单位	单价
50*220	件	128
50*20	包	24
50*30	包	35
50*210	个	138
50~100	包	88
50~10	包	20

工号	姓名
50*20	24
50~10	20
50~100	88

图 3-9　使用 XLOOKUP 函数匹配

XLOOKUP 函数的第 5 个参数细分了 4 种匹配模式，只有参数值为 2 时，函数才使用通配符模式匹配，当参数省略时，默认使用 0（精确匹配），XLOOKUP 函数的精确匹配模式会将通配符当正常的字符来匹配。

示例 3-7：查询最近一次到店记录

在 G75 单元格输入公式，结果如图 3-10 所示。

=XLOOKUP(H72,B73:B78,C73:E78," 无记录 ",0,−1)

G75 =XLOOKUP(H72,B73:B78,C73:E78,"无记录",0,-1)

	A	B	C	D	E	F	G	H	I
72		姓名	日期	金额	商品名称		姓名	飞鱼	
73		冯鑫	11-17	19684	商品A				
74		冯鑫	11-17	5191	商品B		日期	金额	商品名称
75		韩红丽	11-17	32721	商品C		11-18	9683	商品F
76		飞鱼	11-18	14840	商品D				
77		冯鑫	11-18	22568	商品E				
78		飞鱼	11-18	9683	商品F				

图 3-10 查询最近一次到店记录

使用 VLOOKUP 函数查找匹配时，当查找区域有多个查找值时，函数会返回第一条出现的对应值，如果需要返回最后一次出现的对应值，则可以使用 XLOOKUP 函数，将 XLOOKUP 函数的第 6 个参数搜索模式设置为 –1（倒序搜索）即可返回最后一次出现的对应值。

示例 3-8：精确匹配或下一个较小的项

在 F85 单元格输入公式，如图 3-11 所示。

=XLOOKUP(G82,D83:D88,B83:D88,,−1)

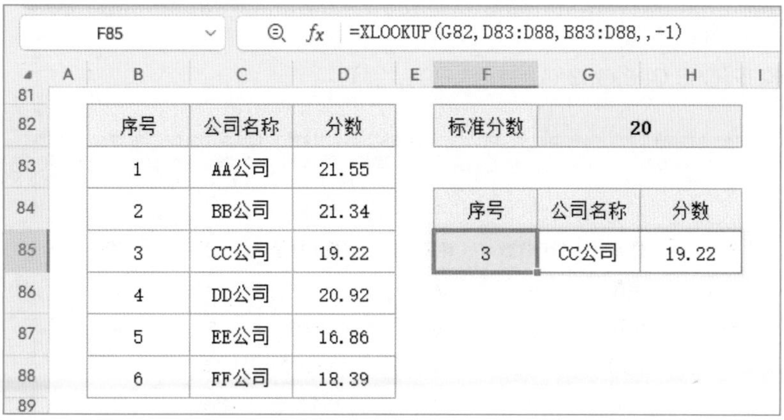

F85 =XLOOKUP(G82,D83:D88,B83:D88,,-1)

	A	B	C	D	E	F	G	H
82		序号	公司名称	分数		标准分数	20	
83		1	AA公司	21.55				
84		2	BB公司	21.34		序号	公司名称	分数
85		3	CC公司	19.22		3	CC公司	19.22
86		4	DD公司	20.92				
87		5	EE公司	16.86				
88		6	FF公司	18.39				

图 3-11 精确匹配或下一个较小的项

公司在招标时，会根据规则计算出每家公司的最终得分，然后根据最终得分查询最接近标准分数且不大于标准分数的公司为中标公司，使用 XLOOKUP 函数查找匹配时，第 5 个参数匹配模式设置为 –1（精确匹配，没有匹配项时返回下一个较小的项），函数在匹配时先使用精确匹配，当精确匹配没有匹配到查找值时，函数会返回一个小于查找值且最接近查找值的对应值。

使用 FILTER、SORT、TAKE 函数可以更直观地看到计算过程。在 F88 单元格输入公式，如图 3-12 所示。

=TAKE(SORT(FILTER(B83:D88,D83:D88<=G82),3,−1),1)

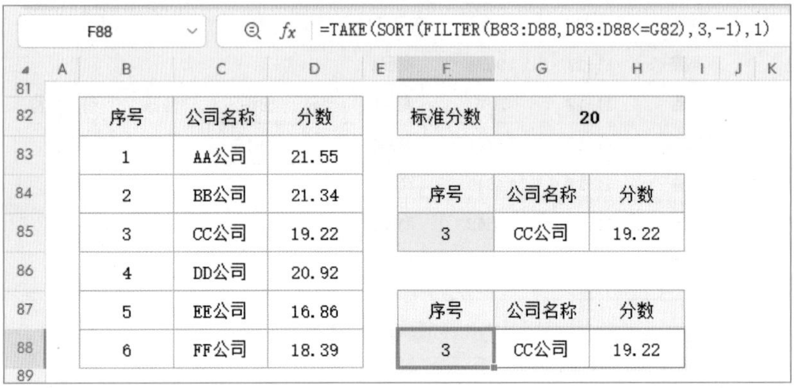

F88　=TAKE(SORT(FILTER(B83:D88,D83:D88<=G82),3,-1),1)

序号	公司名称	分数
1	AA公司	21.55
2	BB公司	21.34
3	CC公司	19.22
4	DD公司	20.92
5	EE公司	16.86
6	FF公司	18.39

标准分数	20

序号	公司名称	分数
3	CC公司	19.22

序号	公司名称	分数
3	CC公司	19.22

图 3-12　使用 FILTER、SORT、TAKE 函数

使用 FILTER 函数筛选出小于或等于标准分数的数据，使用 SORT 函数根据分数对数据降序排序，最后使用 TAKE 函数返回排序后的第 1 行的内容即可。

当 XLOOKUP 函数的第 5 个参数设置为 –1 时，查找匹配逻辑和 FILTER、SORT、TAKE 函数嵌套是相同的，在处理此类查找匹配需求时，使用 XLOOKUP 函数可以更轻松地解决问题。

示例 3-9：精确匹配或下一个较大的项

在 D93 单元格输入公式，如图 3-13 所示。

=XLOOKUP(C93:C98,G93:G96,H93:H96,"",1)

D93　=XLOOKUP(C93:C98,G93:G96,H93:H96,"",1)

姓名	投诉次数	评级
冯鑫	4	A
张歌	9	B
韩红丽	6	A
飞鱼	0	S
闫小妮	3	S
步志文	17	C

投诉数量	上限	评级
0-3个	3	S
4-8个	8	A
9-15个	15	B
15个以上	9999	C

图 3-13　精确匹配或下一个较大的项

公司根据员工的投诉数量来评级，评级规则如图 3-13 右侧所示，将每个等级区间的上限提取出来作为查找区域，当最后一个等级没有具体的上限时，可以填写一个相对较大的值，如 9999 或 99 999，然后使用 XLOOKUP 函数进行查找匹配，通过设置函数的第 5 个参数匹配模式为 1（精确匹配，没有匹配项时返回下一个较大的项），当精确匹配没有匹配到查找值时，函数会返回一个大于查找值且最接近查找值的对应值。

在计算学生体育成绩时，有些科目是根据完成时间来计算得分的，用时越短，得分越高，使用 XLOOKUP 函数的第 5 个参数，将参数值设置为 1，也可很轻松地计算得分，在 D102 单元格输入公式，如图 3-14 所示。

```
=XLOOKUP(C102:C107,F102:F107,G102:G107,"",1)
```

姓名	成绩(秒)	得分		成绩(秒)	分值
冯鑫	11.4	100		11.5	100
张歌	12.7	40		12	85
韩红丽	12.5	60		12.5	60
飞鱼	14.1	0		13	40
闫小妮	11.8	85		14	20
步志文	12.7	40		9999	0

图 3-14 根据成绩计算得分

在使用 XLOOKUP 的第 5 个参数时，当参数值设置为 1 或 –1 时，查找区域的数据无须升序或降序处理。函数在查找匹配时对查找区域的顺序是没有要求的。

示例 3-10： 横向查找匹配，查找最佳科目

在 G112 单元格输入公式，如图 3-15 所示。

```
=XLOOKUP(100,C112:F112,$C$111:$F$111,,−1)
```

姓名	数学	语文	英文	思想品德	最佳科目
冯鑫	60	66	89	82	英文
张歌	78	36	82	94	思想品德
韩红丽	48	68	72	86	思想品德
飞鱼	80	50	32	72	数学
闫小妮	37	83	81	68	语文
步志文	72	51	89	39	英文

图 3-15 横向查找匹配，查找最佳科目

XLOOKUP 函数的第 1 个参数使用成绩满分作为查找值，第 2 个参数引用“分数”所在的 C112:F112 单元格区域作为查找区域，第 3 个参数引用“科目”所在的 C111:F111 单元格区域，因为公式要向下填充，所以要使用绝对引用锁定“科目”单元格区域，省略第 4 个参数，第 5 个参数值设置为 –1（精确匹配，没有匹配项时返回下一个较大的项），即可查找匹配到最高分数对应的科目。

当有横向查找匹配的需求时，如使用 HLOOKUP 函数无法实现，如从下向上查找匹配、查找值包含通配符、匹配时搜索模式需要从右向左，使用 XLOOKUP 函数都可以轻松实现。

当查找值或查找区域的数据量很大时，可以先将查找区域及对应的返回数组区域进行升序或降序排序，在查找匹配时，将 XLOOKUP 函数的第 6 个参数值设置为 2 或 –2（升序排序设置为 2，降序排序设置为 –2），使用二分法搜索，可以将计算效率提升几十倍，甚至上百倍，XLOOKUP 函数可以在精确匹配的模式下使用二分法搜索，这是 VLOOKUP、HLOOKUP、LOOKUP 函数无法实现的。

注意事项

当第 2 个参数的查找数组大小与第 3 个参数的返回数组大小不同时，函数将返回错误值 #VALUE!，在 G5 单元格输入公式，如图 3-16 所示。

```
=XLOOKUP(F5:F7,B5:B10,D5:D11)
```

G5 =XLOOKUP(F5:F7, B5:B10, D5:D11)

姓名	工号	性别
冯鑫	K0001	男
张歌	K0002	女
韩红丽	K0003	女
飞鱼	K0004	男
闫小妮	K0005	女
步志文	K0006	男

姓名	性别
冯鑫	#VALUE!
韩红丽	#VALUE!
步志文	#VALUE!

图 3-16　第 2 个参数的查找数组大小与第 3 个参数的返回数组大小不同

XLOOKUP 函数的第 2 个参数引用 B5:B10 单元格区域，此单元格区域共 6 行，第 3 个参数引用 D5:D11 单元格区域，此单元格区域共 7 行，两个参数引用的单元格区域行数不同，所以函数返回错误值 #VALUE!。

3.2 XMATCH（返回项目在数组中的相对位置）

XMATCH 函数是 MATCH 函数的升级版，在倒序查找、查找值包含通配符、查找相近值时，XMATCH 函数都可以轻松应对，函数语法如图 3-17 所示。

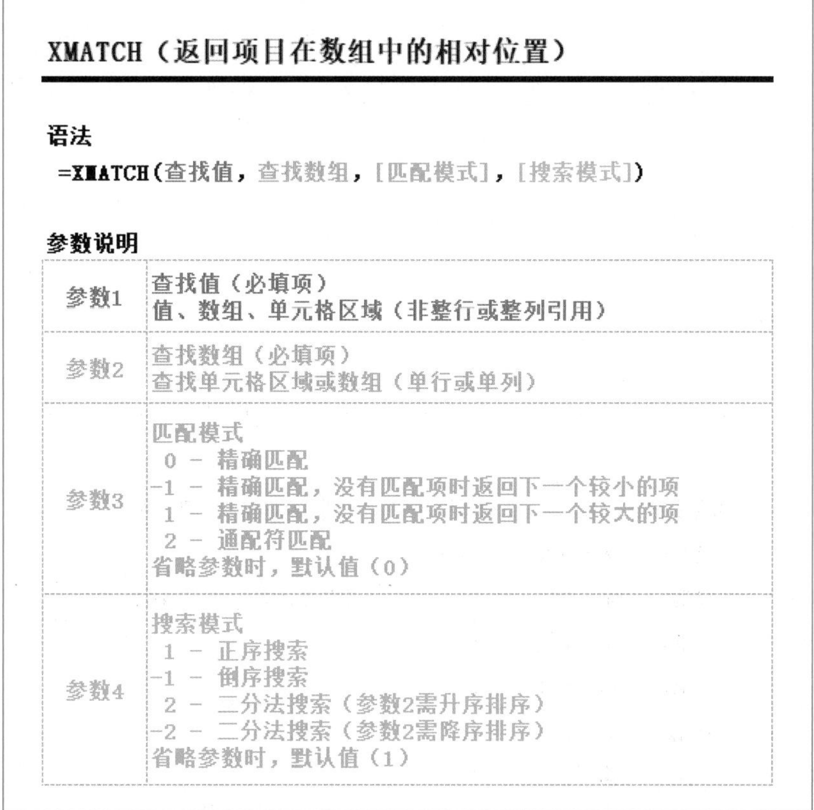

XMATCH（返回项目在数组中的相对位置）

语法

=XMATCH(查找值，查找数组，[匹配模式]，[搜索模式])

参数说明

参数1	查找值（必填项） 值、数组、单元格区域（非整行或整列引用）
参数2	查找数组（必填项） 查找单元格区域或数组（单行或单列）
参数3	匹配模式 0 － 精确匹配 -1 － 精确匹配，没有匹配项时返回下一个较小的项 1 － 精确匹配，没有匹配项时返回下一个较大的项 2 － 通配符匹配 省略参数时，默认值（0）
参数4	搜索模式 1 － 正序搜索 -1 － 倒序搜索 2 － 二分法搜索（参数2需升序排序） -2 － 二分法搜索（参数2需降序排序） 省略参数时，默认值（1）

图 3-17　XMATCH 函数语法

示例 3-11：根据城市和年龄区间查询对应的用户人数（查找值包含通配符）

在 C4 单元格输入公式，如图 3-18 所示。

```
=VLOOKUP(G4,B6:I12,XMATCH(I4,B6:I6),0)
```

C4　=VLOOKUP(G4,B6:I12,XMATCH(I4,B6:I6),0)

用户人数	971			城市	大连	年龄区间	46~55

城市	18~24	25~30	31~37	38~45	46~55	56~70	70~99
北京	394	817	140	885	959	302	646
上海	791	226	555	971	806	257	717
深圳	537	908	193	961	487	760	690
哈尔滨	639	243	906	934	523	919	238
沈阳	693	122	731	147	363	794	733
大连	616	669	497	712	971	931	550

图 3-18　根据城市和年龄区间查询对应的用户人数

使用 VLOOKUP 函数查找，VLOOKUP 函数的第 1 个参数引用 G4 单元格，根据“城市”查询，第 2 个参数引用 B6:I16 单元格区域，在此单元格区域查找，因为年龄区间包含通配符，所以无法使用 MATCH 函数查找年龄区间列的所在位置，可以使用 XMATCH 函数来查找，查找到的年龄区间列的所在位置作为 VLOOKUP 函数的第 3 个参数，VLOOKUP 函数的第 4 参数匹配模式值设置为 0（表示精确匹配），公式即可返回城市和年龄区间对应的用户人数。

示例 3-12：查找某一批次之前的数量合计

在 G18 单元格输入公式，如图 3-19 所示。

=SUM(OFFSET(D17,,,XMATCH(G16,C17:C25,,-1)))

G18 =SUM(OFFSET(D17,,,XMATCH(G16,C17:C25,,-1)))

商品名称	批次	数量
商品A	第一批次	14
商品B	第一批次	32
商品A	第一批次	50
商品A	第二批次	55
商品C	第二批次	18
商品D	第三批次	73
商品A	第三批次	48
商品B	第三批次	72
商品C	第三批次	79

批次	第二批次
数量合计	169

图 3-19　查找某一批次之前的数量合计

使用 XMATCH 函数将第 4 个参数搜索方向设置为 –1（倒序搜索），可以返回查询批次在查找区域中最后出现的位置，将返回值作为 OFFSET 函数的第 5 个参数扩展行数，OFFSET 函数的第 1 个参数引用数据表中数量所在列第 1 行所在 D17 单元格，OFFSET 函数会将此单元格作为基点，根据 XMATCH 函数返回值，扩展为一个指定行数的单元格区域，然后使用 SUM 函数对此单元格区域求和即可。

3.3 IFS（检查是否满足一个或多个条件并返回对应值）

IFS 函数可以进行多条件判断，函数根据参数顺序依次判断多个条件，返回多个条件中第一个满足条件的对应值，每一个条件占用两个参数，函数最多支持 127 个条件，函数语法如图 3-20 所示。

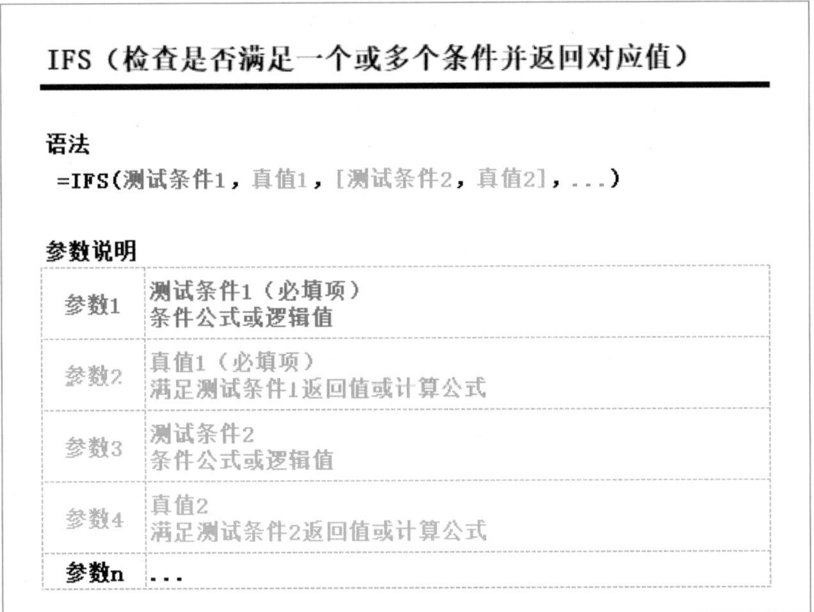

IFS（检查是否满足一个或多个条件并返回对应值）

语法

=IFS(测试条件1，真值1，[测试条件2，真值2]，...)

参数说明

参数1	测试条件1（必填项） 条件公式或逻辑值
参数2	真值1（必填项） 满足测试条件1返回值或计算公式
参数3	测试条件2 条件公式或逻辑值
参数4	真值2 满足测试条件2返回值或计算公式
参数n	...

图 3-20　IFS 函数语法

示例 3-13：根据完成情况计算提成

公司根据指标数量与实际完成数量计算提成，若未完成则提成 0 元，若已完成则提成 200 元，若超额完成则每完成一个加 10 元。在 E5 单元格输入公式，如图 3-21 所示。

```
=IFS(D5<C5,0,D5=C5,200,D5>C5,200+(D5-C5)*10)
```

E5　=IFS(D5<C5, 0, D5=C5, 200, D5>C5, 200+(D5-C5)*10)

姓名	指标数量	实际数量	提成
步志文	50	51	210
丁嘉祥	50	56	260
韩红丽	50	65	350
闫小妮	50	29	0
杨问旋	50	78	480
飞鱼	50	50	200

图 3-21　根据完成情况计算提成

根据提成计算规则，IFS 函数的第 1 个参数判断如果实际数量 D5 单元格小于指标数量 C5 单元格，若满足条件，则说明没有完成，第 2 个参数返回数值 0，两个参数为一组条件，第 3 个参数判断如果实际数量 D5 单元格等于指标数量 C5 单元格，若满足条件则说明已完成，第 4 个参数返回数值 200，第 5 个参数判断如果实际数量 D5 单元格大于指标数量 C5 单元格，若满足条件则说明已超额完成，第 6 个参数设置计算公式为，已完成提成 200 元再加（实际数量 – 指标数量）乘以 10。公式会依次判断，根据不同情况返回计算结果。

示例 3-14：根据题目计算答案

B15:E20 单元格区域是随机生成的四则运算练习题目，需根据生成的题目计算答案。在 F15 单元格输入公式，如图 3-22 所示。

=IFS(C15="+",B15+D15,C15="−",B15−D15,C15="x",B15*D15,C15="÷",B15/D15)

F15　=IFS(C15="+",B15+D15,C15="-",B15-D15,C15="x",B15*D15,C15="÷",B15/D15)

题目				答案
2	x	3	=	6
3	x	2	=	6
1	-	6	=	-5
8	x	3	=	24
7	x	9	=	63
1	x	9	=	9

图 3-22　根据题目计算答案

使用 IFS 函数依次对运算符所在列进行判断，根据不同的运算符，设置对应的计算公式即可。

示例 3-15：根据不同选项计算分数

G24 单元格已设置下拉菜单，可以选择“总分”“最高分”“最低分”“平均分”，要根据不同选项计算分数。在 G25 单元格输入公式，如图 3-23 所示。

=IFS($G$24="总分",SUM(C25:F25),$G$24="最高分",MAX(C25:F25),$G$24="最低分",MIN(C25:F25),$G$24="平均分",AVERAGE(C25:F25))

G25　=IFS($G$24="总分",SUM(C25:F25),$G$24="最高分",MAX(C25:F25),$G$24="最低分",MIN(C25:F25),$G$24="平均分",AVERAGE(C25:F25))

姓名	数学	语文	英文	思想品德	最高分
冯鑫	60	66	89	82	89
张歌	78	36	82	94	94
韩红丽	48	68	72	86	86
飞鱼	80	50	32	72	80
闫小妮	37	83	81	68	83
步志文	72	51	89	39	89

图 3-23　根据不同选项计算分数

使用 IFS 函数依次判断选项所在的 G24 单元格，根据不同的选项，设置对应的 SUM、MAX、MIN、AVERAGE 函数计算分数。

注意事项

（1）当 IFS 函数设置的所有条件都未满足时，函数会返回错误值 #N/A。在 E5 单元格输入公式，如图 3-24 所示。

=IFS(D5>0," 收入 ",D5<0," 支出 ")

E5　=IFS(D5>0,"收入",D5<0,"支出")

序号	类型	金额	方向
1	收红包	88	收入
2	买书	-56	支出
3	发红包	100	收入
4	买早餐	15	收入
5	其他	0	#N/A
6	其他	0	#N/A

图 3-24　所有条件都未满足

根据金额判断方向，金额为正数时方向为“收入”，金额为负数时方向为“支出”，因为用 IFS 函数判断时，只设置 2 个条件，判断金额大于零为收入，小于零为支出，没有设置金额等于零时的条件及返回值，所以金额出现零时，设置的两个条件都没有满足，IFS 函数会返回错误值 #N/A。

在 IFS 函数中添加第 3 组条件，或使用 IFNA 函数或 IFERROR 函数将错误返回成指定值，在 F5 单元格输入任意一个公式，如图 3-25 所示。

=IFS(D5>0," 收入 ",D5<0," 支出 ",D5=0,"−")

=IFNA(IFS(D5>0," 收入 ",D5<0," 支出 "),"−")

=IFERROR(IFS(D5>0," 收入 ",D5<0," 支出 "),"−")

F5　=IFS(D5>0,"收入",D5<0,"支出",D5=0,"-")

序号	类型	金额	方向	方向
1	收红包	88	收入	收入
2	买书	-56	支出	支出
3	发红包	100	收入	收入
4	买早餐	15	收入	收入
5	其他	0	#N/A	-
6	其他	0	#N/A	-

图 3-25　添加 IFS 函数中添加第 3 组条件

（2）当使用 IFS 函数时，条件顺序设置错误会导致无法返回正确结果。在 E15 单元格输入公式，如图 3-26 所示。

```
=IFS(D15>=0," 差 ",D15>=60," 良 ",D15>=80," 优 ")
```

E15　=IFS(D15>=0,"差",D15>=60,"良",D15>=80,"优")

序号	姓名	成绩	等级
1	冯鑫	96	差
2	张歌	78	差
3	韩红丽	68	差
4	飞鱼	88	差
5	闫小妮	83	差
6	步志文	51	差

图 3-26　条件顺序设置错误会导致无法返回正确结果

根据成绩判断等级 80 分及以上等级为“优”，60 分及以上等级为“良”，否则等级为“差”，当前 IFS 函数中依次设置 3 组条件，从小到大，IFS 函数在判断时，会根据设置的条件依次判断，当有条件满足时，函数会返回当前条件对应的返回值或计算公式，所以，当函数判断第 1 个条件时，条件满足后，函数将返回第 1 个条件满足后的对应等级“差”，导致无法返回正确的结果。

在使用 IFS 函数处理此类问题时，在设置条件时，需要根据条件从大到小依次设置。在 F15 单元格输入公式，如图 3-27 所示。

```
=IFS(D15>=80," 优 ",D15>=60," 良 ",D15>=0," 差 ")
```

F15　=IFS(D15>=80,"优",D15>=60,"良",D15>=0,"差")

序号	姓名	成绩	等级	等级
1	冯鑫	96	差	优
2	张歌	78	差	良
3	韩红丽	68	差	良
4	飞鱼	88	差	优
5	闫小妮	83	差	优
6	步志文	51	差	差

图 3-27　根据条件从大到小依次设置

3.4 MINIFS（返回一组给定条件所指定的单元格最小值）

MINIFS 函数可以多条件求最小值，函数最多支持 127 个条件，函数语法如图 3-28 所示。

MINIFS（返回一组给定条件所指定的单元格最小值）

语法

=MINIFS(最小所在区域，区域1，条件1，[区域2，条件2]，...)

参数说明

参数1	最小值区域（必填项） 只支持单元格区域
参数2	区域1（必填项） 只支持单元格区域
参数3	条件1（必填项） 值、数组、单元格区域（非整行或整列引用）
参数4	区域2 只支持单元格区域
参数5	条件2 值、数组、单元格区域（非整行或整列引用）
参数n	...

图 3-28　MINIFS 函数语法

示例 3-16：计算每个班级的最低分

在 H5 单元格输入公式，如图 3-29 所示。

=MINIFS(E5:E13,B5:B13,G5:G6)

H5　=MINIFS(E5:E13,B5:B13,G5:G6)

班级	姓名	性别	分数
1班	步志文	男	94
1班	丁嘉祥	男	56
1班	韩红丽	女	65
1班	张望	女	29
2班	杨问旋	女	88
2班	黄川	男	50
2班	袁晓	女	42
2班	赵顺花	女	78
2班	李源博	男	66

班级	最低分
1班	29
2班	42

图 3-29　计算每个班级的最低分

MINIFS 函数的第 1 个参数求最小值区域，引用“分数”所在的 E5:E13 单元格区域，第 2 个参数区域 1 引用“班级”所在的 B5:B13 单元格区域，第 3 个参数条件 1 引用要计算的“班级”所在的 G5:G6 单元格区域，函数即可返回每个班级对应的最低分。

示例 3-17：计算每个班级不同性别的最低分

在 H19 单元格输入公式，如图 3-30 所示。

```
=MINIFS(E18:E26,B18:B26,G19:G20,D18:D26,H18:I18)
```

H19 =MINIFS(E18:E26,B18:B26,G19:G20,D18:D26,H18:I18)

班级	姓名	性别	分数
1班	步志文	男	94
1班	丁嘉祥	男	56
1班	韩红丽	女	65
1班	张望	女	29
2班	杨问旋	女	88
2班	黄川	男	50
2班	袁晓	女	42
2班	赵顺花	女	78
2班	李源博	男	66

班级	最低分	
	男	女
1班	56	29
2班	50	42

图 3-30　计算每个班级不同性别的最低分

MINIFS 函数的第 1 个参数求最小值区域，引用“分数”所在的 E18:E26 单元格区域，第 2 个参数区域 1 引用“班级”所在的 B18:B26 单元格区域，第 3 个参数条件 1 引用要计算的“班级”所在的 G19:G20 单元格区域，第 4 个参数区域 2，引用“性别”所在的 D18:D26 单元格区域，第 5 个参数条件 2 引用要计算的“性别”所在的 H18:I18 单元格区域，函数即可返回每个班级不同性别的最低分。

因 MINIFS 函数条件参数引用了单元格区域，所以在输入公式后，会根据引用单元格大小自动溢出，返回多个值，条件参数可以引用一个单元格或一个单元格区域，不要引用整列或整行，否则公式会返回错误值 #SPILL!。

注意事项

在设置求最小值单元格区域和条件区域时，引用的单元格区域大小需要相同，否则会返回错误值 #VALUE!。

3.5 MAXIFS（返回一组给定条件所指定的单元格最大值）

MAXIFS 函数可以多条件求最大值，函数最多支持 127 个条件，函数语法如图 3-31 所示。

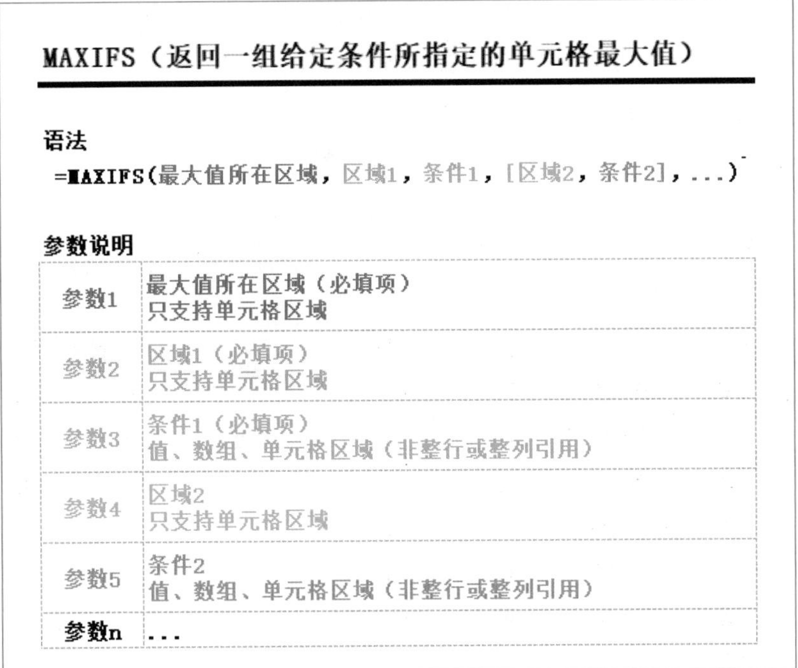

MAXIFS（返回一组给定条件所指定的单元格最大值）

语法

=MAXIFS(最大值所在区域，区域1，条件1，[区域2，条件2]，...)

参数说明

参数	说明
参数1	最大值所在区域（必填项） 只支持单元格区域
参数2	区域1（必填项） 只支持单元格区域
参数3	条件1（必填项） 值、数组、单元格区域（非整行或整列引用）
参数4	区域2 只支持单元格区域
参数5	条件2 值、数组、单元格区域（非整行或整列引用）
参数n	...

图 3-31 MAXIFS 函数语法

示例 3-18：计算每个班级的最高分

在 H5 单元格输入公式，如图 3-32 所示。

=MAXIFS(E5:E13,B5:B13,G5:G6)

H5 =MAXIFS(E5:E13,B5:B13,G5:G6)

	A	B	C	D	E	F	G	H
3								
4		班级	姓名	性别	分数		班级	最高分
5		1班	步志文	男	94		1班	94
6		1班	丁嘉祥	男	56		2班	88
7		1班	韩红丽	女	65			
8		1班	张望	女	29			
9		2班	杨问旋	女	88			
10		2班	黄川	男	50			
11		2班	袁晓	女	42			
12		2班	赵顺花	女	78			
13		2班	李源博	男	66			
14								

图 3-32 计算每个班级的最高分

MAXIFS 函数的第 1 个参数求最大值区域，引用“分数”所在的 E5:E13 单元格区域，第 2 个参数区域 1，引用“班级”所在的 B5:B13 单元格区域，第 3 个参数条件 1 引用要计算的“班级”所在的 G5:G6 单元格区域，函数即可返回每个班级对应的最高分。

示例 3-19：计算每个班级不同性别的最高分

在 H19 单元格输入公式，如图 3-33 所示。

=MAXIFS(E18:E26,B18:B26,G19:G20,D18:D26,H18:I18)

H19 fx =MAXIFS(E18:E26,B18:B26,G19:G20,D18:D26,H18:I18)

班级	姓名	性别	分数
1班	步志文	男	94
1班	丁嘉祥	男	56
1班	韩红丽	女	65
1班	张望	女	29
2班	杨问旋	女	88
2班	黄川	男	50
2班	袁晓	女	42
2班	赵顺花	女	78
2班	李源博	男	66

班级	最高分	
	男	女
1班	94	65
2班	66	88

图 3-33　计算每个班级不同性别的最高分

MAXIFS 函数的第 1 个参数求最大值区域，引用“分数”所在的 E18:E26 单元格区域，第 2 个参数区域 1 引用“班级”所在的 B18:B26 单元格区域，第 3 个参数条件 1 引用要计算的“班级”所在的 G19:G20 单元格区域，第 4 个参数区域 2，引用“性别”所在的 D18:D26 单元格区域，第 5 个参数条件 2 引用要计算的“性别”所在的 H18:I18 单元格区域，函数即可返回每个班级不同性别的最高分。

因为 MAXIFS 函数条件参数引用了单元格区域，所以在输入公式后，会根据引用单元格大小自动溢出，返回多个值，条件参数可以引用一个单元格或一个单元格区域，不要引用整列或整行，否则公式会返回错误值 #SPILL!。

注意事项

在设置求最大值单元格区域和条件区域时，引用的单元格区域大小需要相同，否则会返回错误值 #VALUE!。

3.6 SHEET（返回引用的工作表的工作表编号）

SHEET 函数可以返回引用的工作表的工作表编号，函数语法如图 3-34 所示。

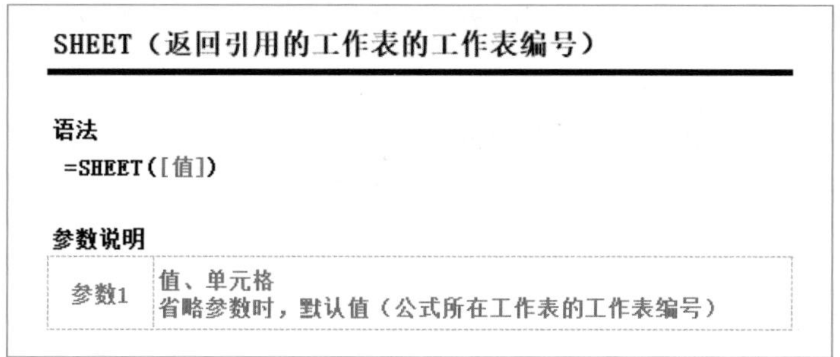

SHEET（返回引用的工作表的工作表编号）

语法

=SHEET([值])

参数说明

参数1	值、单元格 省略参数时，默认值（公式所在工作表的工作表编号）

图 3-34　SHEET 函数语法

示例 3-20：返回当前工作表编号

在 C4 单元格输入公式，如图 3-35 所示。

=SHEET()

图 3-35　返回当前工作表编号

使用 SHEET 函数时，如果省略参数，则 SHEET 函数将返回公式所在工作表的工作表编号。

示例 3-21：返回指定工作表的工作表编号

在 C9 单元格输入公式，如图 3-36 所示。

=SHEET("函数语法")

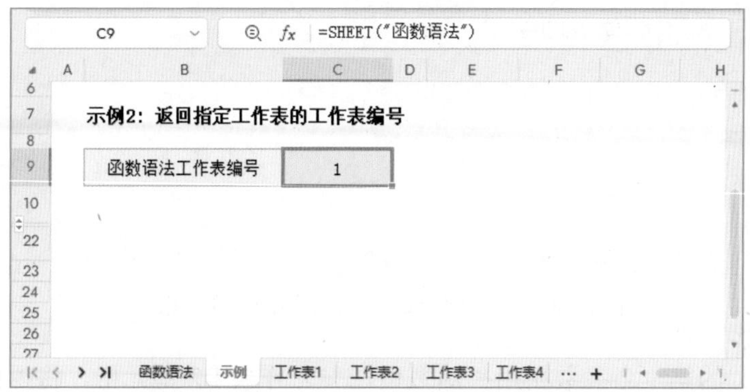

图 3-36　返回指定工作表的工作表编号

SHEET 函数的第 1 个参数输入“函数语法”，即可返回“函数语法”工作表的工作表编号。

示例 3-22：返回单元格中工作表名称的工作表编号

在 C14 单元格输入任意一个公式，如图 3-37 所示。

=SHEET(B14&"")

=SHEET(+B14)

C14 =SHEET(B14&"")

示例3：返回单元格中工作表名称的工作表编号

工作表名称	工作表编号	工作表编号
工作表1	3	3
工作表2	4	4
工作表3	5	5
工作表4	6	6

函数语法 示例 工作表1 工作表2 工作表3 工作表4

图 3-37　返回单元格中工作表名称的工作表编号

SHEET 函数的第 1 个参数引用“工作表名称”所在的 B14 单元格，需要使用 & 运算符连接空文本，或使用 + 运算符将单元格引用转换为数组，去除单元格引用属性，即可返回单元格中工作表名称的工作表编号。

示例 3-23：返回工作表单元格引用的工作表编号

在 C22 单元格输入公式，如图 3-38 所示。

=SHEET(函数语法 !B2)

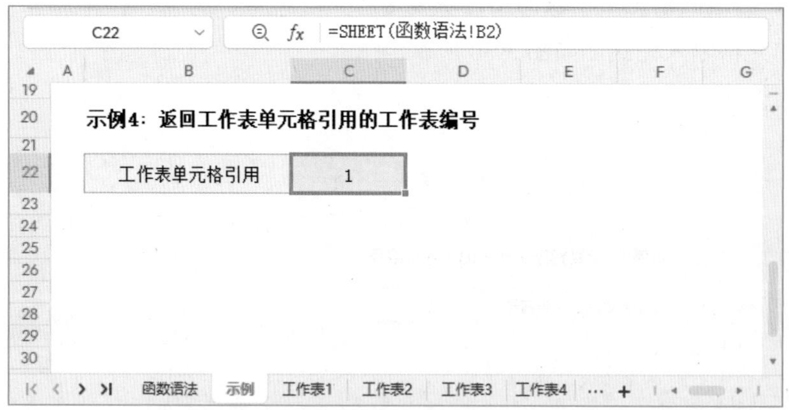

图 3-38　返回工作表单元格引用的工作表编号

SHEET 函数的第 1 个参数引用“函数语法”工作表 B2 单元格，将返回“函数语法”

工作表的工作表编号。

3.7 SHEETS（返回引用的工作表数量）

SHEETS 函数可以返回工作簿中工作表的数量，函数语法如图 3-39 所示。

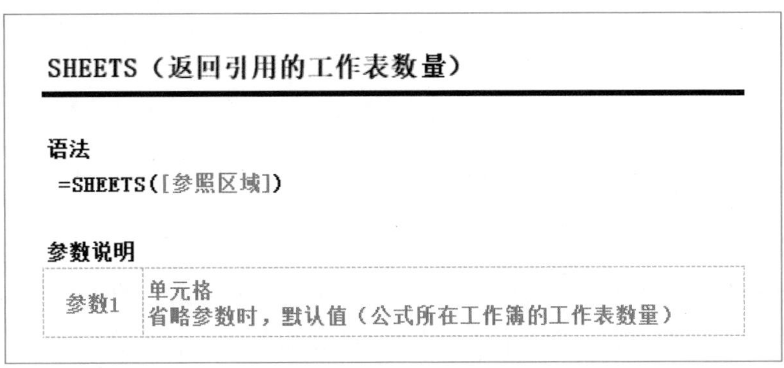
SHEETS（返回引用的工作表数量）

语法

=SHEETS([参照区域])

参数说明

参数1	单元格 省略参数时，默认值（公式所在工作簿的工作表数量）

图 3-39 SHEETS 函数语法

示例 3-24：返回当前工作簿的工作表数量

在 C4 单元格输入公式，如图 3-40 所示。

=SHEETS()

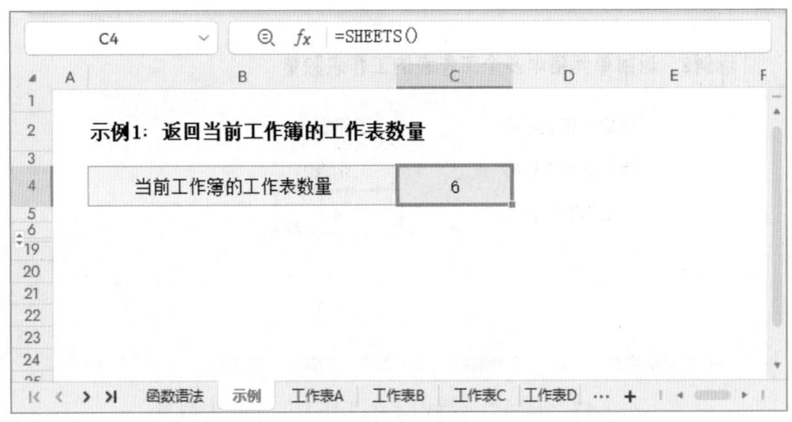

图 3-40 返回当前工作簿的工作表数量

使用 SHEETS 函数时，如果未指定参数，则 SHEETS 函数将返回公式所在工作簿的工作表数量。

示例 3-25：返回部分多个工作表的工作表数量

在 C9 单元格输入公式，结果如图 3-41 所示。

=SHEETS(工作表 A: 工作表 D!A1)

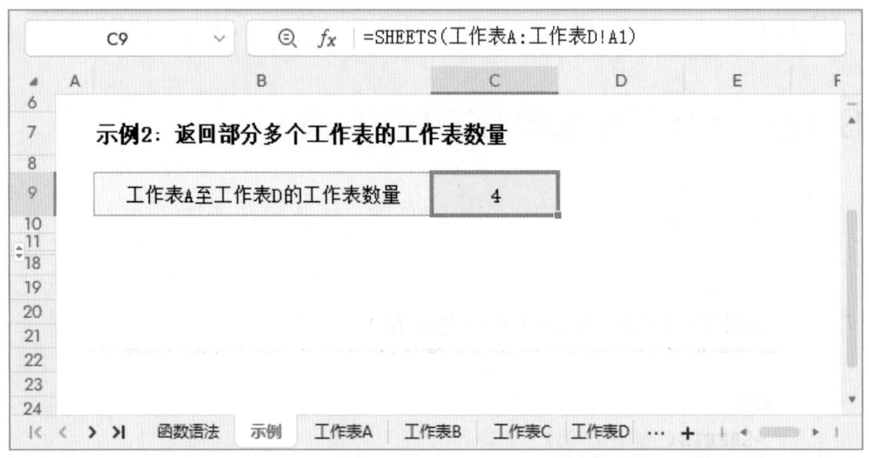

图 3-41　返回部分多个工作表的工作表数量

SHEETS 函数的第 1 个参数引用“工作表 A”至“工作表 D”的 A1 单元格，SHEETS 函数即可返回由“工作表 A”开始至“工作表 D”结束的工作表数量。

示例 3-26：返回单元格中多个工作表的工作表数量

在 C16 单元格输入公式，结果如图 3-42 所示。

=SHEETS(INDIRECT("'"&C14&":"&C15&"'!A1"))

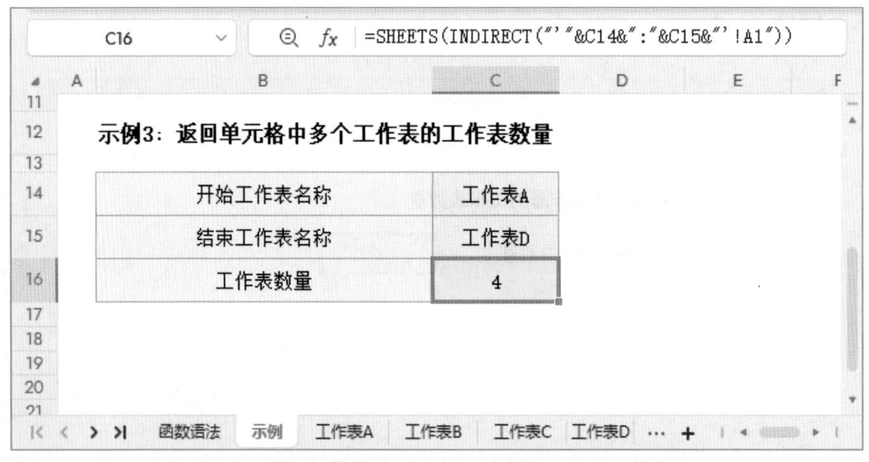

图 3-42　返回单元格中多个工作表的工作表数量

使用 & 运算符，将“开始工作表名称”所在的 C14 单元格、“结束工作表名称”所在的 C15 单元格连接成多表引用格式的字符串，在引用数字开头或包含特殊符号的工作表名称时，需要在引用工作名称两端添加 ' 符号（英文状态下的单引号），最后使用 & 运算符连接 ! 符号和任意单元格地址。

使用 INDIRECT 函数将连接的字符串转换为引用，将转换后的单元格引用作为 SHEETS 函数的参数，SHEETS 函数即可返回引用工作表的工作表数量。

3.8 ROUNDBANK（通过银行家舍入法舍入数值）

此函数为 WPS 独有函数。

ROUNDBANK 函数可以通过“银行家舍入法”来进行舍入数值，函数语法如图 3-43 所示。

ROUNDBANK（通过银行家舍入法舍入数值）

语法

=ROUNDBANK(数值，小数位数)

参数说明

参数	说明
参数1	数值（必填项） 整数、小数、负数
参数2	小数位置（必填项） 整数、负数

图 3-43 ROUNDBANK 函数语法

ROUNDBANK 函数可以通过“银行家舍入法”来进行舍入数值，也被称为“四舍六入五成双”。这种舍入方式的主要目的是减少舍入误差的累积，尤其是在进行多次舍入运算时。

1. 舍入规则（正数）

判断要舍入的小数位数后面的第 1 个数字。

（1）小于 5 时，进行舍去。

（2）大于 5 时，进行进位。

（3）等于 5 且 5 后面还有非零数字，则进行进位。

（4）等于 5 且 5 后面没有非零数字，判断要舍入的位数的前一位数字，如果是偶数则进行舍去。

（5）等于 5 且 5 后面没有非零数字，判断要舍入的位数的前一位数字，如果是奇数则进行进位。

ROUNDBANK 函数保留 2 位小数（正数）舍入数值，如图 3-44 所示。

C5	=ROUNDBANK(B5:B10,2)		
数值	舍入后	规则序号	说明
2.224	2.22	1	小于5时，则进行舍去
2.226	2.23	2	大于5时，则进行进位
2.2251	2.23	3	等于5，且5后面还有非零数字，则进行进位
2.2259	2.23	3	等于5，且5后面还有非零数字，则进行进位
2.225	2.22	4	等于5，且5后面没有非零数字，则判断要舍入的位数的前一位数字，如果是偶数则进行舍去
2.235	2.24	5	等于5，且5后面没有非零数字，则判断要舍入的位数的前一位数字，如果是奇数则进行进位

图 3-44　保留 2 位小数（正数）舍入数值

2. 舍入规则（负数）

数值为负数时，取负数绝对值，将负数转换为正数后，按正数的规则进行舍入，舍入后再转换为负数，ROUNDBANK 函数保留 2 位小数（负数）舍入数值，如图 3-45 所示。

C15	=ROUNDBANK(B15:B20,2)		
数值	舍入后	规则序号	说明
-2.224	-2.22	1	小于5时，则进行舍去
-2.226	-2.23	2	大于5时，则进行进位
-2.2251	-2.23	3	等于5，且5后面还有非零数字，则进行进位
-2.2259	-2.23	3	等于5，且5后面还有非零数字，则进行进位
-2.225	-2.22	4	等于5，且5后面没有非零数字，则判断要舍入的位数的前一位数字，如果是偶数则进行舍去
-2.235	-2.24	5	等于5，且5后面没有非零数字，则判断要舍入的位数的前一位数字，如果是奇数则进行进位

图 3-45　保留 2 位小数（负数）舍入数值

3. 舍入规则（其他）

数值为零时，或数值的小数位数小于或等于 ROUNDBANK 函数的第 2 个的参数小数位数时，ROUNDBANK 函数将返回原数值，如图 3-46 所示。

C25　　=ROUNDBANK(B25:B29,2)

数值	舍入后
0	0
2.22	2.22
-2.22	-2.22
2.2	2.2
-2.2	-2.2

图 3-46　舍入规则（其他）

3.9 SHEETSNAME（返回引用中的工作表名称）

此函数为 WPS 独有函数。

SHEETSNAME 函数可以返回引用中的工作表名称，函数语法如图 3-47 所示。

SHEETSNAME（返回引用中的工作表名称）

语法

=SHEETSNAME([参照区域],[结果方向],[工作表范围])

参数说明

参数1	参照区域 省略参数时，默认值（公式所在工作簿所有显示的工作表名称）
参数2	结果方向 0 － 列方向 1 － 行方向 省略参数时，默认值（0）
参数3	工作表范围 0 － 包含当前工作表 1 － 不包含当前工作表 省略参数时，默认值（0）

图 3-47　SHEETSNAME 函数语法

示例 3-27：制作工作表目录

在 C5 单元格输入公式，如图 3-48 所示。

=SHEETSNAME(,1)

C5 =SHEETSNAME(,1)

序号	工作表名称	操作
1	函数语法	转到
2	目录	转到
3	研发部	转到
4	产品部	转到
5	市场部	转到

函数语法 目录 研发部 产品部 市场部

图 3-48　返回工作表名称

使用 SHEETSNAME 函数，省略第 1 个参数，第 2 个参数设置为 1(行方向)，SHEETSNAME 函数即可返回当前工作簿所有工作表名称。

在 B5 单元格输入公式，如图 3-49 所示。

```
=SEQUENCE(ROWS(C5#))
```

B5 =SEQUENCE(ROWS(C5#))

序号	工作表名称	操作
1	函数语法	转到
2	目录	转到
3	研发部	转到
4	产品部	转到
5	市场部	转到

图 3-49　根据工作表名称数量返回序号

使用 ROWS 函数引用“工作表名称”公式所在的 C5 单元格，在单元格地址后添加 # 运算符可以获取该单元格公式返回的数组结果，ROWS 函数即可返回引用单元格区域或数组的总行数，将返回值作为 SEQUENCE 函数的第 1 个参数，即可根据生成指定行数的序号。

在 D5 单元格输入公式，如图 3-50 所示。

```
=HYPERLINK("#'"&C5#&"'!A1"," 转到 ")
```

	A	B	C	D	E	F	G
3							
4		序号	工作表名称	操作			
5		1	函数语法	转到			
6		2	目录	转到			
7		3	研发部	转到			
8		4	产品部	转到			
9		5	市场部	转到			
10							

D5　=HYPERLINK("#'"&C5#&"'!A1","转到")

图 3-50　添加超链接

使用 HYPERLINK 函数，第 1 个参数依次将 #'、“工作表名称”公式所在的 C5# 单元格、'!A1 拼接，作为超链接地址，第 2 个参数显示内容设置“转到”，即可为每个工作表添加超链接。

示例 3-28：制作工作表目录（连续多个工作表名称）

在 C15 单元格输入公式，如图 3-51 所示。

=SHEETSNAME(研发部 : 市场部 !A1,1)

	A	B	C	D	E	F	G
13							
14		序号	工作表名称	操作			
15		1	研发部	转到			
16		2	产品部	转到			
17		3	市场部	转到			
18							
19							
20							

C15　=SHEETSNAME(研发部:市场部!A1,1)

函数语法　目录　研发部　产品部　市场部

图 3-51　返回连续多个工作表名称

SHEETSNAME 函数的第 1 个参数引用“研发部”至“市场部”的 A1 单元格，SHEETSNAME 函数即可返回“研发部”开始至“市场部”结束之间的所有工作表名称。

也可省略 SHEETSNAME 函数的第 1 个参数，返回所有工作表名称后，使用 TAKE、

DROP、FILTER 等函数，根据位置或名称截取、删除、筛选需要的工作表名称，在 C23 单元格输入公式，如图 3-52 所示。

=DROP(SHEETSNAME(,1),2)

序号	工作表名称	操作
1	研发部	转到
2	产品部	转到
3	市场部	转到

图 3-52　返回所有工作表名称后删除前 2 行工作表名称

使用 SHEETSNAME 函数返回所有工作表名称后，使用 DROP 函数将前 2 行的工作表名称删除。

示例 3-29：汇总指定工作表后所有工作表内容

汇总“研发部”工作表后所有工作表的内容，如图 3-53 所示。

姓名	性别	年龄
傅镶	女	36
赵平	男	20
傅康成	女	28
金昊空	男	34
谢弘博	男	27
傅康成	女	28
周鹏翼	男	37
张颜	男	23
周承安	男	36

姓名	性别
傅镶	女
赵平	男
傅康成	女

姓名	性别
金昊空	男
谢弘博	男
金昊空	男

姓名	性别	年龄
傅康成	女	28
周鹏翼	男	37
张颜	男	23
周承安	男	36

图 3-53　汇总“研发部”工作表后所有工作表的内容

在 B33 单元格输入公式，如图 3-54 所示。

=@TAKE(SHEETSNAME(),,−1)

使用 SHEETSNAME 函数返回所有工作表名称，因省略 SHEETSNAME 函数的两个参数，函数将返回所有工作表名称，返回结果向列方向扩展（1 行多列），使用 TAKE 函数，第 1 个参数使用 SHEETSNAME 函数返回的结果，第 2 个参数返回行数省略，第 3 个参数返回列数，设置为 –1（返回最后一列的值），TAKE 函数即可返回最后一个工作表名称，因为 TAKE 函数返回的结果是数组，所以需要使用 @ 运算符，返回数组中的首个值。

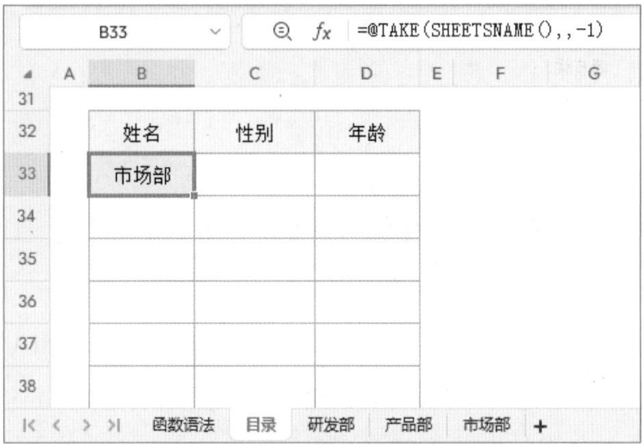

	A	B	C	D
31				
32		姓名	性别	年龄
33		市场部		
34				
35				
36				
37				
38				

B33 =@TAKE(SHEETSNAME(),,-1)

函数语法 目录 研发部 产品部 市场部

图 3-54 返回最后一个工作表名称

在 B33 单元格输入公式，如图 3-55 所示。

```
="' 研发部 :"&@TAKE(SHEETSNAME(),,−1)&"'!A2:C99"
```

	A	B	C	D
31				
32		姓名	性别	年龄
33		'研发部:市场部'!A2:C99		
34				
35				
36				
37				
38				

B33 ="'研发部:"&@TAKE(SHEETSNAME(),,-1)&"'!A2:C99"

函数语法 目录 研发部 产品部 市场部

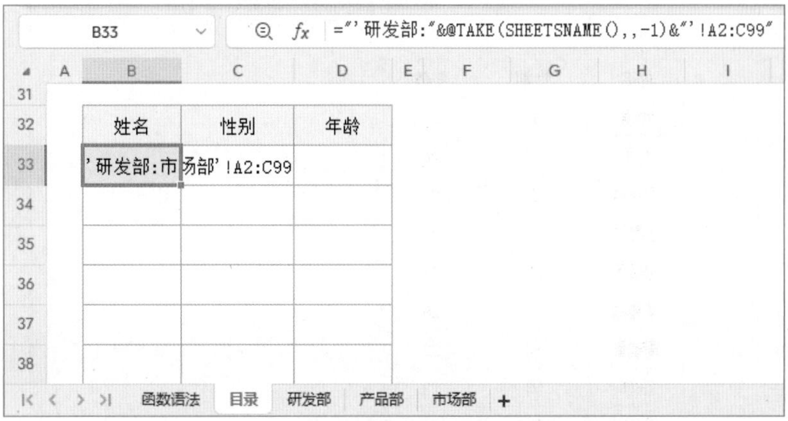

图 3-55 连接多表引用格式的字符串

使用 & 运算符依次将开始工作表“研发部”、返回最后一个工作表的公式以及需要汇总的单元格地址连接，在开始和结束工作表名称两端连接“'”，可以保证当工作表名以数字开头或包含特殊符号时，公式可以正常引用，当多个工作表的行数不同时，可以根据实际情况引用一个相对较大的单元格区域。需要注意的是，引用多个工作表的总行数不要超过 1 048 576 行，否则公式将无法返回结果。

在 B33 单元格输入公式，如图 3-56 所示。

```
=VSTACK(INDIRECT("' 研发部 :"&@TAKE(SHEETSNAME(),,−1)&"'!A2:C99"))
```

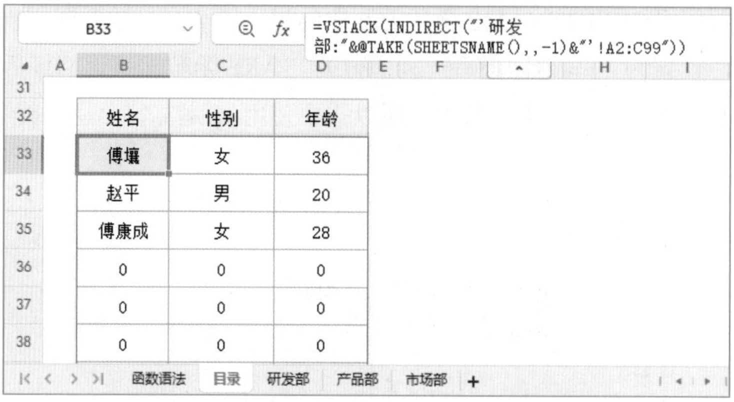

B33 =VSTACK(INDIRECT("'研发部:"&@TAKE(SHEETSNAME(),,-1)&"'!A2:C99"))

姓名	性别	年龄
傅壤	女	36
赵平	男	20
傅康成	女	28
0	0	0
0	0	0
0	0	0

函数语法 目录 研发部 产品部 市场部

图 3-56　使用 INDIRECT、VSTACK 函数汇总

使用 INDIRECT 函数将拼接的引用字符串转为引用，然后使用 VSTACK 函数将两个工作表之间的多个工作表指定的单元格拼接，返回拼接后的结果。

在 B33 单元格输入公式，如图 3-57 所示。

```
=LET(x,VSTACK(INDIRECT("' 研发部 :"&@TAKE(SHEETSNAME(),,−1)&"'!A2:C99")),FILTER
(x,TAKE(x,,1)<>""))
```

B33 =LET(x,VSTACK(INDIRECT("'研发部:"&@TAKE(SHEETSNAME(),,-1)&"'!A2:C99")),FILTER(x,TAKE(x,,1)<>""))

姓名	性别	年龄
傅壤	女	36
赵平	男	20
傅康成	女	28
金昊空	男	34
谢弘博	男	27
傅康成	女	28
周鹏翼	男	37
张颜	男	23
周承安	男	36

函数语法 目录 研发部 产品部 市场部

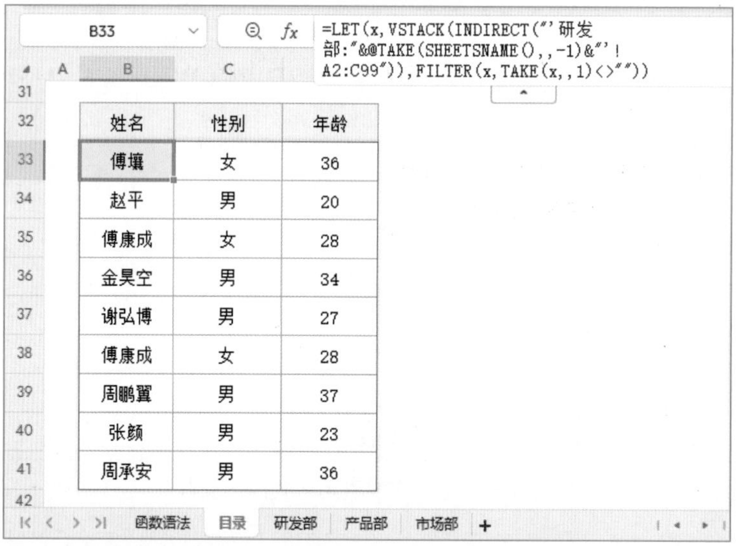

图 3-57　使用 FILTER 函数筛选非空数据

使用 LET 函数，第 1 个参数定义为名称 x，将 VSTACK 函数返回数组作为名称 x 的值，使用 FILTER 函数筛选，FILTER 函数的第 1 个参数引用名称 x，FILTER 函数的第 2 个参数使用 TAKE 函数返回名称 x 的首列内容，判断不等于空，即可将“姓名”列的非空数据筛选出来，完成汇总。

通过使用 SHEETSNAME 函数获取最后一个工作表名称后引用有一个非常实用的功能是，新创建工作表后添加内容，公式可以自动获取汇总，如 图 3-58 所示。

B33 =LET(x,VSTACK(INDIRECT("'研发部:"&@TAKE(SHEETSNAME(),,-1)&"'!A2:C99")),FILTER(x,TAKE(x,,1)<>""))

姓名	性别	年龄
傅嬢	女	36
赵平	男	20
傅康成	女	28
金昊空	男	34
谢弘博	男	27
傅康成	女	28
周鹏翼	男	37
张颜	男	23
周承安	男	36
严宏义	男	27
赵舟	女	29

函数语法 目录 研发部 产品部 市场部 财务部

图 3-58 新创建工作表可自动汇总

示例 3-30：汇总指定工作表后所有工作表内容并添加工作表名称

在 B47 单元格输入公式，如图 3-59 所示。

```
=LAMBDA(sheet_name,EXPAND(FILTER(INDIRECT(sheet_name&"!A2:C99"),INDIRECT(sheet_name&"!A2:A99")<>""),,4,sheet_name))("研发部")
```

B47 =LAMBDA(sheet_name,EXPAND(FILTER(INDIRECT(sheet_name&"!A2:C99"),INDIRECT(sheet_name&"!A2:A99")<>""),,4,sheet_name))("研发部")

傅嬢	女	36	研发部
赵平	男	20	研发部
傅康成	女	28	研发部

图 3-59 使用 LAMBDA 函数创建自定义函数获取指定工作表数据

使用 LAMBDA 函数创建一个自定义函数，第 1 个参数设置参数名称为 sheet_name，用于接收传入的工作表名称，LAMBDA 函数最后一个参数计算公式，使用两个 INDIRECT 函数，依次将 sheet_name 参数和需要汇总的单元格地址拼接的引用字符串转换引用，使用 FILTER 函数将非空的数据筛选出来，使用 EXPAND 函数将 FILTER 函数返回的 3 列数组扩展至 4 列，同时填充值设置为 sheet_name 参数，创建的自定义函数即可返回指定工作表中的数据。

在 B47 单元格输入公式，如图 3-60 所示。

```
=LET(fx,LAMBDA(sheet_name,EXPAND(FILTER(INDIRECT(sheet_name&"!A2:C99"),INDIRECT(sheet_name&"!A2:A99” )<>""),,4,sheet_name)),REDUCE({"姓名","性别","年龄","部门"},DROP(SHEETSNAME(),,2),LAMBDA(x,y,VSTACK(x,fx(y)))))
```

B47 =LET(fx,LAMBDA(sheet_name,EXPAND(FILTER(INDIRECT(sheet_name&"!A2:C99"),INDIRECT(sheet_name&"!A2:A99")<>""),,4,sheet_name)),REDUCE({"姓名","性别","年龄","部门"},DROP(SHEETSNAME(),,2),LAMBDA(x,y,VSTACK(x,fx(y)))))

姓名	性别	年龄	部门
傅壤	女	36	研发部
赵平	男	20	研发部
傅康成	女	28	研发部
金昊空	男	34	产品部
谢弘博	男	27	产品部
傅康成	女	28	市场部
周鹏翼	男	37	市场部
张颜	男	23	市场部
周承安	男	36	市场部

函数语法 目录 研发部 产品部 市场部

图 3-60 使用 REDUCE函数循环多个工作表名称

使用 LET 函数的第 1 个参数定义名称为 fx 的自定义函数，第 2 个参数使用 LAMBDA 函数创建的自定义函数公式，函数最后一个参数为计算公式，使用 REDUCE 函数循环，REDUCE 函数的第 1 个参数为初始化值，传入汇总后标题常量数组，第 2 个参数为循环数组，使用 SHEETSNAME 函数返回所有工作表名称，然后使用 DROP 函数删除前 2 个工作表名称，从第 3 个工作表循环到最后一个工作表，REDUCE 函数的第 3 个参数为 LAMBDA 函数，依次设置 x、y 两个参数，使用 VSTACK 函数的第 1 个参数引用上一次计算结果参数 x，VSTAKC 函数的第 2 个参数调用自定义函数 fx，传入当前循环到的工作表名变量 y，REDUCE 函数即可返回标题以及多个工作表汇总后的数据。

注意事项

（1）SHEETSNAME 函数只返回引用中显示的工作表名称，当工作表隐藏后，SHEETSNAME 函数将无法返回该工作表名称。在 C5 单元格输入公式，如图 3-61 所示。

=SHEETSNAME(研发部 : 财务部 !A1,1)

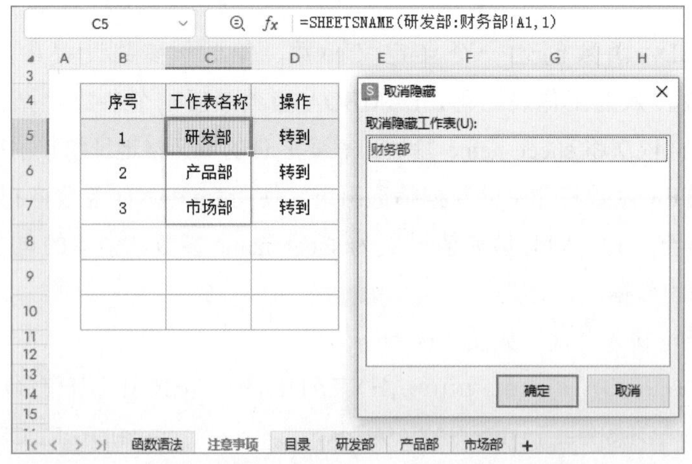

图 3-61 SHEETSNAME 函数无法返回隐藏的工作表名称

（2）当 SHEETSNAME 函数引用中的工作表全部隐藏时，SHEETSNAME 函数将返回错误值 #N/A，如图 3-62 所示。

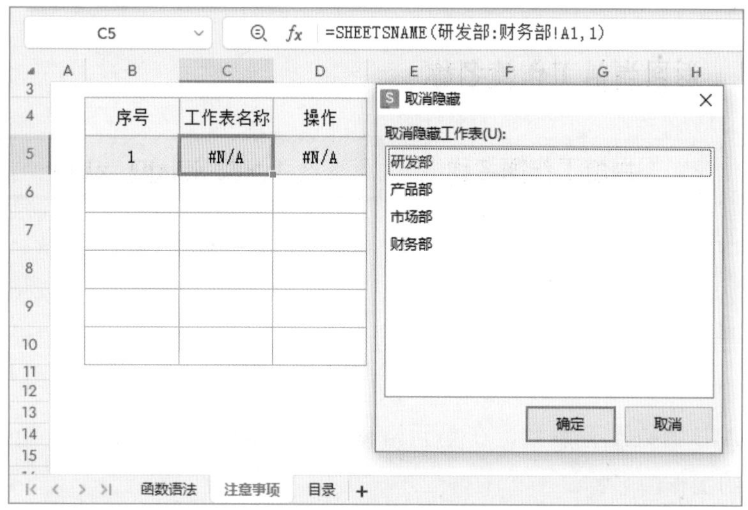

图 3-62 当 SHEETSNAME 函数引用中的工作表全部隐藏时

3.10 BOOKNAME（返回工作簿名称）

此函数为 WPS 独有函数。

BOOKNAME 函数可以返回当前工作簿名称，函数语法如图 3-63 所示。

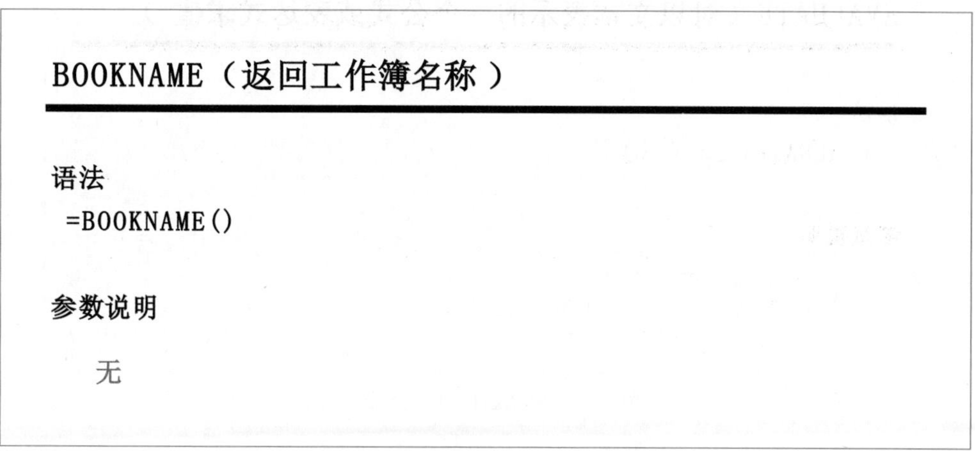

BOOKNAME（返回工作簿名称）

语法

=BOOKNAME()

参数说明

无

图 3-63 BOOKNAME 函数语法

示例 3-31：返回当前工作簿名称

在 C4 单元格输入公式，如图 3-64 所示。

```
=BOOKNAME()
```

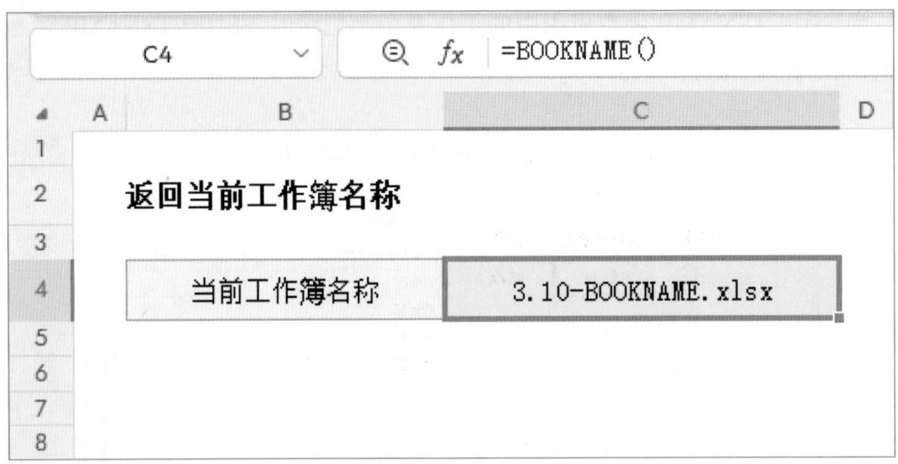

图 3-64　返回当前工作簿名称

BOOKNAME 函数没有参数，在单元格输入 BOOKNAME 函数后，函数即可返回公式所在工作簿的工作簿名称。

3.11 EVALUATE（对以文本表示的一个公式或表达式求值）

此函数为 WPS 独有函数。

EVALUATE 函数可以计算以文本表示的表达示或公式，函数语法如图 3-65 所示。

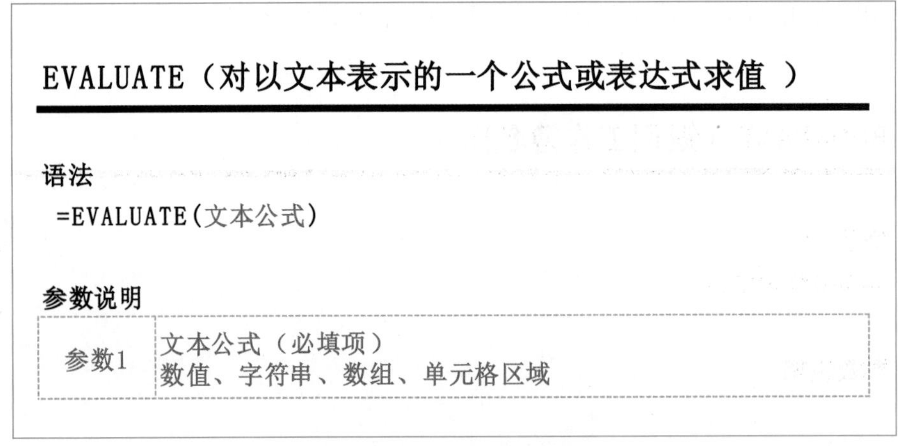

图 3-65　EVALUATE 函数语法

示例 3-32：计算文本表达式或公式

在 E5 单元格输入公式，如图 3-66 所示。

=EVALUATE(C5:C10)

	A	B	C	D	E	F
3						
4		序号	内容		计算结果	
5		1	10+5*2		20	
6		2	(10+5)*2/10		3	
7		3	MIN(3,2)		2	
8		4	=SUM(3,2)		5	
9		5	1>2		FALSE	
10		6	"文本"		文本	
11						

E5 =EVALUATE(C5:C10)

图 3-66　计算文本表达式或公式

EVALUATE 函数的第 1 个参数引用“内容”所在的 C5:C10 单元格区域，EVALUATE 函数即可返回文本表达式或公式计算后的值。

注意事项

当 EVALUATE 函数的第 1 个参数引用的“内容”是错误的文本表达式和公式，或不是文本表达式或公式时，EVALUATE 函数将返回错误值 #VALUE! 或 #NAME?。在 E5 单元格输入公式，如图 3-67 所示。

=EVALUATE(C5:C7)

	A	B	C	D	E	F
3						
4		序号	内容		计算结果	
5		1	10×2		#VALUE!	
6		2	10÷5		#VALUE!	
7		2	文本		#NAME?	
8						
9						
10						
11						

E5 =EVALUATE(C5:C7)

图 3-67　引用“内容”不是文本表达式或公式时

因为 C5、C6 单元格中的文本表达式包含的 ×、÷ 不是表格中的运算符号，所以 EVALUATE 函数无法计算，返回错误值 #VALUE!。

C7 单元格中的“文本”不是文本表达式并且也不是定义的名称，函数返回错误值 #NAME?。

第 4 章 文本类函数

在处理表格时，对文本字符串的操作是必不可少的。无论是拆分还是合并，都需要使用文本类函数进行处理。在早期的函数版本中，拆分相对容易一些，合并文本却是一个难题。因此，近年来更新了一些文本函数，使得处理文本变得更加简单、灵活、高效。

4.1 CONCAT（将多个区域或字符串中的文本组合起来）

CONCAT 函数可以将多个字符串或数字连接，函数最多支持 255 个参数，可以根据实际需求依次设置。函数语法如图 4-1 所示。

CONCAT（将多个区域或字符串中的文本组合起来）

语法

=CONCAT(字符串1，...)

参数说明

参数1	字符串1（必填项） 数值、字符串、数组、单元格区域
参数n	...

图 4-1　CONCAT 函数语法

示例 4-1：将省、市、区 / 县三个单元格的值连接到一个单元格

在 F5 单元格输入公式，如图 4-2 所示。

=CONCAT(C5:E5)

CONCAT 函数的第 1 个参数引用 C5:E5 单元格区域，在 F5 单元格输入公式后，双击 F5 单元格右下角向下填充公式即可。

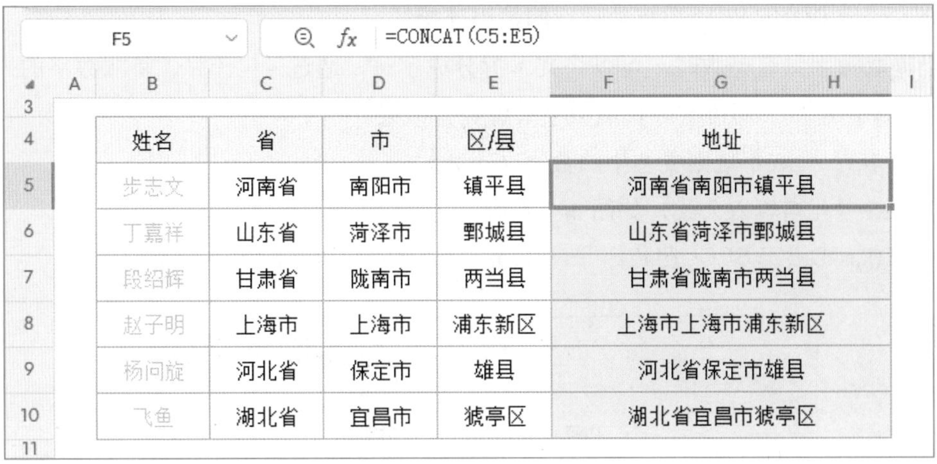

姓名	省	市	区/县	地址
步志文	河南省	南阳市	镇平县	河南省南阳市镇平县
丁嘉祥	山东省	菏泽市	鄄城县	山东省菏泽市鄄城县
段绍辉	甘肃省	陇南市	两当县	甘肃省陇南市两当县
赵子明	上海市	上海市	浦东新区	上海市上海市浦东新区
杨问旋	河北省	保定市	雄县	河北省保定市雄县
飞鱼	湖北省	宜昌市	猇亭区	湖北省宜昌市猇亭区

F5 =CONCAT(C5:E5)

图 4-2　将省、市、区 / 县三个单元格的值连接到一个单元格

示例 4-2：提取不规则文本中的数字（整数）

在 E15 单元格输入公式，如图 4-3 所示。

=CONCAT(IFERROR(--MID(B15,SEQUENCE(LEN(B15)),1),""))

E15 =CONCAT(IFERROR(--MID(B15,SEQUENCE(LEN(B15)),1),""))

内容	数字
126步志文	126
丁嘉祥324	324
段绍辉28	28
1254赵子明	1254
杨问旋142	142
111飞鱼	111

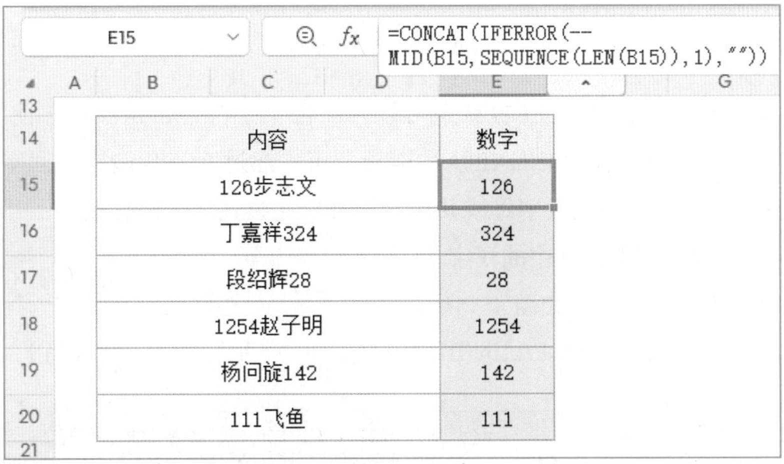

图 4-3　提取不规则文本中的数字（整数）

（1）使用 LEN 函数计算 B15 单元格值的长度，返回结果为 6。

（2）使用 SEQUENCE 函数，根据 LEN 函数结果 6 生成序列，返回结果为 1 ～ 6 的序列。

（3）根据 SEQUENCE 函数生成的序列作为 MID 函数的第 2 个参数，依次提取 1 位，MID 函数可以将 B15 单元格的值拆分成字符。

（4）使用 -- 计算可以区分每个字符是否是数字，如果字符是数字则计算后返回原数字，如果是非数字计算后返回错误值 #VALUE!。

（5）使用 IFERROR 函数将错误值转换为空文本。

（6）使用 CONCAT 函数将处理后的数组连接即可。

当提取数字只有整数时，可以将文本拆分成字符，通过 – – 计算，将非数字的内容转换为空文本后连接，即可实际提取数字（整数）效果。

示例 4-3：提取不规则文本中的数字（小数）

在 E25 单元格输入公式，如图 4-4 所示。

```
=LET(x,MID(B25,SEQUENCE(LEN(B25)),1),CONCAT(IF(LENB(x)=1,x,"")))
```

E25　=LET(x,MID(B25,SEQUENCE(LEN(B25)),1),CONCAT(IF(LENB(x)=1,x,"")))

内容	数字
126.15步志文	126.15
丁嘉祥324.5	324.5
段绍辉28	28
154.55赵子明	154.55
杨问旋142.2	142.2
1259飞鱼	1259

图 4-4　提取不规则文本中的数字（小数）

当提取数字包含小数时，LENB 函数可以判断每个字符是否是汉字，使用 IF 函数将汉字返回空文本，然后使用 CONCAT 函数连接即可，通过 LENB 函数返回字节数只能区分汉字和非汉字，当文本中包含字母或其他符号时，此公式将无法提取。

示例 4-4：提取不规则文本中的汉字

在 E35 单元格输入公式，如图 4-5 所示。

```
=LET(x,MID(B25,SEQUENCE(LEN(B25)),1),CONCAT(IF(LENB(x)=2,x,"")))
```

E35　=LET(x,MID(B25,SEQUENCE(LEN(B25)),1),CONCAT(IF(LENB(x)=2,x,"")))

内容	姓名
126.15步志文	步志文
丁嘉祥324.5	丁嘉祥
段绍辉28	段绍辉
154.55赵子明	赵子明
杨问旋142.2	杨问旋
1259飞鱼	飞鱼

图 4-5　提取不规则文本中的汉字

将 IF 函数条件参数中的 1 修改成 2即可将非汉字的值返回空文本，然后使用

CONCAT 函数连接即可提取汉字。

示例 4-5：判断是否连续三个月及以上达到“优”级别

在 O45 单元格输入公式，如图 4-6 所示。

=IFERROR(IF(FIND(111,CONCAT(N(C45:N45=" 优 "))),"是 "),"")

O45 =IFERROR(IF(FIND(111,CONCAT(N(C45:N45="优"))),"是"),"")

姓名	1月	2月	3月	4月	5月	6月	7月	8月	9月	10月	11月	12月	判断
步志文	良		优	优	良	优	优	良	优	良	良	良	
丁嘉祥	良	优	优	优	优	优	良		优	优	良	良	是
段绍辉		良		优		良	优	良	良	良		良	
赵子明		良		优	优	良	优		优	良	良	良	
杨问旋	优	优	优	良	良	良		优	优	良	优	良	是
飞鱼	优	良	良		良	良	优	优	良	优	优	优	是

图 4-6　判断是否连续三个月及以上达到“优”级别

引用 C45:N45 单元格区域判断是否等于“优”，返回一组逻辑值——TRUE 或 FALSE，使用 N 函数可以将 TRUE 转换为 1，FALSE 转换为 0，使用 CONCAT 函数将转换后的数组连接，连接后的字符串作为 FIND 函数的第 2 个参数，查询 111在字符串中的位置，用查询到的位置作为 IF 函数的条件参数，如果 FIND 函数返回的是数字，无论在什么位置，说明已满足条件，IF 函数的第 2 个参数返回“是”，如果没有查询到 111，FIND 函数会返回错误值 #VALUE!，使用 IFERROR 函数将错误值转换为空文本即可。

注意事项

（1）使用 CONCAT 函数连接字符串时，如果结果字符串长度大于 32 767，函数将返回错误值 #VALUE!。在 B4 单元格输入公式，如图 4-7 所示。

=CONCAT(REPT(" 测 ",32767)," 测 ")

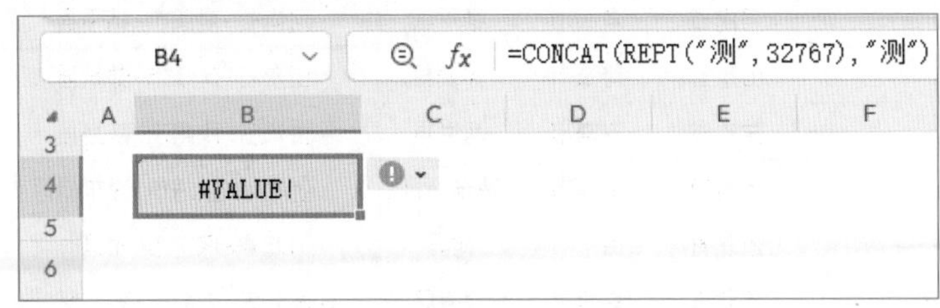

图 4-7　结果字符串长度大于 32 767

（2）在使用聚合类函数时，由于函数返回的结果是单值，所以在输入公式时需要向下填充公式，如果想用一个公式计算后进行溢出处理，可以使用 BYROW 函数处理。

BYROW 函数可转至 6.6 节学习。

4.2 TEXTJOIN（使用分隔符连接列表或文本字符串区域）

TEXTJOIN 函数可以指定分隔符将多个字符串连接，函数语法如图 4-8 所示。

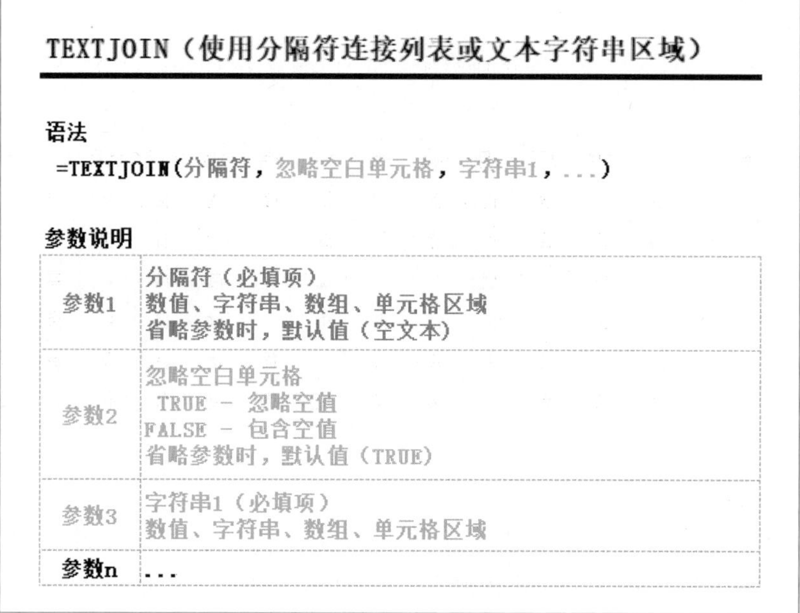

TEXTJOIN（使用分隔符连接列表或文本字符串区域）

语法

=TEXTJOIN(分隔符，忽略空白单元格，字符串1，...)

参数说明

参数1	分隔符（必填项） 数值、字符串、数组、单元格区域 省略参数时，默认值（空文本）
参数2	忽略空白单元格 TRUE - 忽略空值 FALSE - 包含空值 省略参数时，默认值（TRUE）
参数3	字符串1（必填项） 数值、字符串、数组、单元格区域
参数n	...

图 4-8　TEXTJOIN 函数语法

示例 4-6：将省、市、区 / 县合并到一列

在 F5 单元格输入公式，如图 4-9 所示。

=TEXTJOIN("-",TRUE,C5:E5)

F5　=TEXTJOIN("-",TRUE,C5:E5)

姓名	省	市	区/县	地址
步志文	河南省	南阳市	镇平县	河南省-南阳市-镇平县
丁嘉祥	山东省	菏泽市	鄄城县	山东省-菏泽市-鄄城县
段绍辉	甘肃省	陇南市	两当县	甘肃省-陇南市-两当县
赵子明	上海市	上海市	浦东新区	上海市-上海市-浦东新区
杨问旋	河北省	保定市	雄县	河北省-保定市-雄县
飞鱼	湖北省	宜昌市	猇亭区	湖北省-宜昌市-猇亭区

图 4-9　将省、市、区 / 县合并到一列

第 1 个参数设置“-”符号作为分隔符，第 2 个参数设置为 TRUE（忽略空值），第 3 个参数引用 C5:E5 单元格区域，即可将省、市、区 / 县连接到一个单元格中。

示例 4-7：将每位学生报名的科目合并到一个单元格

在 H15 单元格输入公式，如图 4-10 所示。

=TEXTJOIN("、",TRUE,IF(C15:G15="√",$C$14:$G$14,""))

姓名	音乐	舞蹈	钢琴	绘画	雕塑	报名科目
步志文		√			√	舞蹈、雕塑
丁嘉祥		√		√	√	舞蹈、绘画、雕塑
段绍辉	√			√		音乐、绘画
赵子明			√			钢琴
杨问旋	√					音乐
飞鱼		√		√		舞蹈、绘画

图 4-10　将每位学生报名的科目合并到一个单元格

使用 IF 函数判断 C15:G15 单元格区域是否等于 √，若条件成立则返回对应的 C14:G14 单元格区域，因为公式需要向下填充，所以 C14:G14 单元格需要设置绝对引用，条件不成立时，返回空文本，返回的数组作为 TEXTJOIN 函数的第 3 个参数，第 1 个参数分隔符设置为“、”，第 2 个参数设置为 TRUE（忽略空值），即可将每位学生报名的名科目合并到一个单元格。

示例 4-8：查询每个项目所有参与人员

在 G25 单元格输入公式，如图 4-11 所示。

=TEXTJOIN("、",TRUE,FILTER($C$25:$C$33,$D$25:$D$33=F25))

序号	姓名	组别
1	步志文	项目C
2	丁嘉祥	项目B
3	段绍辉	项目B
4	赵子明	项目A
5	杨问旋	项目A
6	飞鱼	项目A
7	冯俊	项目C
8	张歌	项目B
9	韩红丽	项目B

组别	参与人员
项目A	赵子明、杨问旋、飞鱼
项目B	丁嘉祥、段绍辉、张歌、韩红丽
项目C	步志文、冯俊

图 4-11　查询每个项目所有参与人员

使用 FILTER 函数将每个组别对应姓名筛选出来，作为 TEXTJOIN 函数的第 3 个参数，第 1 个参数分隔符设置为“、”符号，第 2 个参数设置为 TRUE（忽略空值），即可把查询到的所有人员连接到一个单元格。

示例 4-9：根据明细生成打印标签

在 G38 单元格输入公式，如图 4-12 所示。

=TEXTJOIN(CHAR(10),TRUE,$B$37:$E$37&"："&B38:E38)

G38　=TEXTJOIN(CHAR(10),TRUE,$B$37:$E$37&"："&B38:E38)

工号	姓名	性别	年龄
K001	步志文	男	18
K002	丁嘉祥	男	21
K003	韩红丽	女	32
K004	闫小妮	女	19
K005	杨问旋	男	26
K006	飞鱼	男	27

打印标签
工号：K001 姓名：步志文 性别：男 年龄：18
工号：K004 姓名：闫小妮 性别：女 年龄：19

图 4-12　根据明细生成打印标签

TEXTJOIN 函数的第 1 个参数分隔符设置为 CHAR(10)，返回的换行符作为每组数组之间的分隔符，第 2 个参数设置为 TRUE（忽略空值），引用 B37:E37 单元格区域，使用 & 运算符连接“:”符号，再使用 & 运算符连接 B38:E38 单元格区域，将每个标题和对应数据进行连接，因为公式需要向下填充，所以 B37:E37 单元格区域需要设置绝对引用，将公式返回结果作为 TEXTJOIN 函数的第 3 个参数。输入公式后，在“开始”选项卡中单击“换行”按钮，合并的数据即可换行显示。

示例 4-10：使用数组分隔符，连接省、市、区 / 县到一个单元格

在 F48 单元格输入任意一个公式，如图 4-13 所示。

=TEXTJOIN($C$47:$D$47,TRUE,C48:E48)

=TEXTJOIN({" 省 "," 市 "},TRUE,C48:E48)

F48　=TEXTJOIN($C$47:$D$47,TRUE,C48:E48)

姓名	省	市	区/县	地址
步志文	河南	南阳	镇平县	河南省南阳市镇平县
丁嘉祥	山东	菏泽	鄄城县	山东省菏泽市鄄城县
段绍辉	甘肃	陇南	两当县	甘肃省陇南市两当县
赵子明	上海	上海	浦东新区	上海省上海市浦东新区
杨问旋	河北	保定	雄县	河北省保定市雄县
飞鱼	湖北	宜昌	猇亭区	湖北省宜昌市猇亭区

图 4-13　使用数组分隔符，连接省、市、区 / 县到一个单元格

当需要使用多种符号连接字符串时，可以将 TEXTJOIN 函数的第 1 个参数分隔符指定一个单元格区域或数组，函数将数组中多个值依次作为分隔符连接字符串。

注意事项

使用 TEXTJOIN 函数连接字符串时，如果结果字符串长度大于 32 767，函数返回错误值 #VALUE!。在 B4 单元格输入公式，如图 4-14 所示。

=TEXTJOIN("−",TRUE,REPT(" 测 ",32767),1)

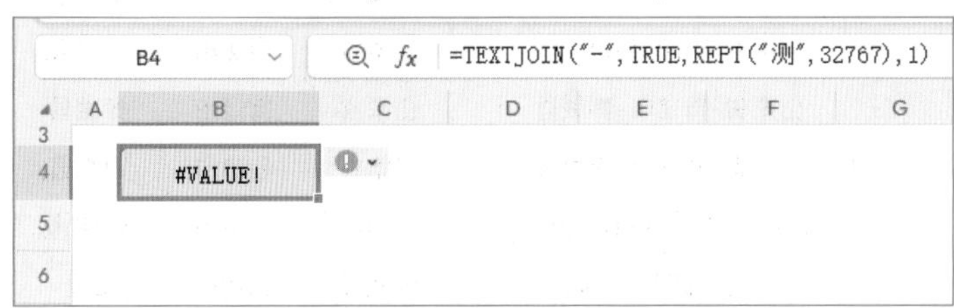

图 4-14　结果字符串长度大于 32 767

4.3 TEXTSPLIT（使用分隔符将文本拆分为行或列）

TEXTSPLIT 函数可以指定分隔符将字符串按列或按行拆分，函数语法如图 4-15 所示。

TEXTSPLIT（使用分隔符将文本拆分为行或列）

语法

=TEXTSPLIT(要拆分的文本，按列拆分，[按行拆分]，[是否忽略空单元格]，[是否区分大小写]，[异常返回值])

参数说明

参数1	字符串（必填项） 数值、字符串、数组、单元格区域
参数2	按列拆分分隔符（参数2、参数3至少填一项） 数值、字符串、数组、单元格区域
参数3	按行拆分分隔符（参数2、参数3至少填一项） 数值、字符串、数组、单元格区域
参数4	是否忽略空值 TRUE － 忽略空值 FALSE － 包含空值 省略参数时，默认值（FALSE）
参数5	是否区分大小写 0 － 区分大小写 1 － 不区分大小写 省略参数时，默认值（0）
参数6	出错返回值 省略参数时，默认值（#N/A）

图 4-15　TEXTSPLIT 函数语法

示例 4-11：根据“–”符号将地址拆分到多个单元格中

在 E5 单元格输入公式，如图 4-16 所示。

```
=TEXTSPLIT(B5,"–")
```

E5 =TEXTSPLIT(B5,"-")

地址	省	市	区/县
河南省-南阳市-镇平县	河南省	南阳市	镇平县
山东省-菏泽市-鄄城县	山东省	菏泽市	鄄城县
甘肃省-陇南市-两当县	甘肃省	陇南市	两当县
上海市-上海市-浦东新区	上海市	上海市	浦东新区
河北省-保定市-雄县	河北省	保定市	雄县
湖北省-宜昌市-猇亭区	湖北省	宜昌市	猇亭区

图 4-16　根据“–”符号将地址拆分到多个单元格中

TEXTSPLIT 函数的第 1 个参数引用 B5 单元格，第 2 个参数设置“–”符号为分隔符，即可将“地址”按列拆分到对应单元格中。

示例 4-12：使用多个符号拆分日期

在 D15 单元格输入公式，如图 4-17 所示。

```
=TEXTSPLIT(B15,{".","–","/","年","月","日"})
```

D15 =TEXTSPLIT(B15,{".","-","/","年","月","日"})

日期	年	月	日
2023.10.27	2023	10	27
2023-10-27	2023	10	27
2023/10/27	2023	10	27
2023.9-27	2023	9	27
2023/10-27	2023	10	27
2023年10月27日	2023	10	27

图 4-17　使用多个符号拆分日期

在使用 TEXTSPLIT 函数对字符串进行拆分时，第 2、3 个参数可以指定数组，函数可以按数组中的多个分隔符进行拆分。

示例 4-13：将字符串拆分成多行多列

在 E25 单元格输入公式，如图 4-18 所示。

```
=TEXTSPLIT(B25,"/",CHAR(10))
```

E25　=TEXTSPLIT(B25,"/",CHAR(10))

内容	姓名	性别	年龄	城市
冯俊/男/18/北京市 韩红丽/女/19/上海市 思涵/女/18/广州市 飞鱼/男/20/大连市 张歌/女/19/武汉市	冯俊	男	18	北京市
	韩红丽	女	19	上海市
	思涵	女	18	广州市
	飞鱼	男	20	大连市
	张歌	女	19	武汉市

图 4-18　将字符串拆分成多行多列

TEXTSPLIT 函数可以同时指定第 2、3 个参数，第 2 个参数列分隔符设置为“/”符号，第 3 个参数行分隔符设置为 CHAR(10) 返回换行符，函数可以将 B25 单元格的字符串拆分成多行多列。

示例 4-14：使用第 6 个参数设置错误返回值

在 F34 单元格输入公式，如图 4-19 所示。

```
=TEXTSPLIT(B34,"-",CHAR(10))
```

F34　=TEXTSPLIT(B34,"-",CHAR(10))

内容	一级科目	二级科目	三级科目	四级科目
银行存款 银行存款-人民币 银行存款-人民币-交通银行 预付账款 预付账款-集团外单位 预付账款-集团外单位-待摊支出 预付账款-集团外单位-待摊支出-已开发票	银行存款	#N/A	#N/A	#N/A
	银行存款	人民币	#N/A	#N/A
	银行存款	人民币	交通银行	#N/A
	预付账款	#N/A	#N/A	#N/A
	预付账款	集团外单位	#N/A	#N/A
	预付账款	集团外单位	待摊支出	#N/A
	预付账款	集团外单位	待摊支出	已开发票

图 4-19　函数返回错误值 #N/A

当同时指定第 2、3 个参数拆分到多行多列时，函数会计算拆分后每一行的列数，返回最大的列数作为总列数，列数少的行使用错误值 #N/A 补齐数组。

可以指定 TEXTSPLIT 函数的第 6 个参数，将错误值显示成指定值，在 F34 单元格输入公式，如图 4-20 所示。

```
=TEXTSPLIT(B34,"-",CHAR(10),,,"-")
```

	A	B	C	D	E	F	G	H	I
32									
33		内容				一级科目	二级科目	三级科目	四级科目
34		银行存款 银行存款-人民币 银行存款-人民币-交通银行 预付账款 预付账款-集团外单位 预付账款-集团外单位-待摊支出 预付账款-集团外单位-待摊支出-已开发票				银行存款	-	-	-
35						银行存款	人民币	-	-
36						银行存款	人民币	交通银行	-
37						预付账款	-	-	-
38						预付账款	集团外单位	-	-
39						预付账款	集团外单位	待摊支出	-
40						预付账款	集团外单位	待摊支出	已开发票
41									

F34 =TEXTSPLIT(B34,"-",CHAR(10),,,"-")

图 4-20　使用第 6 个参数设置错误返回值

TEXTSPLIT 函数的第 6 个参数设置为“–”符号，可以将错误值 #N/A 显示为“–”符号。

示例 4-15：使用数字拆分

在 F45 单元格输入公式，如图 4-21 所示。

=TEXTSPLIT(B45,SEQUENCE(10,,0),,TRUE)

F45 =TEXTSPLIT(B45,SEQUENCE(10,,0),,TRUE)

	A	B	C	D	E	F	G	H	I
43									
44		内容				姓名1	姓名2	姓名3	姓名4
45		冯俊124韩红丽245飞鱼5415				冯俊	韩红丽	飞鱼	
46		韩红丽1451思涵2145飞鱼5416				韩红丽	思涵	飞鱼	
47		思涵120韩红丽654				思涵	韩红丽		
48		飞鱼124冯俊245张歌5419韩红丽999				飞鱼	冯俊	张歌	韩红丽
49		张歌14思涵24525韩红丽5419				张歌	思涵	韩红丽	
50									

图 4-21　使用数字拆分

使用 SEQUENCE 函数生成 0 ～ 9 共 10 个数字作为 TEXTSPLIT 函数的第 2 个参数，设置第 4 个参数为 TRUE（忽略空值），可以实现将所有数字作为分隔符，将数字之间的内容拆分到多个单元格。

示例 4-16：删除字符串中的数字

在 F54 单元格输入公式，如图 4-22 所示。

=TEXTJOIN("、",TRUE,TEXTSPLIT(B54,SEQUENCE(10,,0),,TRUE))

F54	=TEXTJOIN("、",TRUE,TEXTSPLIT(B54,SEQUENCE(10,,0),,TRUE))
内容	删除数字
冯俊124韩红丽245飞鱼5415	冯俊、韩红丽、飞鱼
韩红丽1451思涵2145飞鱼5416	韩红丽、思涵、飞鱼
思涵120韩红丽654	思涵、韩红丽
飞鱼124冯俊245张歌5419韩红丽999	飞鱼、冯俊、张歌、韩红丽
张歌14思涵24525韩红丽5419	张歌、思涵、韩红丽

图 4-22 删除字符串中的数字

使用数字拆分后，可以使用 CONCAT 函数或 TEXTJOIN 函数将拆分后的内容连接，实现删除字符串中的数字。

示例 4-17：删除字符串中的字母

在 F63 单元格输入公式，如图 4-23 所示。

=TEXTJOIN("、",TRUE,TEXTSPLIT(B63,CHAR(SEQUENCE(26,,65)),,TRUE,1))

F63	=TEXTJOIN("、",TRUE,TEXTSPLIT(B63,CHAR(SEQUENCE(26,,65)),,TRUE,1))
内容	删除字母
冯俊FJ韩红丽hhl飞鱼fy	冯俊、韩红丽、飞鱼
韩红丽HHL思涵SH飞鱼Fy	韩红丽、思涵、飞鱼
思涵sh韩红丽hhl	思涵、韩红丽
飞鱼FY冯俊FJ张歌ZG韩红丽Hhl	飞鱼、冯俊、张歌、韩红丽
张歌zg思涵sh韩红丽Hhl	张歌、思涵、韩红丽

图 4-23 删除字符串中的字母

使用 CHAR(SEQUENCE(26,,65)) 公式可以生成 A ～ Z 共 26 个大写字母作为 TEXTSPLIT 函数的第 2 个参数，设置第 4 个参数值为 TRUE（忽略空值），设置第 5 个参数值为 1（不区分大小写），TEXTSPLIT 函数即可将所有字母作为分隔符，对字符串按字母拆分后合并，即可实现删除字符串中的字母。

示例 4-18：使用一个公式对多行拆分

在 E72 单元格输入公式，如图 4-24 所示。

=TEXTSPLIT(TEXTJOIN("+",TRUE,B72:D77),"−","+")

E72 =TEXTSPLIT(TEXTJOIN("+",TRUE,B72:D77),"-","+")

地址	省	市	区/县
河南省-南阳市-镇平县	河南省	南阳市	镇平县
山东省-菏泽市-鄄城县	山东省	菏泽市	鄄城县
甘肃省-陇南市-两当县	甘肃省	陇南市	两当县
上海市-上海市-浦东新区	上海市	上海市	浦东新区
河北省-保定市-雄县	河北省	保定市	雄县
湖北省-宜昌市-猇亭区	湖北省	宜昌市	猇亭区

图 4-24　使用一个公式对多行拆分

当想使用一个公式对多行数据进行按列拆分时，可以使用 TEXTJOIN 函数指定一个分隔符将多行数据合并成一个字符串，再使用 TEXTSPLIT 函数同时按列、按行拆分。

由于 TEXTJOIN 函数的返回结果有 32 767 个字符的限制，因此当多行数据合并后的字符长度大于 32 767时，函数将返回错误值 #VALUE!，此方法将无法使用。

示例 4-19：根据数量重复生成姓名

在 E82 单元格输入公式，如图 4-25 所示。

=TEXTSPLIT(CONCAT(REPT(B82:B85&"−",C82:C85)),,"−",TRUE)

E82 =TEXTSPLIT(CONCAT(REPT(B82:B85&"-",C82:C85)),,"-",TRUE)

姓名	数量
冯俊	3
韩红丽	2
思涵	1
飞鱼	2

姓名
冯俊
冯俊
冯俊
韩红丽
韩红丽
思涵
飞鱼
飞鱼

图 4-25　根据数量重复生成姓名

将“姓名”所在的 B82:B85 单元格区域使用 & 运算符连接“–”符号，将单元格区域每个值连接一个分隔符，然后将连接后的字符串作为 REPT 函数的第 1 个参数，REPT 函数的第 2 个参数引用“数量”所在的 C82:C85 单元格区域，将每个连接分隔符的姓名重复生成对应数量，然后使用 CONCAT 函数将重复生成的多行姓名连接成一个字符串，最后使用 TEXTSPLIT 函数拆分到行，TEXTSPLIT 函数的第 4 个参数需要设置为 TRUE（忽略空值），否则拆分后会在最后一行多一个空值。

由于 CONCAT 函数的返回结果有 32 767 个字符限制，因此当多行数据合并后长度大于 32 767 时，函数将返回错误值 #VALUE!，此方法将无法使用。

示例 4-20：对字符串中的多个数字求和

在 F94 单元格输入公式，如图 4-26 所示。

=SUM(--TEXTSPLIT(B94,TEXTSPLIT(B94,VSTACK(".",SEQUENCE(10,,0)),,TRUE),,TRUE))

F94 fx =SUM(--TEXTSPLIT(B94,TEXTSPLIT(B94,VSTACK(".",SEQUENCE(10,,0)),,TRUE),,TRUE))

内容	合计
冯俊100.12韩红丽200飞鱼100.12	400.24
韩红丽100.5思涵150飞鱼1000.5	1251
思涵120韩红丽600	720
飞鱼120.5冯俊100张歌200韩红丽10	430.5
张歌10.15思涵20.25韩红丽50.55	80.95

图 4-26 对字符串中的多个数字求和

使用 SEQUENCE 函数生成 0 ～ 9 共 10 个数字后，使用 VSTACK 函数将“.”符号和数字拼接成一个数组，作为 TEXTSPLIT 函数的分隔符，TEXTSPLIT 函数的第 4 个参数设置 TRUE（忽略空值），TEXTSPLIT 函数拆分后可以返回每个数字之间的内容数组，将这个内容数组再次作为 TEXTSPLIT 函数的分隔符，即可反向得到每组连续的数字，因为 TEXTSPLT 函数返回的结果数字是文本型字符串，所以使用“– –”运算可以将文本型数字转换为数值，最后使用 SUM 函数进行求和即可。

注意事项

TEXTSPLIT 函数的第 1 个参数引用数组或单元格区域时，将对数组或单元格区域中的每一个值进行拆分，返回每个值拆分后的第 1 个值，返回的数组结果大小和第 1 个参数相同。在 C5 单元格输入公式，如图 4-27 所示。

=TEXTSPLIT(B5:B10,"-")

C5 fx =TEXTSPLIT(B5:B10,"-")

地址	省
河南省-南阳市-镇平县	河南省
山东省-菏泽市-鄄城县	山东省
甘肃省-陇南市-两当县	甘肃省
上海市-上海市-浦东新区	上海市
河北省-保定市-雄县	河北省
湖北省-宜昌市-猇亭区	湖北省

图 4-27 第 1 个参数引用数组或单元格区域时

当 TEXTSPLIT 函数的第 1 个参数引用数组或单元格区域时，返回的结果和 TEXTBEFORE 函数相同，处理此类需求时，建议使用 TEXTBEFORE 函数。在 D5 单元格输入公式，如图 4-28 所示。

=TEXTBEFORE(B5:B10,"-")

D5　=TEXTBEFORE(B5:B10,"-")

地址	省	省
河南省-南阳市-镇平县	河南省	河南省
山东省-菏泽市-鄄城县	山东省	山东省
甘肃省-陇南市-两当县	甘肃省	甘肃省
上海市-上海市-浦东新区	上海市	上海市
河北省-保定市-雄县	河北省	河北省
湖北省-宜昌市-猇亭区	湖北省	湖北省

图 4-28　使用 TEXTBEFORE 函数

4.4 TEXTBEFORE（返回分隔符之前的文本）

TEXTBEFORE 函数可以返回指定分隔符之前的文本，函数语法如图 4-29 所示。

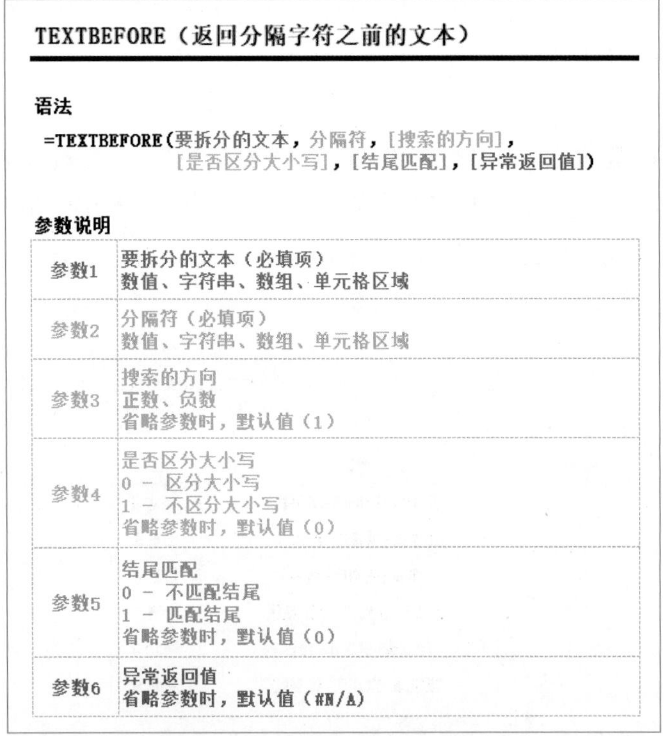
TEXTBEFORE（返回分隔字符之前的文本）

语法

=TEXTBEFORE(要拆分的文本，分隔符，[搜索的方向]，[是否区分大小写]，[结尾匹配]，[异常返回值])

参数说明

参数	说明
参数1	要拆分的文本（必填项） 数值、字符串、数组、单元格区域
参数2	分隔符（必填项） 数值、字符串、数组、单元格区域
参数3	搜索的方向 正数、负数 省略参数时，默认值（1）
参数4	是否区分大小写 0 － 区分大小写 1 － 不区分大小写 省略参数时，默认值（0）
参数5	结尾匹配 0 － 不匹配结尾 1 － 匹配结尾 省略参数时，默认值（0）
参数6	异常返回值 省略参数时，默认值（#N/A）

图 4-29　TEXTBEFORE 函数语法

示例 4-21：提取日期

在 E5 单元格输入公式，如图 4-30 所示。

```
=TEXTBEFORE(B5:B10,"")
```

E5 | =TEXTBEFORE(B5:B10," ")

	日期和时间	日期
5	2022-11-24 16:01:45	2022-11-24
6	2022-11-25 09:07:10	2022-11-25
7	2022-11-28 09:38:40	2022-11-28
8	2022-11-28 12:18:58	2022-11-28
9	2022-11-28 13:42:25	2022-11-28
10	2022-11-29 13:29:36	2022-11-29

图 4-30　提取日期

在实际工作中，一些软件系统导出的日期和时间是文本格式，当需要提取日期时，可以使用 TEXTBEFORE 函数。第 1 个参数引用 B5:B10 单元格区域，第 2 个参数使用空格作为分隔符，函数即可返回空格之前的日期。

示例 4-22：提取日期，处理错误值 #N/A

在 E15 单元格输入公式，如图 4-31 所示。

```
=TEXTBEFORE(B15:B20,"")
```

E15 | =TEXTBEFORE(B15:B20," ")

	日期和时间	日期
15	2022-11-24	#N/A
16	2022-11-25 09:07:10	2022-11-25
17	2022-11-28 09:38:40	2022-11-28
18	2022-11-28	#N/A
19	2022-11-28 13:42:25	2022-11-28
20	2022-11-29 13:29:36	2022-11-29

图 4-31　处理错误值 #N/A

当第 1 个参数的字符串不包含第 2 个参数设置的分隔符时，函数会返回错误值 #N/A，可以通过设置函数的第 5 个参数或第 6 个参数来解决这个问题。

（1）设置 TEXTBEFORE 函数的第 5 个参数，在 E25 单元格输入公式，如图 4-32 所示。

=TEXTBEFORE(B25:B30,"",,,1)

E25　=TEXTBEFORE(B25:B30," ",,,1)

	日期和时间	日期
25	2022-11-24	2022-11-24
26	2022-11-25 09:07:10	2022-11-25
27	2022-11-28 09:38:40	2022-11-28
28	2022-11-28	2022-11-28
29	2022-11-28 13:42:25	2022-11-28
30	2022-11-29 13:29:36	2022-11-29

图 4-32　设置第 5 个参数

TEXTBEFORE 函数的第 5 个参数设置是否匹配结尾，从参数描述可能不是很好理解这个参数的作用，可以换个角度去理解这个参数，函数第 2 个参数设置分隔符，这个参数是接受数组的，可以指定多个分隔符，当第 5 个参数设置为 1（匹配结尾）时，函数会把第 1 个参数字符串的结尾也作为一个分隔符，这样即使字符串中没有包含第 2 个参数设置的分隔符，如 B25 单元格只有日期，没有时间，也没有空格，第 1 个参数字符串结尾也会作为分隔符，函数将返回第 1 个参数的字符串。

（2）设置 TEXTBEFORE 函数的第 6 个参数，在 E35 单元格输入公式，如图 4-33 所示。

=TEXTBEFORE(B35:B40,"",,,,B35:B40)

E35　=TEXTBEFORE(B35:B40," ",,,,B35:B40)

	日期和时间	日期
35	2022-11-24	2022-11-24
36	2022-11-25 09:07:10	2022-11-25
37	2022-11-28 09:38:40	2022-11-28
38	2022-11-28	2022-11-28
39	2022-11-28 13:42:25	2022-11-28
40	2022-11-29 13:29:36	2022-11-29

图 4-33　设置第 6 个参数

TEXTBEFORE 函数的第 6 个参数设置异常返回值，当函数返回错误值 #N/A 时，可以通过设置此参数，将错误值转换为指定的返回值，参数引用 B35:B40 单元格区域，当 B35:B40 单元格区域不包含空格时，直接返回 B35:B40 单元格区域的值。

示例 4-23：使用第 3 个参数提取省、市、区 / 县在 F45 单元格输入公式，如图 4-34 所示。

=TEXTBEFORE(B45:B50,"–",3)

地址	省、市、区/县
河南省-南阳市-镇平县-XXX街XX号	河南省-南阳市-镇平县
山东省-菏泽市-鄄城县-XXX路XX号	山东省-菏泽市-鄄城县
甘肃省-陇南市-两当县-XX街道XX楼	甘肃省-陇南市-两当县
上海市-上海市-浦东新区-XXX号XX楼	上海市-上海市-浦东新区
河北省-保定市-雄县-XXX小区XX号楼	河北省-保定市-雄县
湖北省-宜昌市-猇亭区-XXX号楼XX单元	湖北省-宜昌市-猇亭区

图 4-34　使用第 3 个参数提取省、市、区 / 县

当字符串包含多个分隔符时，可以指定第 3 个参数搜索的方向，返回第 *N* 个分隔符之前的文本，第 3 个参数值设置为 3，可返回第 3 个“–”符号之前的所有文本。

示例 4-24：使用第 3 个参数提取省、市、区 / 县（设置为负数）

在 F55 单元格输入公式，如图 4-35 所示。

TEXTBEFORE(B55:B60,"–",–1)

地址	省、市、区/县
河南省-南阳市-镇平县-XXX街XX号	河南省-南阳市-镇平县
山东省-菏泽市-鄄城县-XXX路XX号	山东省-菏泽市-鄄城县
甘肃省-陇南市-XX街道XX楼	甘肃省-陇南市
上海市-上海市-XXX号XX楼	上海市-上海市
河北省-保定市-XXX小区XX号楼	河北省-保定市
湖北省-宜昌市-猇亭区-XXX号楼XX单元	湖北省-宜昌市-猇亭区

图 4-35　使用第 3 个参数提取省、市、区 / 县（设置为负数）

当地址中没有区 / 县一级的地址时，导致字符串中包含的分隔符数量不同，TEXTBEFORE 函数的第 3 个参数搜索的方向就无法设置一个固定的正数数值了，此参数是接受负数的，当参数是负数时，函数会反方向搜索（从后向前），参数值设置为 –1，函数会返回最后一个分隔符之前的所有内容。

也可以这样理解，当 TEXTBEFORE 函数的第 3 个参数为负数时，函数可从后向前查找，删除第 *N* 个分隔符之后的内容。

示例 4-25：使用多个分隔符提取姓名

在 E65 单元格输入公式，如图 4-36 所示。

=TEXTBEFORE(B65:B70,CHAR(SEQUENCE(26,,65)),,1)

E65　=TEXTBEFORE(B65:B70,CHAR(SEQUENCE(26,,65)),,1)

姓名拼音	姓名
冯俊FJ	冯俊
韩红丽HHL	韩红丽
思涵sh	思涵
飞鱼FY	飞鱼
张歌zg	张歌
李晓LX	李晓

图 4-36　使用多个分隔符提取姓名

CHAR(SEQUENCE(26,,65)) 可以返回 A ～ Z 共 26 个大写字母作为 TEXTBEFORE 函数的第 2 个参数的分隔符，第 4 个参数设置为 1（忽略大小写），函数即可返回字母之前的文本。

4.5 TEXTAFTER（返回分隔符之后的文本）

TEXTAFTER 函数可以返回指定分隔符之后的文本，函数语法如图 4-37 所示。

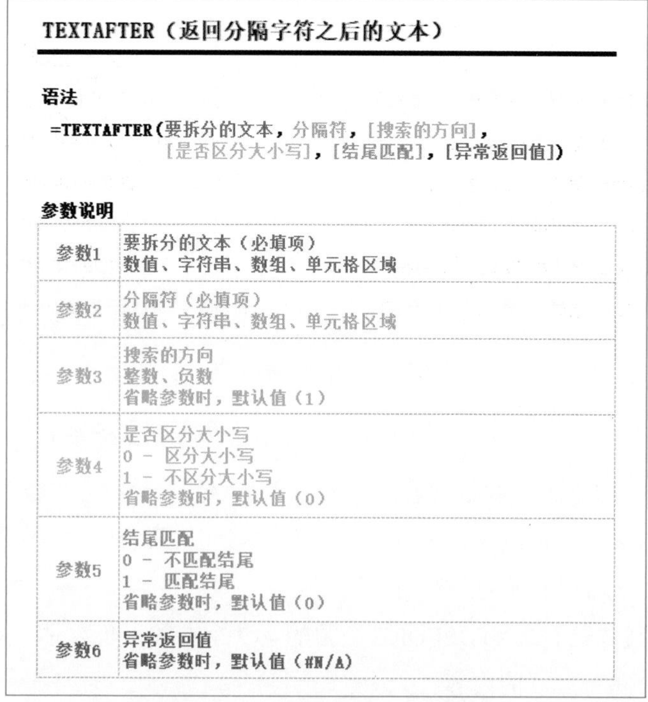

TEXTAFTER（返回分隔字符之后的文本）

语法

=TEXTAFTER(要拆分的文本，分隔符，[搜索的方向]，[是否区分大小写]，[结尾匹配]，[异常返回值])

参数说明

参数1	要拆分的文本（必填项） 数值、字符串、数组、单元格区域
参数2	分隔符（必填项） 数值、字符串、数组、单元格区域
参数3	搜索的方向 整数、负数 省略参数时，默认值（1）
参数4	是否区分大小写 0 － 区分大小写 1 － 不区分大小写 省略参数时，默认值（0）
参数5	结尾匹配 0 － 不匹配结尾 1 － 匹配结尾 省略参数时，默认值（0）
参数6	异常返回值 省略参数时，默认值（#N/A）

图 4-37　TEXTAFTER 函数语法

TEXTAFTER 函数是返回分隔符之后的文本，参数的数量与作用与 TEXTBEFORE 函数完全相同。

示例 4-26：提取时间

在 E5 单元格输入公式，如图 4-38 所示。

=TEXTAFTER(B5:B10,"")

E5　=TEXTAFTER(B5:B10," ")

	A	B	C	D	E	F
3						
4		日期和时间			时间	
5		2022-11-24 16:01:45			16:01:45	
6		2022-11-25 09:07:10			09:07:10	
7		2022-11-28 09:38:40			09:38:40	
8		2022-11-28 12:18:58			12:18:58	
9		2022-11-28 13:42:25			13:42:25	
10		2022-11-29 13:29:36			13:29:36	
11						

图 4-38　提取时间

TEXTAFTER 函数的第 1 个参数引用 B5:B10 单元格区域，第 2 个参数分隔符设置为空格，函数即可返回空格之后的时间。

示例 4-27：提取时间，处理 #N/A

在 E17 单元格输入任意一个公式，如图 4-39 所示。

=TEXTAFTER(B17:B22,"",,,1)

=TEXTAFTER(B17:B22,"",,,,"")

E17　=TEXTAFTER(B17:B22," ",,,1)

	A	B	C	D	E	F
15						
16		日期和时间			日期	
17		2022-11-24				
18		2022-11-25 09:07:10			09:07:10	
19		2022-11-28 09:38:40			09:38:40	
20		2022-11-28				
21		2022-11-28 13:42:25			13:42:25	
22		2022-11-29 13:29:36			13:29:36	
23						

图 4-39　提取时间，处理 #N/A

当字符串不包含时间时，可以设置第 5 个或第 6 个参数来返回空。

因 TEXTAFTER 函数参数的作用和 TEXTBEFORE 函数完全一样，本节将不再重复讲解，如有不解，可先学习 TEXTBEFORE 函数。

示例 4-28：使用第 3 个参数提取详细地址

在 F37 单元格输入公式，如图 4-40 所示。

```
=TEXTAFTER(B37:B42,"-",3)
```

F37　=TEXTAFTER(B37:B42,"-",3)

	地址	详细地址
37	河南省-南阳市-镇平县-XXX街XX号	XXX街XX号
38	山东省-菏泽市-鄄城县-XXX路XX号	XXX路XX号
39	甘肃省-陇南市-两当县-XX街道XX楼	XX街道XX楼
40	上海市-上海市-浦东新区-XXX号XX楼	XXX号XX楼
41	河北省-保定市-雄县-XXX小区XX号楼	XXX小区XX号楼
42	湖北省-宜昌市-猇亭区-XXX号楼XX单元	XXX号楼XX单元

图 4-40　使用第 3 个参数提取详细地址

设置 TEXTAFTER 函数的第 3 个参数值为 3，即可提取第 3 个“–”符号之后的文本。

示例 4-29：使用第 3 个参数提取详细地址（使用负数）

在 F47 单元格输入公式，如图 4-41 所示。

```
=TEXTAFTER(B47:B52,"-",-1)
```

F47　=TEXTAFTER(B47:B52,"-",-1)

	地址	详细地址
47	河南省-南阳市-镇平县-XXX街XX号	XXX街XX号
48	山东省-菏泽市-鄄城县-XXX路XX号	XXX路XX号
49	甘肃省-陇南市-XX街道XX楼	XX街道XX楼
50	上海市-上海市-XXX号XX楼	XXX号XX楼
51	河北省-保定市-XXX小区XX号楼	XXX小区XX号楼
52	湖北省-宜昌市-猇亭区-XXX号楼XX单元	XXX号楼XX单元

图 4-41　使用第 3 个参数提取详细地址（使用负数）

当地址中没有区 / 县一级的地址时，导致字符串中包含的分隔符数量不同，设置 TEXTAFTER 函数的第 3 个参数值为 –1，函数即可返回最后一个分隔符之后的所有内容。

示例 4-30：使用多个分隔符提取拼音首字母

在 E57 单元格输入公式，如图 4-42 所示。

```
=TEXTAFTER(B57:B62,TEXTBEFORE(B57:B62,CHAR(SEQUENCE(26,,65)),,1))
```

	A	B	C	D	E
55					
56		姓名及拼音首字母			拼音首字母
57		冯俊FJ			FJ
58		韩红丽HHL			HHL
59		思涵sh			sh
60		飞鱼FY			FY
61		张歌zg			zg
62		李晓LX			LX
63					

E57 =TEXTAFTER(B57:B62,TEXTBEFORE(B57:B62,CHAR(SEQUENCE(26,,65)),,1))

图 4-42 使用多个分隔符提取拼音首字母

TEXTBEFORE(B57:B62,CHAR(SEQUENCE(26,,65)) 部分可以提取姓名，将提取出的姓名作为 TEXTAFTER 函数的第 2 个参数，即可返回姓名之后的拼音首字母。

4.6 SUBSTITUTES（将字符串中的多个部分字符替换为新字符串）

此函数为 WPS 独有函数。

SUBSTITUTES 函数可以将字符串中的多个部分字符替换为新字符串，函数语法如图 4-43 所示。

SUBSTITUTES（将字符串中的多个子字符串替换为新的字符串）

语法

=SUBSTITUTES(要替换的文本，原字符串数组，新字符串数组，[替换序号])

参数说明

参数1	要替换的文本（必填项） 数值、字符串、数组、单元格区域
参数2	原字符串数组（必填项） 数值、字符串、数组、单元格区域
参数3	新字符串数组 数值、字符串、数组、单元格区域 省略参数时，默认值（空文本）
参数4	替换序号 省略参数时，默认值（替换全部）

图 4-43 SUBSTITUTES 函数语法

示例 4-31：根据替换名单批量替换人员

在 D5 单元格输入公式，如图 4-44 所示。

=SUBSTITUTES(C5:C10,F6:F9,G6:G9)

D5 =SUBSTITUTES(C5:C10,F6:F9,G6:G9)

项目	人员名单	替换后人员名单
项目A	赵子明、杨问旋、飞鱼	赵子明、李明军、张晓晓
项目B	丁嘉祥、段绍辉、张歌	丁嘉祥、段绍辉、张歌
项目C	步志文、冯俊	赵天明、冯俊
项目D	步志文、邱灵、辛晴	赵天明、邱灵、辛晴
项目E	晏姜、汤俊贤、于丝琪	晏姜、王佳佳、于丝琪
项目F	董玉、孔悦书、飞鱼	董玉、孔悦书、张晓晓

替换名单

姓名	替换后姓名
飞鱼	张晓晓
杨问旋	李明军
步志文	赵天明
汤俊贤	王佳佳

图 4-44　根据替换名单批量替换人员

SUBSTITUTES 函数的第 1 个参数引用“人员名单”所在的 C5:C10 单元格区域，第 2 个参数引用“替换名单”区域中“姓名”所在的 F6:F9 单元格区域，第 3 个参数引用“替换名单”区域中“替换后姓名”所在的 G6:G9 单元格区域，函数即可根据“替换名单”批量地将“人员名单”中的姓名替换。

示例 4-32：根据关键词名单将关键词批量替换为 * 符号

在 D15 单元格输入公式，如图 4-45 所示。

D15 =SUBSTITUTES(C15:C20,F15:F18,"***")

序号	内容	替换后内容
1	步志文问哪里可以买到电池	步志文问哪里可以买到***
2	辛晴问手套在哪里	辛晴问***在哪里
3	孔悦书说星期二去游泳	孔悦书说星期二去***
4	晏姜说我是好人	晏姜说我是好人
5	吕洪飞说星期一去爬山	吕洪飞说星期一去爬山
6	邓华说2月28日一起去吃饭	邓华说2月28日一起去***

关键词
游泳
手套
电池
吃饭

图 4-45　根据关键词名单将关键词批量替换为 * 符号

SUBSTITUTES 函数的第 1 个参数引用“内容”所在的 C15:C20 单元格区域，第 2 个参数引用“关键词”所在的 F15:F18 单元格区域，第 3 个参数设置字符串 ***，函数即可根据“关键词”名单批量地将“内容”中的关键词替换为 *。

4.7 ARRAYTOTEXT（返回数组的文本表示形式）

ARRAYTOTEXT 函数可以返回数组的文本表示形式，函数语法如图 4-46 所示。

ARRAYTOTEXT（返回数组的文本表示形式）

语法

=ARRAYTOTEXT(数组, [格式])

参数说明

参数1	数组（必填项） 数组、单元格区域
参数2	格式 0 – 简洁 1 – 严格 省略参数时，默认值（ 0 ）

图 4-46　ARRAYTOTEXT 函数语法

示例 4-33：将省、市、区 / 县值连接到一个单元格（简洁模式）

在 F5 单元格输入公式，如图 4-47 所示。

=ARRAYTOTEXT(C5:E5)

F5　=ARRAYTOTEXT(C5:E5)

姓名	省	市	区/县	地址
步志文	河南省	南阳市	镇平县	河南省，南阳市，镇平县
丁嘉祥	山东省	菏泽市	鄄城县	山东省，菏泽市，鄄城县
段绍辉	甘肃省	陇南市	两当县	甘肃省，陇南市，两当县
赵子明	上海市	上海市	浦东新区	上海市，上海市，浦东新区
杨问旋	河北省	保定市	雄县	河北省，保定市，雄县
飞鱼	湖北省	宜昌市	猇亭区	湖北省，宜昌市，猇亭区

图 4-47　将省、市、区 / 县值连接到一个单元格（简洁模式）

ARRAYTOTEXT 函数的第 1 个参数引用“省、市、区 / 县”所在的 C5:E5 单元格区域，省略第 2 个参数，默认值为 0（简洁模式），即可将“省、市、区 / 县”使用“,”符号连接成一个字符串。

当需要使用“,”符号作为分隔连接文本，并且不需要忽略空值时，使用 ARRAYTOTEXT 函数可以实现 TEXTJOIN 函数的效果。

示例 4-34：将省、市、区 / 县值连接到一个单元格（严格模式）

在 F15 单元格输入公式，如图 4-48 所示。

=ARRAYTOTEXT(C15:E15,1)

F15 =ARRAYTOTEXT(C15:E15,1)

姓名	省	市	区/县	地址
步志文	河南省	南阳市	镇平县	{"河南省","南阳市","镇平县"}
丁嘉祥	山东省	菏泽市	鄄城县	{"山东省","菏泽市","鄄城县"}
段绍辉	甘肃省	陇南市	两当县	{"甘肃省","陇南市","两当县"}
赵子明	上海市	上海市	浦东新区	{"上海市","上海市","浦东新区"}
杨问旋	河北省	保定市	雄县	{"河北省","保定市","雄县"}
飞鱼	湖北省	宜昌市	猇亭区	{"湖北省","宜昌市","猇亭区"}

图 4-48　将省、市、区 / 县值连接到一个单元格（严格模式）

ARRAYTOTEXT 函数的第 1 个参数引用“省、市、区 / 县”所在的 C15:E15 单元格区域，第 2 个参数设置为 1（严格模式），在“严格模式”下 ARRAYTOTEXT 函数会判断引用的数组或单元格区域中的每一个值，对每个文本类型的值添加英文状态下的双引号，然后使用“,”符号将值连接成一个字符串，并且在字符串两端连接“{}”符号。

4.8 REGEXP（基于正则表达式对字符串进行操作）

此函数为 WPS 独有函数。

REGEXP 函数可以基于正则表达式对字符串进行操作，函数语法如图 4-49 所示。

REGEXP（基于正则表达式对字符串进行操作）

语法

=REGEXP(字符串，正则表达式，[匹配模式]，[替换内容])

参数说明

参数1	字符串（必填项） 数值、字符串、数组、单元格区域
参数2	正则表达式（必填项） 符合语法的正则表达式字符串（支持数组）
参数3	匹配模式 0 – 提取，返回提取的结果（数组） 1 – 判断，返回TRUE,FALSE（单值） 2 – 替换，返回替换后的结果（单值） 3 – 完整提取，返回提取后的完整结果（数组） 省略参数时，默认值（ 0 ）
参数4	替换内容 参数3值为（2 – 替换）时，此参数可用 省略参数时，默认值（空文本）

图 4-49　REGEXP 函数语法

示例 4-35：提取字符串中的多个数字（整数）

在 F5 单元格输入公式，如图 4-50 所示。

=REGEXP(B5,"\d+")

F5　=REGEXP(B5,"\d+")

内容	金额1	金额2	金额3
冯俊100韩红丽200飞鱼150	100	200	150
韩红丽152思涵150飞鱼1000	152	150	1000
思涵120韩红丽600	120	600	
飞鱼120	120		
张歌10思涵20	10	20	
张歌89飞鱼150韩红丽22	89	150	22

图 4-50　提取字符串中的多个数字（整数）

REGEXP 函数的第 1 个参数引用“内容”所在的 B5 单元格，第 2 个参数的正则表达式设置为“\d+”，其中“\d”可以匹配一个数字，相当于 [0-9]，“+”匹配该符号前的字符或组合出现 1 次或多次，REGEXP 函数即可返回匹配的 1 个或多个结果。

示例 4-36：提取字符串中的多个数字（整数和小数）

在 F15 单元格输入公式，如图 4-51 所示。

=REGEXP(B15,"\d+\.?\d+")

F15　=REGEXP(B15,"\d+\.?\d+")

内容	金额1	金额2	金额3
冯俊100.12韩红丽200飞鱼100.12	100.12	200	100.12
韩红丽100.5思涵150飞鱼1000.5	100.5	150	1000.5
思涵120韩红丽600	120	600	
飞鱼120.5冯俊100张歌200	120.5	100	200
张歌10.15思涵20.25韩红丽50.55	10.15	20.25	50.55
张歌89.5飞鱼150韩红丽2.15	89.5	150	2.15

图 4-51　提取字符串中的多个数字（整数和小数）

REGEXP 函数的第 1 个参数引用“内容”所在的 B15 单元格，第 2 个参数的正则表达式设置为“\d+\.?\d+”，其中“\d+”可以匹配连续数字 1 次或多次。

“\.?”中“.”符号是元字符，在正则表达式中有特殊的含义。

“\”符号是转义字符，当匹配的内容中包含元字符时，需要使用转义字符，将指定的元字符按原样匹配。

“?”符号匹配“?”前面的字符或组合出现 0 次或 1 次。

REGEXP 函数即可返回匹配到的 1 个或多个结果。

示例 4-37：提取字符串中的多个数字后计算合计

在 F25 单元格输入公式，如图 4-52 所示。

```
=SUM(--REGEXP(B25,"\d+\.?\d+"))
```

F25　=SUM(--REGEXP(B25,"\d+\.?\d+"))

内容	合计
冯俊100.12韩红丽200飞鱼100.12	400.24
韩红丽100.5思涵150飞鱼1000.5	1251
思涵120韩红丽600	720
飞鱼120.5冯俊100张歌200	420.5
张歌10.15思涵20.25韩红丽50.55	80.95
张歌89.5飞鱼150韩红丽2.15	241.65

图 4-52　提取字符串中的多个数字后计算合计

REGEXP 函数的第 1 个参数引用“内容”所在的 B25 单元格，第 2 个参数的正则表达式设置为“\d+\.?\d+”，REGEXP 函数即可返回所有的正数和小数字符串，使用两个“-”运算符将 REGEXP 函数返回的文本型数字转换为数值，使用 SUM 函数求和即可实现提取字符串中的多个数字后计算合计。

示例 4-38：从内容中提取姓名（提取汉字）

在 E35 单元格输入公式，如图 4-53 所示。

```
=REGEXP(C35:C40,"[一-龟]+")
```

E35　=REGEXP(C35:C40,"[一-龟]+")

序号	内容	姓名	拼音
1	冯俊fengjun	冯俊	
2	韩红丽HanGongLi	韩红丽	
3	思涵SHIhan	思涵	
4	飞鱼FeiYu	飞鱼	
5	张歌zhuangge	张歌	
6	黄川guangchuan	黄川	

图 4-53　从内容中提取姓名（提取汉字）

REGEXP 函数的第 1 个参数引用“内容”所在的 C35:C40 单元格区域，第 2 个参数的正则表达式设置为“[一 – 龟]+”，其中“[一 – 龟]”可以匹配常用的所有汉字，“+”匹配“+”符号前的字符或组合出现 1 次或多次，REGEXP 函数即可返回匹配的 1 个或多个结果。

示例 4-39：从内容中提取拼音（提取字母）

在 F45 单元格输入公式，如图 4-54 所示。

=REGEXP(C45:C50,"[A−z]+")

F45 =REGEXP(C45:C50,"[A-z]+")

序号	内容	姓名	拼音
1	冯俊fengjun	冯俊	fengjun
2	韩红丽HanGongLi	韩红丽	HanGongLi
3	思涵SHIhan	思涵	SHIhan
4	飞鱼FeiYu	飞鱼	FeiYu
5	张歌zhuangge	张歌	zhuangge
6	黄川guangchuan	黄川	guangchuan

图 4-54 从内容中提取拼音（提取字母）

REGEXP 函数的第 1 个参数引用“内容”所在的 C45:C50 单元格区域，第 2 个参数的正则表达式设置为“[A-z]+”，其中“[A-z]”可以匹配 26 个大小写字母，“+”匹配“+”符号前的字符或组合出现 1 次或多次，REGEXP 函数即可返回匹配的 1 个或多个结果。

示例 4-40：判断手机号格式是否正确

在 F55 单元格输入公式，如图 4-55 所示。

=REGEXP(D55,"^1[3−9]\d{9}$",1)

F55 =REGEXP(D55,"^1[3-9]\d{9}$",1)

序号	姓名	手机号	检验结果
1	冯俊	13200002222	TRUE
2	韩红丽	1330000333	FALSE
3	思涵	12300003333	FALSE
4	飞鱼	12900003333	FALSE
5	张歌	135000055555	FALSE
6	黄川	13900009999	TRUE

图 4-55 判断手机号格式是否正确

REGEXP 函数的第 1 个参数引用“手机号”所在的 D55:D60 单元格区域，第 2 个参数的正则表达式设置为“^1[3-9]\d{9}$”，其中“^”符号单独使用时，表示检索的起点，“1”表示第 1 位以 1 开头，“[3-9]”表示第 2 位为 3 ～ 9 的数字，“\d”匹配所有的数字，“{9}”表示“{}”符号前字符或组合重复 9 次，REGEXP 函数的第 3 个参数匹配模式设置为 1（判断模式），REGEXP 函数即可返回判断结果。

示例 4-41：将文本中的关键词替换为 ***

在 F65 单元格输入公式，如图 4-56 所示。

=REGEXP(C65:C70,TEXTJOIN("|",TRUE,$H$65:$H$68),2,"***")

F65　=REGEXP(C65:C70,TEXTJOIN("|",TRUE,$H$65:$H$68),2,"***")

序号	内容	替换后内容
1	步志文问哪里可以买到电池	步志文问哪里可以买到***
2	辛晴问手套在哪里	辛晴问***在哪里
3	孔悦书说星期二去游泳	孔悦书说星期二去***
4	晏姜说我是好人	晏姜说我是好人
5	吕洪飞说星期一去爬山	吕洪飞说星期一去爬山
6	邓华说2月28日一起去吃饭	邓华说2月28日一起去***

关键词
游泳
手套
电池
吃饭

图 4-56　将文本中的关键词替换为 ***

REGEXP 函数的第 1 个参数引用“内容”所在的 C65:C70 单元格区域，第 2 个参数的正则表达式使用 TEXTJOIN 函数，TEXTJOIN 函数的第 1 个参数分隔符设置为“|”，第 2 个参数表示是否忽略空值，这里设置为 TRUE（忽略空值），第 3 个参数引用“关键词”所在的 H65:H68 单元格区域，因为公式需要向下填充，所以要将 H65:H68 单元格区域设置为绝对引用，TEXTJOIN 函数即可使用“|”符号将多个关键词连接成一个字符串，“|”为或运算符，可以匹配“|”之间的多个条件，REGEXP 函数的第 3 个参数匹配模式设置为 2（替换模式），第 4 个参数设置为 ***，REGEXP 函数即可将匹配到的关键词全部替换为 ***。

示例 4-42：将 [] 及 [] 内的汉字删除后计算表达式

在 F75 单元格输入公式，如图 4-57 所示。

=EVALUATE(REGEXP(C75:C80,"\[[一 - 龟]+\]",2))

REGEXP 函数的第 1 个参数引用“内容”所在的 C75:C80 单元格区域，第 2 个参数的正则表达式设置为“\[[一 - 龟]+\]”，因为 [] 是元字符，所以需要使用“\”转义符号转义，将元字符按原样匹配，“[一 - 龟]”可以匹配常用的所有汉字，“+”匹配“+”符号前的字符或组合出现 1 次或多次，第 3 个参数设置为 2（替换模式），第 4 个参数的替换

内容设置为 ""（空文本），将匹配到的内容替换为空文本，REGEXP 函数即可将 [] 及 [] 内的汉字删除，使用 EVALUATE 函数计算替换后的表达式，即可实现效果。

F75 =EVALUATE(REGEXP(C75:C80,"\[[一-龟]+\]",2))

序号	内容	计算结果
1	5.669[长度]+0.5[宽度]	6.169
2	105.55[长度]+0.5[宽度]	106.05
3	45[高度]*2+15.5[横梁宽度]	105.5
4	305[高度]+80[横梁宽度]	385
5	405[高度]+30[横梁宽度]	435
6	50[高度]*4	200

图 4-57　将 [] 内的汉字删除后计算表达式

示例 4-43：使用匹配模式 3（完整提取）

当 REGEXP 函数的第 1 个参数为数组，同时第 3 个参数匹配模式设置值为 1 或省略时，函数将匹配第 1 个参数传入的数组中的每一个值，然后返回每个值匹配到的首个值，在 F85 单元格输入公式，如图 4-58 所示。

```
=REGEXP(B85:B90,"\d+")
```

F85 =REGEXP(B85:B90,"\d+")

内容	金额1	金额2	金额3
邓华100韩红丽200飞鱼150	100		
韩红丽152邓华150飞鱼1000	152		
邓华120韩红丽600	120		
飞鱼120	120		
张歌10邓华20	10		
邓华89飞鱼150韩红丽22	89		

图 4-58　第 1 个参数为数组时，函数返回每个值匹配到的首个值

REGEXP 函数的第 1 个参数引用“内容”所在的 B85:B90 单元格区域，第 2 个参数正则表达式设置为“\d+”，函数即可返回数组中每个值匹配到的首个值。

可以将 REGEXP 函数的第 3 个参数匹配模式值设置为 3（完整提取，返回提取后的完整结果（数组）），在此模式下，函数将返回提取后的多个完整结果（一个三维数组），然后使用 REDUCE 函数循环累积，将 REGEXP 函数返回的三维数组拼接，即可返回匹配后

的完整结果。在 F85 单元格输入公式，如图 4-59 所示。

=IFNA(REDUCE(,REGEXP(B85:B90,"\d+",3),VSTACK),"")

F85　=IFNA(REDUCE(,REGEXP(B85:B90,"\d+",3),VSTACK),"")

内容	金额1	金额2	金额3
邓华100韩红丽200飞鱼150	100	200	150
韩红丽152邓华150飞鱼1000	152	150	1000
邓华120韩红丽600	120	600	
飞鱼120	120		
张歌10邓华20	10	20	
邓华89飞鱼150韩红丽22	89	150	22

图 4-59　第 3 个参数匹配模式值设置为 3（完整提取）

REDUCE 函数的第 1 个参数省略，将 REGEXP 函数返回的结果作为第 2 个参数，第 3 个参数使用 LAMBDA 函数简写语法，输入 VSTACK 函数名称即可，REDUCE 函数将返回拼接后的累积完整结果，因为 REGEXP 函数返回的多个数组大小不同，在使用 VSTACK 函数拼接时，列数少的数组使用错误值 #N/A 补齐，使用 IFNA 函数将错误值 #N/A 显示为空文本即可。

也可以使用 MAP 函数循环，将 REGEXP 函数提取到的多个完整结果依次拼接成一个字符串。在 F93 单元格输入公式，如图 4-60 所示。

=MAP(REGEXP(B93:B98,"\d+",3),ARRAYTOTEXT)

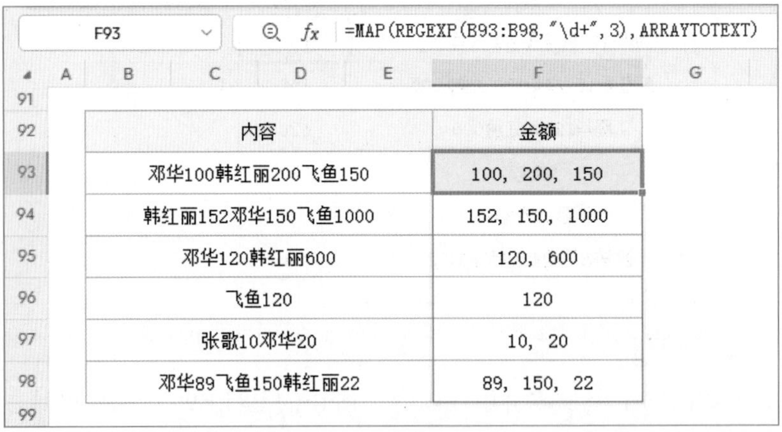

F93　=MAP(REGEXP(B93:B98,"\d+",3),ARRAYTOTEXT)

内容	金额
邓华100韩红丽200飞鱼150	100, 200, 150
韩红丽152邓华150飞鱼1000	152, 150, 1000
邓华120韩红丽600	120, 600
飞鱼120	120
张歌10邓华20	10, 20
邓华89飞鱼150韩红丽22	89, 150, 22

图 4-60　使用 MAP 函数循环

将 REGEXP 函数返回的结果作为 MAP 函数的第 1 个参数，第 2 个参数使用 LAMBDA 函数简写语法，输入 ARRAYTOTEXT 函数名称即可，MAP 函数将返回拼接后的结果。

也可以使用 LAMBDA 函数嵌套其他聚合函数或计算公式，只需保证 LAMBDA 函数返回的值是单值即可。在 F101 单元格输入公式，如图 4-61 所示。

```
=MAP(REGEXP(B101:B106,"\d+",3),LAMBDA(x,SUM(--x)))
```

F101　=MAP(REGEXP(B101:B106,"\d+",3),LAMBDA(x,SUM(--x)))

内容	金额
邓华100韩红丽200飞鱼150	450
韩红丽152邓华150飞鱼1000	1302
邓华120韩红丽600	720
飞鱼120	120
张歌10邓华20	30
邓华89飞鱼150韩红丽22	261

图 4-61　使用 LAMBDA 函数嵌套其他聚合函数或计算公式

将 REGEXP 函数返回的结果作为 MAP 函数的第 1 个参数，第 2 个参数使用 LAMBDA 函数，LAMBDA 函数第 1 个参数定义参数名称“x”，第 2 个参数计算公式使用 SUM 函数求和，SUM 函数第 1 个参数引用参数名称“x”，使用“—”计算将 REGEXP 函数返回的文本型数值转换为数值，MAP 函数即可返回多个完整结果的合计。

示例 4-44：第 1 参数和第 2 参数同时为数组

当 REGEXP 函数的第 1 个参数和第 2 个参数同时为数组时，函数将遵循数组计算规则进行匹配。在 E111 单元格输入公式，如图 4-62 所示。

```
=REGEXP(C111:C116,{"[一-龟]+","[A-z]+"})
```

E111　=REGEXP(C111:C116,{"[一-龟]+","[A-z]+"})

序号	内容	姓名	拼音
1	冯俊fengjun	冯俊	fengjun
2	韩红丽HanGongLi	韩红丽	HanGongLi
3	思涵SHIhan	思涵	SHIhan
4	飞鱼FeiYu	飞鱼	FeiYu
5	张歌zhuangge	张歌	zhuangge
6	黄川guangchuan	黄川	guangchuan

图 4-62　第 1 参数和第 2 参数同时为数组

REGEXP 函数的第 1 个参数引用“内容”所在的 C111:C116 单元格区域，第 2 个参数正则表达式传入 1 行 2 列的常量数组，REGEXP 函数将根据数组计算的规则进行匹配，返回匹配后的结果。

数组类函数可转至第 5 章学习。

LAMBDA 类函数可转至第 6 章学习。

注意事项

（1）使用提取模式，当没有匹配结果时，函数返回错误值 #N/A。在 C5 单元格输入公式，如图 4-63 所示。

=REGEXP(B5,"\d+")

C5　=REGEXP(B5,"\d+")

内容	金额1	金额2	金额3
冯俊韩红丽飞鱼	#N/A		

图 4-63　没有匹配结果时

REGEXP 函数的第 2 个参数设置正则表达式为“\d+”，匹配 1 个或多个数字，因为第 1 个参数字符串没有数字，导致没有匹配结果，所以函数返回错误值 #N/A。

（2）REGEXP 函数的第 3 个参数匹配模式不等于 2（替换模式）时，如果使用第 4 个参数，函数将返回错误值 #VALUE!。在 C12 单元格输入公式，如图 4-64 所示。

=REGEXP(B12,"\d+",0,"")

C12　=REGEXP(B12,"\d+",0,"")

内容	金额1	金额2	金额3
冯俊100韩红丽200	#VALUE!		

图 4-64　匹配模式不等于 2（替换模式），使用第 4 个参数时

因为 REGEXP 函数的第 3 个参数匹配模式不等于 2（替换模式），却使用了第 4 个参数，导致多个参数值之间逻辑错误，所以函数返回错误值 #VALUE!。

（3）REGEXP 函数的第 3 个参数匹配模式为 3（完整提取）时，需要使用 REDUCE、MAP、SCAN 函数循环提取，无法直接使用，否则返回错误值 #VALUE!。在 C19 单元格

输入公式，如图 4-65 所示。

=REGEXP(B19:B20,"\d+",3)+10

	A	B	C	D	E	F
17						
18		内容	金额1	金额2	金额3	
19		冯俊100韩红丽200	#VALUE!			
20		邓华100吕洪飞200	#VALUE!			
21						
22						

图 4-65　REGEXP 函数的第 3 个参数匹配模式为 3（完整提取）时，无法直接使用

因为 REGEXP 函数的第 3 个参数匹配模式为 3(完整提取)，同时没有使用 REDUCE、MAP、SCAN 函数循环提取，当进行二次计算时，函数返回错误值 #VALUE!。

第 5 章 数组类函数

新出的函数中，许多函数都可以返回数组结果。若想对它们进行二次处理，需要借助数组函数的力量。新推出的数组函数，能够轻松实现数组的合并、提取、转置、删除等操作，它的强大功能将为用户带来意想不到的效果。

5.1 CHOOSEROWS（返回数组或引用中的行）

CHOOSEROWS 函数可以选取数组中指定的行，函数最多支持 253 个行序数参数，函数语法如图 5-1 所示。

CHOOSEROWS（返回数组或引用中的行）

语法

=CHOOSEROWS(数组，行序数1，...)

参数说明

参数	说明
参数1	数组（必填项） 数组或单元格区域
参数2	行数（必填项） 不等于0的整数，支持数组
参数n	...

图 5-1　CHOOSEROWS 函数语法

示例 5-1：使用多个参数引用指定行数据

在 F5 单元格输入公式，如图 5-2 所示。

```
=CHOOSEROWS(B5:D10,1,5,3)
```

F5 =CHOOSEROWS(B5:D10,1,5,3)

姓名	性别	年龄
傅壤	女	36
赵平	男	20
傅康成	女	28
金昊空	男	34
谢弘博	男	27
邓嘉运	男	32

姓名	性别	年龄
傅壤	女	36
谢弘博	男	27
傅康成	女	28

图 5-2 使用多个参数引用指定行数据

CHOOSEROWS 函数的第 1 个参数引用 B5:D10 单元格区域，第 2 ～ *n* 个参数依次输入引用的行数，函数即可返回数组中指定的行。

需要注意的是，引用的行数是根据第 1 个参数单元格区域或数组相对行号，不是 WPS 表格的行号，如第 1 个参数引用的 B5:D10 单元格区域，引用第 1 行是引用 B5:D10 单元格区域中的第 1 行。

示例 5-2：使用常量数组引用指定行数据

在 F15 单元格输入公式，如图 5-3 所示。

=CHOOSEROWS(B15:D20,{1,5,3})

F15 =CHOOSEROWS(B15:D20,{1,5,3})

姓名	性别	年龄
傅壤	女	36
赵平	男	20
傅康成	女	28
金昊空	男	34
谢弘博	男	27
邓嘉运	男	32

姓名	性别	年龄
傅壤	女	36
谢弘博	男	27
傅康成	女	28

图 5-3 使用常量数组引用指定行数据

CHOOSEROWS 函数的第 1 个参数引用 B15:D20 单元格区域，第 2 个参数使用 {1,5,3} 常量数组，函数即可返回数组中指定的行。

示例 5-3：返回数组中连续多行数据

在 F25 单元格输入公式，如图 5-4 所示。

=CHOOSEROWS(B25:D30,SEQUENCE(3,1,2))

F25 =CHOOSEROWS(B25:D30, SEQUENCE(3, 1, 2))

姓名	性别	年龄
傅壤	女	36
赵平	男	20
傅康成	女	28
金昊空	男	34
谢弘博	男	27
邓嘉运	男	32

姓名	性别	年龄
赵平	男	20
傅康成	女	28
金昊空	男	34

图 5-4　返回数组中连续多行数据

CHOOSEROWS 函数的第 1 个参数引用 B25:D30 单元格区域，第 2 个参数使用 SEQUENCE 函数生成从 2 开始 3 个连续序列，函数即可返回数组中指定的行。

示例 5-4：使用负数引用指定行数据

在 F35 单元格输入公式，如图 5-5 所示。

=CHOOSEROWS(B35:D40,−1,−2,−3)

F35 =CHOOSEROWS(B35:D40, -1, -2, -3)

姓名	性别	年龄
傅壤	女	36
赵平	男	20
傅康成	女	28
金昊空	男	34
谢弘博	男	27
邓嘉运	男	32

姓名	性别	年龄
邓嘉运	男	32
谢弘博	男	27
金昊空	男	34

图 5-5　使用负数引用指定行数据

CHOOSEROWS 函数的第 1 个参数引用 B35:D40 单元格区域，第 2 ～ n 个参数依次设置为 –1、–2、–3，当引用数值为负数时，函数将从数组尾部向上提取返回数组中的指定行。

示例 5-5：将数据倒序排序

在 F45 单元格输入任意一个公式，如图 5-6 所示。

=CHOOSEROWS(B45:D50,SEQUENCE(6,,−1,−1))

=CHOOSEROWS(B45:D50,−SEQUENCE(6))

CHOOSEROWS 函数的第 1 个参数引用 B45:D50 单元格区域，第 2 个参数使用

SEQUENCE 函数返回 –1 至 –6 的序列，CHOOSEROWS 函数即可根据倒序序列将数据倒序排序。

	A	B	C	D	E	F	G	H	I
43									
44		姓名	性别	年龄		姓名	性别	年龄	
45		傅壤	女	36		邓嘉运	男	32	
46		赵平	男	20		谢弘博	男	27	
47		傅康成	女	28		金昊空	男	34	
48		金昊空	男	34		傅康成	女	28	
49		谢弘博	男	27		赵平	男	20	
50		邓嘉运	男	32		傅壤	女	36	
51									

F45　=CHOOSEROWS(B45:D50,-SEQUENCE(6))

图 5-6　将数据倒序排序

示例 5-6：重复引用数组中的一行数据

在 G55 单元格输入公式，如图 5-7 所示。

=CHOOSEROWS(B55:D57,INT(SEQUENCE(6,,2)/2))

	A	B	C	D	E	F	G	H	I	J
53										
54		姓名	性别	年龄		时段	姓名	性别	年龄	
55		傅壤	女	36		上午	傅壤	女	36	
56		赵平	男	20		下午	傅壤	女	36	
57		傅康成	女	28		上午	赵平	男	20	
58						下午	赵平	男	20	
59						上午	傅康成	女	28	
60						下午	傅康成	女	28	
61										

G55　=CHOOSEROWS(B55:D57,INT(SEQUENCE(6,,2)/2))

图 5-7　重复引用数组中的一行数据

CHOOSEROWS 函数的第 1 个参数引用 B55:D57 单元格区域，第 2 个参数使用 INT(SEQUENCE(6,,2)/2) 公式生成 1，1，2，2，3，3 的序列，函数即可根据生成的重复序列返回数组中的指定行。

示例 5-7：根据考勤次数生成指定行

在 G65 单元格输入任意一个公式，如图 5-8 所示。

=IF(SEQUENCE(,MAX(E65:E67))<=E65:E67,SEQUENCE(ROWS(E65:E67)),NA())

=LET(x,E65:E67,IF(SEQUENCE(,MAX(x))<=x,SEQUENCE(ROWS(x)),NA()))

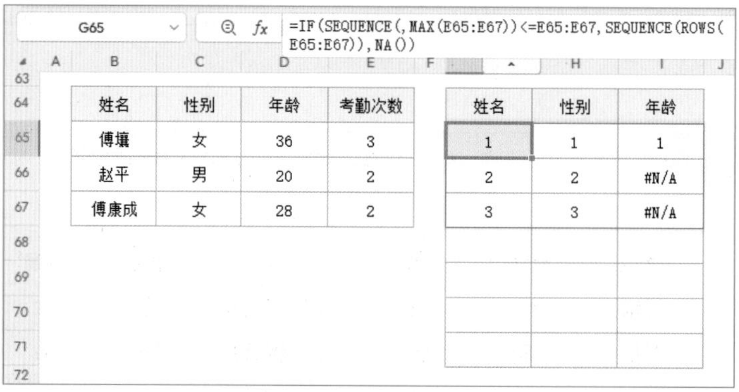

G65 =IF(SEQUENCE(,MAX(E65:E67))<=E65:E67,SEQUENCE(ROWS(E65:E67)),NA())

姓名	性别	年龄	考勤次数
傅壤	女	36	3
赵平	男	20	2
傅康成	女	28	2

姓名	性别	年龄
1	1	1
2	2	#N/A
3	3	#N/A

图 5-8　根据考勤次数生成指定行

使用 MAX 函数引用“考勤次数”所在的 E65:E67 单元格区域，计算“考勤次数”区域中的最大值，将计算的最大值作为第 1 个 SEQUENCE 函数的第 2 个参数，根据最大值生成一行序列，使用 IF 函数判断，最大值序列小于或等于“考勤次数”所在的 E65:E67 单元格区域，使用 ROWS 函数返回“考勤次数”所在的 E65:E67 单元格区域的行数，作为第 2 个 SEQUENCE 函数的第 1 个参数，根据“考勤次数”的行数返回相同行数的序列，如果条件成立，则返回对应的行数序列，否则使用 NA 函数返回错误值 #N/A，因为判断公式使用了一行与一列判断，所以 IF 函数会根据判断的行数和列数返回相同大小的矩阵结果。

公式有 3 次引用了“考勤次数”所在的 E65:E67 单元格区域，可以使用 LET 函数将此单元格区域定义为名称，简化公式的同时也方便后期维护。

使用 TOROW、TOCOL 函数将 IF 函数返回的数组转换为一行或一列。在 G65 单元格输入任意一个公式，如图 5-9 所示。

```
=TOROW(LET(x,E65:E67,IF(SEQUENCE(,MAX(x))<=x,SEQUENCE(ROWS(x)),NA())),2)
=TOCOL(LET(x,E65:E67,IF(SEQUENCE(,MAX(x))<=x,SEQUENCE(ROWS(x)),NA())),2)
```

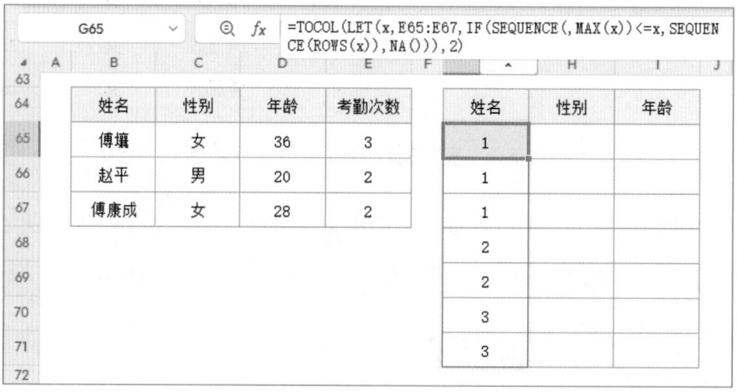

G65 =TOCOL(LET(x,E65:E67,IF(SEQUENCE(,MAX(x))<=x,SEQUENCE(ROWS(x)),NA())),2)

姓名	性别	年龄	考勤次数
傅壤	女	36	3
赵平	男	20	2
傅康成	女	28	2

姓名	性别	年龄
1		
1		
1		
2		
2		
3		
3		

图 5-9　将 IF 函数返回的数组转换为一行或一列

使用 TOROW、TOCOL 函数的第 1 个参数引用 IF 函数返回的数组，第 2 个参数忽略特殊值设置为 2（忽略错误值），将多行多列数组转换为一行或一列。

使用 CHOOSEROWS 函数根据 TOROW、TOCOL 函数转换后的序列返回指定行。在 G65 单元格输入公式，如图 5-10 所示。

=CHOOSEROWS(B65:D67,TOCOL(LET(x,E65:E67,IF(SEQUENCE(,MAX(x))<=x,SEQUENCE(ROWS(x)),NA())),2))

G65 =CHOOSEROWS(B65:D67,TOCOL(LET(x,E65:E67,IF(SEQUENCE(,MAX(x))<=x,SEQUENCE(ROWS(x)),NA())),2))

姓名	性别	年龄	考勤次数
傅壤	女	36	3
赵平	男	20	2
傅康成	女	28	2

姓名	性别	年龄
傅壤	女	36
傅壤	女	36
傅壤	女	36
赵平	男	20
赵平	男	20
傅康成	女	28
傅康成	女	28

图 5-10 使用 CHOOSEROWS 函数返回指定行

使用 CHOOSEROWS 函数的第 1 个参数引用 B65:D67 单元格区域，第 2 个参数引用 TOROW、TOCOL 函数转换后的一行或一列序列，CHOOSEROWS 函数即可返回数组中的指定行。

TOROW 函数可转至 5.5 节学习。

TOCOL 函数可转至 5.6 节学习。

注意事项

（1）当 CHOOSEROWS 函数的第 2 ～ n 个参数引用的行数大于第一个参数引用的数组或单元格区域的总行数时，函数将返回错误值 #VALUE!。在 F5 单元格输入公式，如图 5-11 所示。

=CHOOSEROWS(B5:D10,7)

F5 =CHOOSEROWS(B5:D10,7)

姓名	性别	年龄
傅壤	女	36
赵平	男	20
傅康成	女	28
金昊空	男	34
谢弘博	男	27
邓嘉运	男	32

姓名	性别	年龄
#VALUE!		

图 5-11 引用行数大于数组总行数

CHOOSEROWS 函数的第 1 个参数引用 B5:D10 单元格区域，此单元格区域共 6 行，第 2 个参数值为 7，因引用行数大于总行数，函数返回错误值 #VALUE!。

（2）CHOOSEROWS 函数的第 2 ～ n 个参数引用的行数只支持单行或单列数组，引用多行或多列数组时，函数将返回错误值 #VALUE!。在 F15 单元格输入公式，如图 5-12 所示。

F15 =CHOOSEROWS(B15:D20,SEQUENCE(2,2))

	A	B	C	D	E	F	G	H
13								
14		姓名	性别	年龄		姓名	性别	年龄
15		傅壤	女	36		#VALUE!		
16		赵平	男	20				
17		傅康成	女	28				
18		金昊空	男	34				
19		谢弘博	男	27				
20		邓嘉运	男	32				
21								

图 5-12　引用数组非单行或单列数组

因为 CHOOSEROWS 函数的第 2 个参数使用 SEQUENCE 函数返回了 2 行 2 列的序列，非单行或单列数组，所以函数返回错误值 #VALUE!

（3）CHOOSEROWS 函数的返回结果是数组，即使引用 1 列单元格或数组，然后返回其中 1 行的值，函数返回的 1 个值也是数组类型（1 行 1 列的数组），如需嵌套其他函数再次计算，如 TEXTSPLIT、XLOOKUP、INDIRECT 等函数，将无法返回正确的结果，可使用 @ 运算符，返回数组中的首个值，可以解决此问题。

5.2 CHOOSECOLS（返回数组或引用中的列）

CHOOSECOLS 函数可以选取数组中指定的列，函数最多支持 253 个列序数参数，函数语法如图 5-13 所示。

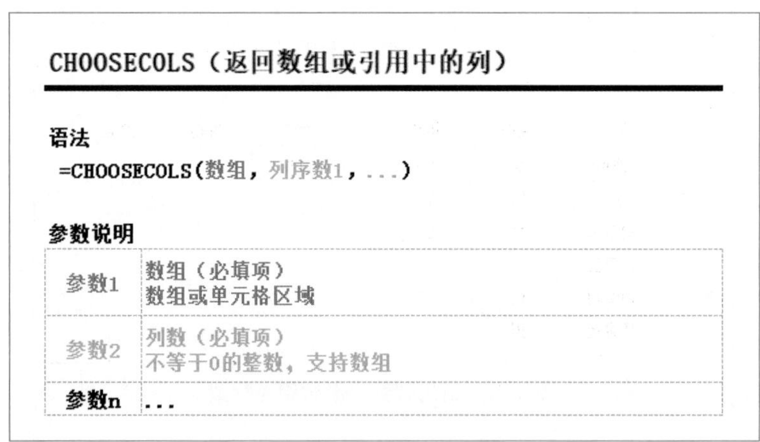

CHOOSECOLS（返回数组或引用中的列）

语法

=CHOOSECOLS(数组，列序数1，...)

参数说明

参数1	数组（必填项） 数组或单元格区域
参数2	列数（必填项） 不等于0的整数，支持数组
参数n	...

图 5-13　CHOOSECOLS 函数语法

示例 5-8：提取指定的列数据（同时使用正数和负数）

CHOOSECOLS 函数与 CHOOSEROWS 函数的用法非常相似，可以提取任意连续列、非连续列的数据。如在 B13 单元格输入公式，如图 5-14 所示。

=CHOOSECOLS(B5:I10,1,-1,-3)

B13　=CHOOSECOLS(B5:I10,1,-1,-3)

姓名	性别	年龄	政治面貌	籍贯	学历	婚姻状态	职级
傅壤	女	36	群众	安徽	本科	已婚	经理
赵平	男	20	党员	湖北	大专	未婚	员工
傅康成	女	28	群众	广西	研究生	未婚	员工
金昊空	男	34	群众	湖南	本科	已婚	副经理
谢弘博	男	27	党员	广东	本科	未婚	员工
邓嘉运	男	32	群众	内蒙古	大专	已婚	副经理

姓名	职级	学历
傅壤	经理	本科
赵平	员工	大专
傅康成	员工	研究生
金昊空	副经理	本科
谢弘博	员工	本科
邓嘉运	副经理	大专

图 5-14　提取指定的列数据（同时使用正数和负数）

CHOOSECOLS 函数的第 1 个参数引用数据所在的 B5:I10 单元格区域，第 2 ～ n 个参数依次设置引用列，在引用列时可根据需求在一个函数中同时引用正数和负数。

示例 5-9：提取指定的列数据（同时使用数组和值）

在 B31 单元格输入公式，如图 5-15 所示。

=CHOOSECOLS(B23:I28,SEQUENCE(4),-1)

B31　=CHOOSECOLS(B23:I28,SEQUENCE(4),-1)

姓名	性别	年龄	政治面貌	籍贯	学历	婚姻状态	职级
傅壤	女	36	群众	安徽	本科	已婚	经理
赵平	男	20	党员	湖北	大专	未婚	员工
傅康成	女	28	群众	广西	研究生	未婚	员工
金昊空	男	34	群众	湖南	本科	已婚	副经理
谢弘博	男	27	党员	广东	本科	未婚	员工
邓嘉运	男	32	群众	内蒙古	大专	已婚	副经理

姓名	性别	年龄	政治面貌	职级
傅壤	女	36	群众	经理
赵平	男	20	党员	员工
傅康成	女	28	群众	员工
金昊空	男	34	群众	副经理
谢弘博	男	27	党员	员工
邓嘉运	男	32	群众	副经理

图 5-15　提取指定的列数据（同时使用数组和值）

CHOOSECOLS 函数的第 1 个参数引用数据所在的 B23:I28 单元格区域，第 2 个参数使用 SEQUENCE 函数返回 4 行序列，第 3 个参数设置引用为 –1，函数即可根据引用的数组和值返回数组中指定的列。

示例 5-10：提取指定的列数据（使用 MATCH 函数）

在 B49 单元格输入公式，如图 5-16 所示。

=CHOOSECOLS(B41:I46,MATCH(B48:F48,B40:I40,0))

B49　=CHOOSECOLS(B41:I46,MATCH(B48:F48,B40:I40,0))

姓名	性别	年龄	政治面貌	籍贯	学历	婚姻状态	职级
傅壤	女	36	群众	安徽	本科	已婚	经理
赵平	男	20	党员	湖北	大专	未婚	员工
傅康成	女	28	群众	广西	研究生	未婚	员工
金昊空	男	34	群众	湖南	本科	已婚	副经理
谢弘博	男	27	党员	广东	本科	未婚	员工
邓嘉运	男	32	群众	内蒙古	大专	已婚	副经理

姓名	年龄	籍贯	学历	职级
傅壤	36	安徽	本科	经理
赵平	20	湖北	大专	员工
傅康成	28	广西	研究生	员工
金昊空	34	湖南	本科	副经理
谢弘博	27	广东	本科	员工
邓嘉运	32	内蒙古	大专	副经理

图 5-16　提取指定的列数据（使用 MATCH 函数）

CHOOSECOLS 函数的第 1 个参数引用数据所在的 B41:I46 单元格区域，第 2 个参数使用 MATCH 函数查找需要提取的标题在数据源中的位置，CHOOSECOLS 函数即可根据 MATCH 函数返回的位置返回数组中指定的列。

示例 5-11：提取数组中指定的列数据

在 H58 单元格输入公式，如图 5-17 所示。

=CHOOSECOLS(TEXTSPLIT(B59,",",CHAR(10)),1,2,−1)

H58　=CHOOSECOLS(TEXTSPLIT(B59,",",CHAR(10)),1,2,-1)

内容
姓名,性别,年龄,政治面貌,籍贯,学历,婚姻状态,职级 傅壤,女,36,群众,安徽,本科,已婚,经理 赵平,男,20,党员,湖北,大专,未婚,员工 傅康成,女,28,群众,广西,研究生,未婚,员工 金昊空,男,34,群众,湖南,本科,已婚,副经理 谢弘博,男,27,党员,广东,本科,未婚,员工 邓嘉运,男,32,群众,内蒙古,大专,已婚,副经理

姓名	性别	职级
傅壤	女	经理
赵平	男	员工
傅康成	女	员工
金昊空	男	副经理
谢弘博	男	员工
邓嘉运	男	副经理

图 5-17　提取数组中指定的列数据

使用 TEXTSPLIT 函数的第 1 个参数引用“内容”所在的 B59 单元格，第 2 个参数为列分隔符，使用“,”符号，第 3 个参数为行分隔符，使用 CHAR(10) 公式返回换行符，TEXTSPLIT 函数即可将“内容”拆分成多行多列，将 TEXTSPLIT 函数返回的数组作为 CHOOSECOLS 函数的第 1 个参数，第 2 ～ n 个参数根据需求引用指定列序，CHOOSECOLS 函数即可返回数组中指定的列。

示例 5-12：筛选数据后返回指定的列数据

在 H71 单元格输入公式，如图 5-18 所示。

=CHOOSECOLS(FILTER(B69:F74,F69:F74=I68),1,2,-1)

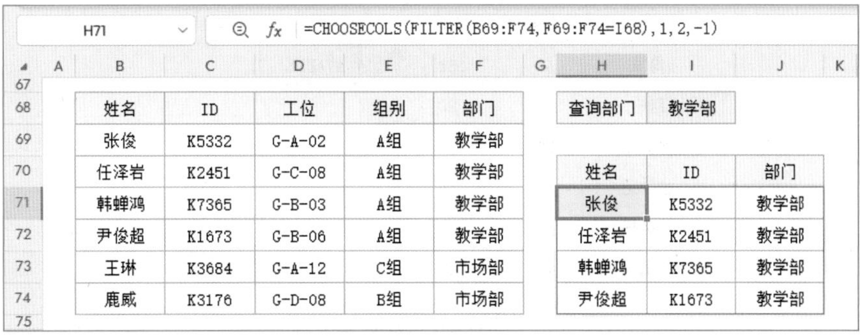

H71 =CHOOSECOLS(FILTER(B69:F74,F69:F74=I68),1,2,-1)

姓名	ID	工位	组别	部门
张俊	K5332	G-A-02	A组	教学部
任泽岩	K2451	G-C-08	A组	教学部
韩蝉鸿	K7365	G-B-03	A组	教学部
尹俊超	K1673	G-B-06	A组	教学部
王琳	K3684	G-A-12	C组	市场部
鹿威	K3176	G-D-08	B组	市场部

查询部门	教学部

姓名	ID	部门
张俊	K5332	教学部
任泽岩	K2451	教学部
韩蝉鸿	K7365	教学部
尹俊超	K1673	教学部

图 5-18 筛选数据后返回指定的列数据

使用 FILTER 函数的第 1 个参数引用明细所在的 B69:F74 单元格区域，第 2 个参数筛选条件引用“部门”所在的 F69:F74 单元格区域，判断是否等于“查询部门”所在的 I68 单元格，FILTER 函数即可返回“部门”等于“查询部门”的数组结果，将 FILTER 函数返回数组作为 CHOOSECOLS 函数的第 1 个参数，第 2 ～ n 个参数根据需求引用指定的列序，CHOOSECOLS 函数即可返回数组中指定的列。

注意事项

（1）当 CHOOSECOLS 函数的第 2 ～ n 个参数引用列数大于第 1 个参数引用的数组或单元格区域的总列数时，函数将返回错误值 #VALUE!。在 F5 单元格输入公式，如图 5-19 所示。

=CHOOSECOLS(B5:D10,4)

F5 =CHOOSECOLS(B5:D10,4)

姓名	性别	年龄
傅壤	女	36
赵平	男	20
傅康成	女	28
金昊空	男	34
谢弘博	男	27
邓嘉运	男	32

姓名	年龄
#VALUE!	

图 5-19 引用列数大于数组总列数

CHOOSECOLS 函数的第 1 个参数引用 B5:D10 单元格区域，此单元格区域共 3 列，第 2 个参数值为 4，因引用列数大于总列数，函数返回错误值 #VALUE!。

（2）CHOOSECOLS 函数的第 2 ～ n 个参数引用的列数只支持单行或单列数组，引用多行或多列数组时，函数将返回错误值 #VALUE!。在 F15 单元格输入公式，如图 5-20 所示。

```
=CHOOSECOLS(B15:D20,SEQUENCE(2,2))
```

F15 　=CHOOSECOLS(B15:D20,SEQUENCE(2,2))

	A	B	C	D	E	F	G
13							
14		姓名	性别	年龄		姓名	年龄
15		傅嚷	女	36		#VALUE!	
16		赵平	男	20			
17		傅康成	女	28			
18		金昊空	男	34			
19		谢弘博	男	27			
20		邓嘉运	男	32			
21							

图 5-20　引用数组非单行或单列数组

因为 CHOOSECOLS 函数第 2 个参数使用 SEQUENCE 函数返回了 2 行 2 列的序列，非单行单列数组，所以函数返回错误值 #VALUE!

（3）CHOOSECOLS 函数的返回结果是数组，即使引用 1 行单元格或数组，然后返回其中 1 列的值，函数返回的 1 个值也是数组类型（1 行 1 列的数组），如需嵌套其他函数再次计算，如 TEXTSPLIT、XLOOKUP、INDIRECT 等函数，将无法返回正确的结果，可使用 @ 运算符，返回数组中的首个值，可以解决此问题。

5.3 VSTACK（返回通过以逐行方式拼接每个数组参数而形成的数组）

VSTACK 函数可以将多个数据区域进行垂直方向拼接，函数最多支持 255 个参数，可以根据实际需求依次设置，函数语法如图 5-21 所示。

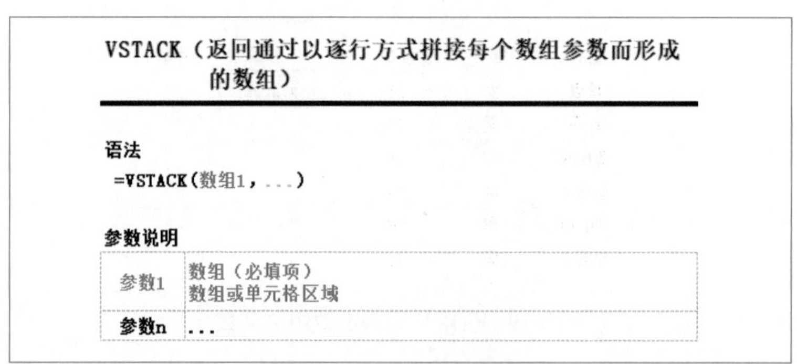

VSTACK（返回通过以逐行方式拼接每个数组参数而形成的数组）

语法

=VSTACK(数组1，...)

参数说明

参数1	数组（必填项） 数组或单元格区域
参数n	...

图 5-21　VSTACK 函数语法

示例 5-13：将多个区域的数组垂直拼接

在 B5 单元格输入公式，如图 5-22 所示。

```
=VSTACK(F5:H7,J5:L7,F10:H11)
```

B5　=VSTACK(F5:H7,J5:L7,F10:H11)

姓名	性别	年龄
傅壤	女	36
赵平	男	20
傅康成	女	28
武懿	女	24
谭嘉佑	男	40
傅茂学	男	38
周鹏翼	男	37
张颜	男	23

姓名	性别	年龄
傅壤	女	36
赵平	男	20
傅康成	女	28

姓名	性别	年龄
武懿	女	24
谭嘉佑	男	40
傅茂学	男	38

姓名	性别	年龄
周鹏翼	男	37
张颜	男	23

图 5-22　将多个区域的数组垂直拼接

VSTACK 函数的第 1 个参数引用 F5:H7 单元格区域，第 2 个参数引用 J5:L7 单元格区域，第 3 个参数引用 F10:H11 单元格区域，VSTACK 函数即可依次将多个参数中的数组或单元格区域垂直拼接。

示例 5-14：将多个区域的数组垂直拼接后筛选男性人员

在 B17 单元格输入公式，如图 5-23 所示。

```
=LET(x,VSTACK(F17:H19,J17:L19,F22:H23),FILTER(x,CHOOSECOLS(x,2)=" 男 "))
```

B17　=LET(x,VSTACK(F17:H19,J17:L19,F22:H23),FILTER(x,CHOOSECOLS(x,2)="男"))

姓名	性别	年龄
赵平	男	20
谭嘉佑	男	40
傅茂学	男	38
周鹏翼	男	37
张颜	男	23

姓名	性别	年龄
傅壤	女	36
赵平	男	20
傅康成	女	28

姓名	性别	年龄
武懿	女	24
谭嘉佑	男	40
傅茂学	男	38

姓名	性别	年龄
周鹏翼	男	37
张颜	男	23

图 5-23　将多个区域的数组垂直拼接后筛选男性人员

使用 LET 函数的第 1 个参数定义一个名称 x，第 2 个参数将 VSTACK 函数返回的数组作为名称 x 的值，LET 函数的最后一个参数为计算公式，使用 FILTER 函数筛选，FILTER 函数的第 1 个参数引用名称 x，第 2 个参数为筛选条件，使用 CHOOSECOLS 函数取“性别”列，CHOOSECOLS 函数的第 1 个参数引用名称 x，第 2 个参数设置为 2，

CHOOSECOLS 函数即可返回数组中的“性别”列，判断是否等于“男”，FILTER 函数即可返回男性人员的数据明细。

示例 5-15：将数据源标题行字段顺序不一致的数据垂直拼接

在 B29 单元格中输入公式，如图 5-24 所示。

=DROP(CHOOSECOLS(SORT(F28:H31,,,TRUE),3,2,1),1)

B29　fx　=DROP(CHOOSECOLS(SORT(F28:H31,,,TRUE),3,2,1),1)

姓名	性别	年龄
武懿	女	24
谭嘉佑	男	40
傅茂学	男	38

性别	年龄	姓名
女	24	武懿
男	40	谭嘉佑
男	38	傅茂学

姓名	性别	年龄
傅壤	女	36
赵平	男	20
傅康成	女	28

年龄	姓名	性别
37	周鹏翼	男
23	张颜	男

图 5-24　数据源标题行字段顺序不一致时的垂直拼接

使用 SORT 函数的第 1 个参数引用第 1 组数据所在的 F28:H31 单元格区域，省略 2、3 个参数，第 4 个参数设置为 TRUE（按列排序），SORT 函数即可根据标题行把数据按列排序，使用 SORT 函数对标题行排序可以统一不同数据源列的顺序。

统一数据源列的顺序后，根据合并后标题行列的顺序，使用 CHOOSECOLS 函数返回排序后的数组的指定列。

使用 DROP 函数将第 1 行的标题行删除。

使用 LET 函数将转换列顺序的公式定义成自定义函数，方便重复转换多个区域。在 B29 单元格输入公式，如图 5-25 所示。

=LET(fx,LAMBDA(x,DROP(CHOOSECOLS(SORT(x,,,TRUE),3,2,1),1)),fx(F28:H31))

B29　fx　=LET(fx,LAMBDA(x,DROP(CHOOSECOLS(SORT(x,,,TRUE),3,2,1),1)),fx(F28:H31))

姓名	性别	年龄
武懿	女	24
谭嘉佑	男	40
傅茂学	男	38

性别	年龄	姓名
女	24	武懿
男	40	谭嘉佑
男	38	傅茂学

姓名	性别	年龄
傅壤	女	36
赵平	男	20
傅康成	女	28

年龄	姓名	性别
37	周鹏翼	男
23	张颜	男

图 5-25　使用 LET 函数将转换列顺序的公式定义成自定义函数

使用LET函数的第1个参数定义一个名称为fx的自定义函数，第2个参数使用LAMBDA函数，LAMBDA函数的第1个参数设置参数名称为x，将转换列顺序的公式作为LAMBDA函数的计算公式，将公式中引用的单元格区域修改为LAMBDA函数中的参数x，在LET函数的最后一个参数中调用自定义函数fx，将第1组数据所在的F28:H31单元格区域传入，LET函数即可返回转换列后的数组。

多次调用自定义函数fx后使用VSTACK函数垂直拼接即可，在B29单元格输入公式，如图5-26所示。

```
=LET(fx,LAMBDA(x,DROP(CHOOSECOLS(SORT(x,,,TRUE),3,2,1),1)),VSTACK(fx(F28:H31),fx(J28:L31),fx(F33:H35)))
```

B29 =LET(fx,LAMBDA(x,DROP(CHOOSECOLS(SORT(x,,,TRUE),3,2,1),1)),VSTACK(fx(F28:H31),fx(J28:L31),fx(F33:H35)))

	A	B	C	D	E	F	G	H	I	J	K	L	M
27													
28		姓名	性别	年龄		性别	年龄	姓名		姓名	性别	年龄	
29		武懿	女	24		女	24	武懿		傅壤	女	36	
30		谭嘉佑	男	40		男	40	谭嘉佑		赵平	男	20	
31		傅茂学	男	38		男	38	傅茂学		傅康成	女	28	
32		傅壤	女	36									
33		赵平	男	20		年龄	姓名	性别					
34		傅康成	女	28		37	周鹏翼	男					
35		周鹏翼	男	37		23	张颜	男					
36		张颜	男	23									
37													

图5-26 使用VSTACK函数垂直拼接

多次调用自定义函数fx，依次传入F28:H31、J28:L31、F33:H35这3个单元格区域，将自定义函数fx返回的数组使用VSTACK函数垂直拼接，即可将数据源标题行字段顺序不一致的数据垂直拼接。

示例5-16：将连续多个工作表数据垂直拼接

在B41单元格中输入公式，如图5-27所示。

```
=FILTER(VSTACK(表A:表C!A2:C10),VSTACK(表A:表C!A2:A10)<>"")
```

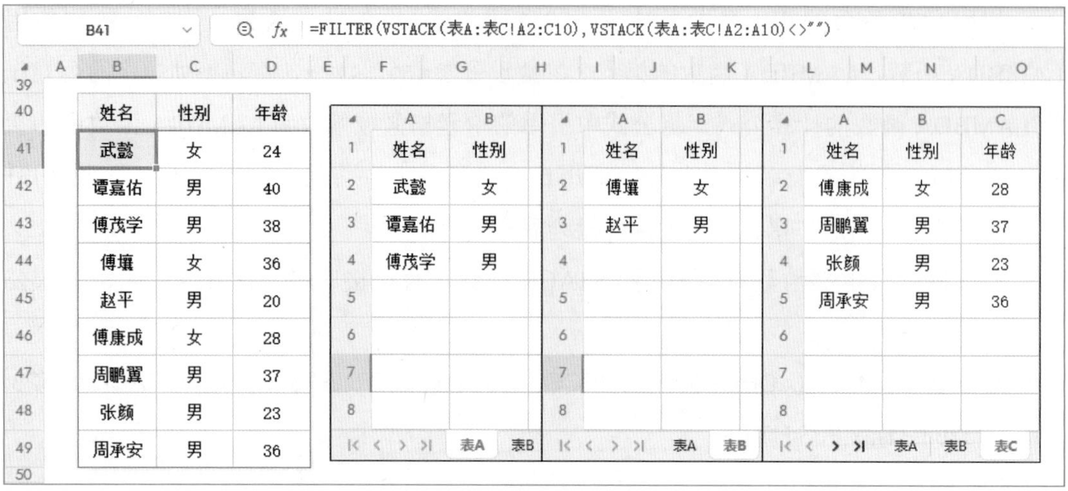

B41 =FILTER(VSTACK(表A:表C!A2:C10),VSTACK(表A:表C!A2:A10)<>"")

姓名	性别	年龄
武懿	女	24
谭嘉佑	男	40
傅茂学	男	38
傅壤	女	36
赵平	男	20
傅康成	女	28
周鹏翼	男	37
张颜	男	23
周承安	男	36

表A

姓名	性别
武懿	女
谭嘉佑	男
傅茂学	男

表B

姓名	性别
傅壤	女
赵平	男

表C

姓名	性别	年龄
傅康成	女	28
周鹏翼	男	37
张颜	男	23
周承安	男	36

图 5-27　将连续多个工作表数据垂直拼接

使用 VSTACK 函数的第 1 个参数引用表 A ～表 C 的 A2:C10 单元格区域，即可将表 A ～表 C 所有工作表的 A2:C10 单元格区域垂直拼接，将拼接结果作为 FILTER 函数的第 1 个参数，FILTER 函数的第 2 个参数为筛选条件，再次使用 VSTACK 函数引用表 A ～表 C 的 A2:A10 单元格区域垂直拼接，判断不等于空，FILTER 函数即可将连续多个工作表数据垂直拼接。

也可以使用 VSTACK 函数垂直拼接后，使用 LET 函数将拼接结果定义成名称，使用 CHOOSECOLS 函数返回一列数据判断不等于空后使用 FILTER 函数筛选。在 B41 单元格输入公式，如图 5-28 所示。

=LET(x,VSTACK(表 A: 表 C!A2:C10),FILTER(x,CHOOSECOLS(x,1)<>""))

B41 =LET(x,VSTACK(表A:表C!A2:C10),FILTER(x,CHOOSECOLS(x,1)<>""))

姓名	性别	年龄
武懿	女	24
谭嘉佑	男	40
傅茂学	男	38
傅壤	女	36
赵平	男	20
傅康成	女	28
周鹏翼	男	37
张颜	男	23
周承安	男	36

表A

姓名	性别
武懿	女
谭嘉佑	男
傅茂学	男

表B

姓名	性别
傅壤	女
赵平	男

表C

姓名	性别	年龄
傅康成	女	28
周鹏翼	男	37
张颜	男	23
周承安	男	36

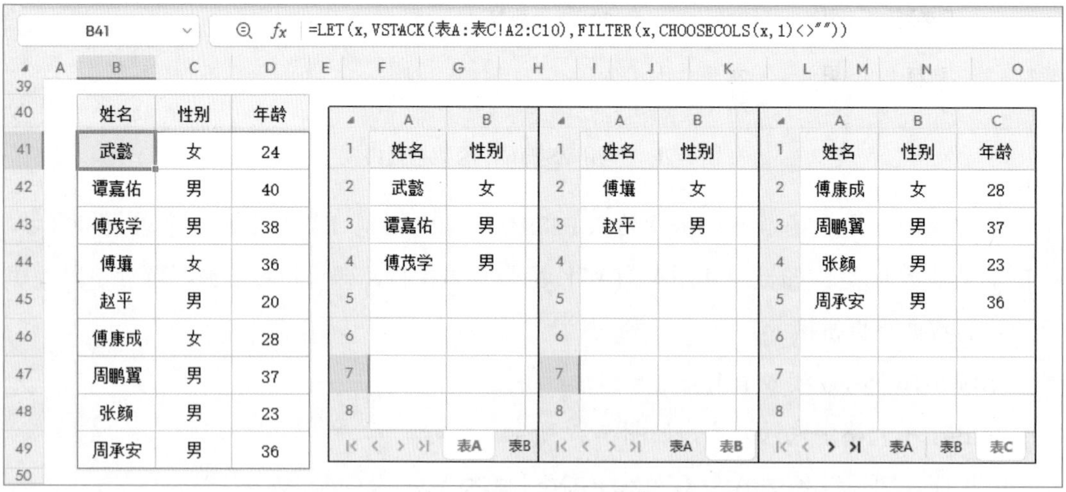

图 5-28　使用 LET、CHOOSECOLS 函数公式

在使用 VSTACK 函数对多个连续工作表进行拼接时，当工作表中的行数不同时，可

以引用一个相对较大的单元格区域，但是不能引用整列，拼接后使用 FILTER 函数筛选非空数据即可。

注意事项

（1）当 VSTACK 函数的多个参数传入的数组或单元格区域列数不同时，函数将计算多个参数数组的列数，返回最大的列数作为总列数，列数少的数组使用错误值 #N/A 补齐数组。在 B5 单元格输入公式，如图 5-29 所示。

=VSTACK(F5:H7,J5:K7)

B5　=VSTACK(F5:H7,J5:K7)

姓名	性别	年龄
傅壤	女	36
赵平	男	20
傅康成	女	28
武懿	女	#N/A
谭嘉佑	男	#N/A
傅茂学	男	#N/A

姓名	性别	年龄
傅壤	女	36
赵平	男	20
傅康成	女	28

姓名	性别
武懿	女
谭嘉佑	男
傅茂学	男

图 5-29　多个参数的数组列数不同

可以使用 IFNA 函数将错误值 #N/A 显示成指定值。在 B5 单元格输入公式，如图 5-30 所示。

=IFNA(VSTACK(F5:H7,J5:K7),"–")

B5　=IFNA(VSTACK(F5:H7,J5:K7),"–")

姓名	性别	年龄
傅壤	女	36
赵平	男	20
傅康成	女	28
武懿	女	–
谭嘉佑	男	–
傅茂学	男	–

姓名	性别	年龄
傅壤	女	36
赵平	男	20
傅康成	女	28

姓名	性别
武懿	女
谭嘉佑	男
傅茂学	男

图 5-30　使用 IFNA 函数将错误值 #N/A 显示成指定值

（2）VSTACK 函数最多支持返回 1 048 576 行的数组结果，所以在对单元格区域拼接时不要引用整列，多个参数拼接后的总行数也不要超出 1 048 576 行，否则 VSTACK 函数返回错误值 #NUM!。在 B17 单元格输入公式，如图 5-31 所示。

=VSTACK(M:M," 测试值 ")

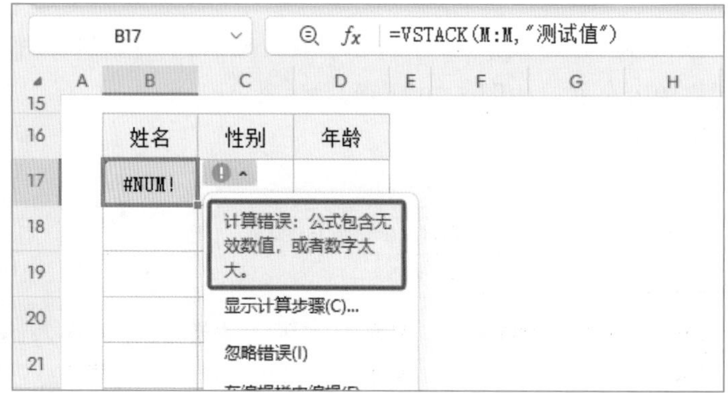

图 5-31　多个参数拼接后的总行数不要超出 1 048 576 行

因 VSTACK 函数的第 1 个参数引用了整列，引用整列后将返回引用列的所有行数，共 1 048 576 行，当有参数引用整列后，一个参数返回的行数已经到达 VSTACK 函数的上限，只要参数大于 1 个参数，拼接结果一定会大于 1 048 576 行，当拼接结果大于 1 048 576 行时，VSTACK 函数将返回错误值 #NUM!。

5.4 HSTACK（返回通过以逐列方式拼接每个数组参数而形成的数组）

HSTACK 函数可以将多个数据区域进行水平方向拼接，函数最多支持 255 个参数，可以根据实际需求依次设置，函数语法如图 5-32 所示。

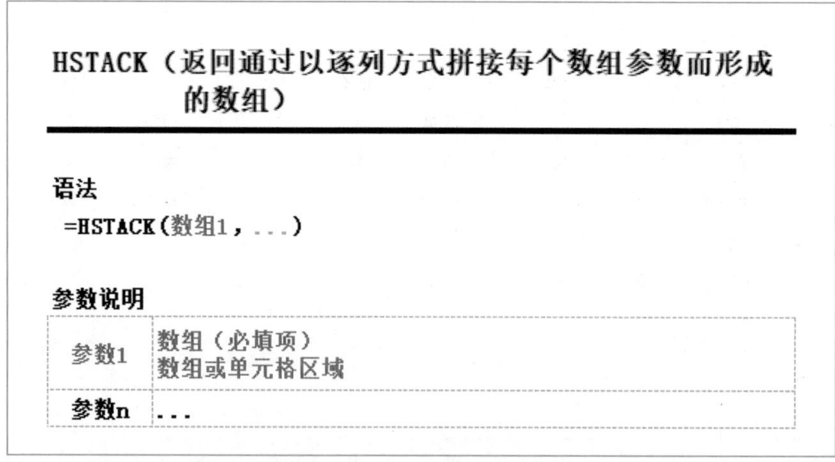

HSTACK（返回通过以逐列方式拼接每个数组参数而形成的数组）

语法

=HSTACK(数组1，...)

参数说明

参数1	数组（必填项） 数组或单元格区域
参数n	...

图 5-32　HSTACK 函数语法

示例 5-17：数据水平拼接的基础用法

在 B9 单元格输入公式，即可实现数据的水平拼接，如图 5-33 所示。

=HSTACK(B4:D7,F4:H7)

姓名	性别	年龄
傅壤	女	36
赵平	男	20
傅康成	女	28

学历	籍贯	职级
本科	安徽	经理
大专	湖北	员工
研究生	广西	员工

姓名	性别	年龄	学历	籍贯	职级
傅壤	女	36	本科	安徽	经理
赵平	男	20	大专	湖北	员工
傅康成	女	28	研究生	广西	员工

图 5-33　实现数据水平拼接

HSTACK 函数的第 1 个参数引用第 1 个数据源所在的 B4:D7 单元格区域，第 2 个参数引用第 2 个数据源所在的 F4:H7 单元格区域，HSTACK 函数即可将两个单元格区域进行水平拼接。

示例 5-18：不连续多列去重复项

在 F17 单元格输入公式，如图 5-34 所示。

=UNIQUE(HSTACK(B17:B22,D17:D22))

日期	时间	姓名
11-17	10:09	傅壤
11-17	15:18	傅壤
11-17	16:32	傅康成
11-18	9:19	金昊空
11-18	10:09	谢弘博
11-18	10:09	谢弘博

日期	姓名
11-17	傅壤
11-17	傅康成
11-18	金昊空
11-18	谢弘博

图 5-34　不连续多列去重复项

使用 HSTACK 函数的第 1 个参数引用“日期”所在的 B17:B22 单元格区域，第 2 个参数引用“姓名”所在的 D17:D22 单元格区域，即可将两个单元格区域水平拼接，将

HSTACK 函数返回的结果作为 UNIQUE 函数的第 1 个参数，即可实现将不连续的多列去重复项。

示例 5-19：筛选不连续列的数据

在 H29 单元格输入公式，如图 5-35 所示。

=FILTER(HSTACK(B27:C32,F27:F32),F27:F32=I26)

H29　=FILTER(HSTACK(B27:C32,F27:F32),F27:F32=I26)

姓名	ID	工位	组别	部门
张俊	K5332	G-A-02	A组	教学部
任泽岩	K2451	G-C-08	A组	教学部
韩蝉鸿	K7365	G-B-03	A组	教学部
尹俊超	K1673	G-B-06	A组	教学部
王琳	K3684	G-A-12	C组	市场部
鹿威	K3176	G-D-08	B组	市场部

查询部门	教学部

姓名	ID	部门
张俊	K5332	教学部
任泽岩	K2451	教学部
韩蝉鸿	K7365	教学部
尹俊超	K1673	教学部

图 5-35　筛选不连续列的数据

HSTACK 函数的第 1 个参数引用“姓名”和 ID 所在的 B27:C32 单元格区域，第 2 个参数引用“部门”所在的 F27:F32 单元格区域，即可将两个单元格区域水平拼接，将 HSTACK 函数返回的结果作为 FILTER 函数的第 1 个参数，FILTER 函数的第 2 个参数判断“部门”所在的 F27:F32 单元格区域是否等于“查询部门”所在的 H26 单元格，FILTER 函数即可将不连续列的数据筛选出来。

示例 5-20：筛选数据后添加序号列

在 H39 单元格输入公式，如图 5-36 所示。

=LET(x,FILTER(B37:C42,F37:F42=I26),HSTACK(SEQUENCE(ROWS(x)),x))

H39　=LET(x,FILTER(B37:C42,F37:F42=I36),HSTACK(SEQUENCE(ROWS(x)),x))

姓名	ID	工位	组别	部门
张俊	K5332	G-A-02	A组	教学部
任泽岩	K2451	G-C-08	A组	教学部
韩蝉鸿	K7365	G-B-03	A组	教学部
尹俊超	K1673	G-B-06	A组	教学部
王琳	K3684	G-A-12	C组	市场部
鹿威	K3176	G-D-08	B组	市场部

查询部门	教学部

序号	姓名	ID
1	张俊	K5332
2	任泽岩	K2451
3	韩蝉鸿	K7365
4	尹俊超	K1673

图 5-36　筛选数据后添加序号列

使用LET函数定义一个名称x，使用FILTER函数的第1个参数引用“姓名”和ID所在的B37:D42单元格区域，FILTER函数的第2个参数筛选条件引用“部门”所在的F37:F42单元格区域，判断是否等于“查询部门”所在的I36单元格，将FILTER函数返回的结果作为LET函数中名称x的值，LET函数的最后一个参数为计算公式，使用ROWS函数引用名称x返回筛选后数组的总行数，使用SEQUENCE函数根据返回的总行数生成序列，使用HSTACK函数将生成的序列和名称x拼接，即可实现筛选数据后添加序号列。

示例5-21：VLOOKUP函数反向查找匹配

在I47单元格输入公式，如图5-37所示。

=VLOOKUP(H47:H50,HSTACK(C47:C52,B47:B52),2,0)

I47　=VLOOKUP(H47:H50,HSTACK(C47:C52,B47:B52),2,0)

姓名	ID	工位	组别	部门
张俊	K5332	G-A-02	A组	教学部
任泽岩	K2451	G-C-08	A组	教学部
韩蝉鸿	K7365	G-B-03	A组	教学部
尹俊超	K1673	G-B-06	A组	教学部
王琳	K3684	G-A-12	C组	市场部
鹿威	K3176	G-D-08	B组	市场部

ID	姓名
K1673	尹俊超
K5332	张俊
K7365	韩蝉鸿
K3176	鹿威

图5-37　VLOOKUP函数反向查找匹配

VLOOKUP函数的第1个参数查找值引用查询ID所在的H47:H50单元格区域，第2个参数数据表使用HSTACK函数依次将ID所在的C47:C52单元格、“姓名”所在的B47:B52单元格区域水平拼接，第3个参数返回列数设置为2，第4个参数匹配条件设置为FALSE（精确匹配），即可实现VLOOKUP函数反向查找匹配。

示例5-22：将连续多个工作表数据水平拼接

在C67单元格输入公式，如图5-38所示。

=FILTER(HSTACK('2月:4月'!A2:F7),HSTACK('2月:4月'!A1:F1)="合计")

=FILTER(HSTACK('2月:4月'!A2:F7),HSTACK('2月:4月'!A1:F1)="合计")

2月：

姓名	28日	29日	合计
张俊	91	88	179
任泽岩	77	49	126
韩蝉鸿	49	37	86
尹俊超	63	70	133
王琳	63	82	145
鹿威	46	73	119

3月：

姓名	28日	29日	30日	31日	合计
张俊	86	84	36	96	206
任泽岩	47	99	38	35	184
韩蝉鸿	15	38	75	14	128
尹俊超	53	59	83	73	195
王琳	40	91	89	60	220
鹿威	19	32	37	63	88

4月：

姓名	28日	29日	30日	合计
张俊	35	81	16	132
任泽岩	24	71	70	165
韩蝉鸿	72	24	39	135
尹俊超	56	93	14	163
王琳	74	61	93	228
鹿威	73	76	55	204

姓名	2月合计	3月合计	4月合计
张俊	179	206	210
任泽岩	126	184	183
韩蝉鸿	86	128	142
尹俊超	133	195	195
王琳	145	220	130
鹿威	119	88	216

图 5-38　将连续多个工作表数据水平拼接

使用第 1 个 HSTACK 函数引用"2 月"工作表至"4 月"工作表的 A2:F7 单元格区域，HSTACK 函数即可将多个工作表的单元格区域依次水平拼接，将拼接结果作为 FILTER 函数的第 1 个参数，使用第 2 个 HSTACK 函数引用"2 月"工作表至"4 月"工作表标题所在的 A1:F1 单元格区域，HSTACK 函数即可将多个工作表的标题水平拼接，判断等于"合计"，FILTER 函数即可返回每个工作表的"合计"列数据。

注意事项

（1）当 HSTACK 函数的多个参数传入的数组或单元格区域行数不同时，函数将计算多个参数数组的行数，返回最大的行数作为总行数，行数少的数组使用错误值 #N/A 补齐数组。在 B5 单元格输入公式，如图 5-39 所示。

=HSTACK(B4:D7,F4:H6)

=HSTACK(B4:D7,F4:H6)

姓名	性别	年龄
傅壤	女	36
赵平	男	20
傅康成	女	28

学历	籍贯	职级
本科	安徽	经理
大专	湖北	员工

姓名	性别	年龄	学历	籍贯	职级
傅壤	女	36	本科	安徽	经理
赵平	男	20	大专	湖北	员工
傅康成	女	28	#N/A	#N/A	#N/A

图 5-39　多个参数的数组行数不同

（2）HSTACK 函数最多支持返回 1 048 576 列的数组结果，但是因为 WPS 表格总列数只有 16 384 列，所以当 HSTACK 函数返回的结果超出 16 384 列时，需要使用其他转换函数或聚合函数处理，否则虽然不会返回错误值 #NUM!（数值无效或太大），但是因为超出 WPS 表格总列数，导致无法溢出，函数将返回错误值 #SPILL!。在 B17 单元格输入公式，如图 5-40 所示。

```
=HSTACK(16:16," 测试值 ")
```

图 5-40　溢出区域太大

5.5 TOROW（将二维数组转换为一行）

TOROW 函数可以将二维数组转换为一行，函数语法如图 5-41 所示。

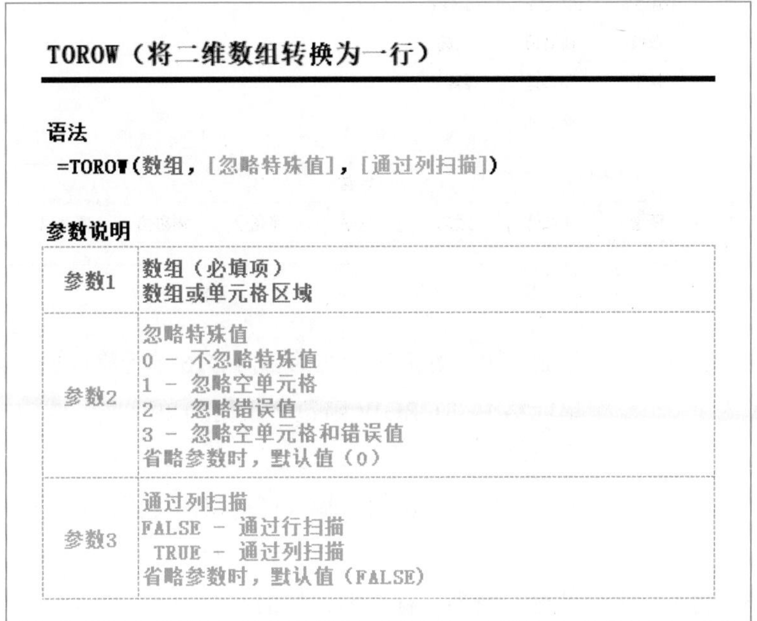

TOROW（将二维数组转换为一行）

语法

=TOROW(数组，[忽略特殊值]，[通过列扫描])

参数说明

参数	说明
参数1	数组（必填项） 数组或单元格区域
参数2	忽略特殊值 0 － 不忽略特殊值 1 － 忽略空单元格 2 － 忽略错误值 3 － 忽略空单元格和错误值 省略参数时，默认值（0）
参数3	通过列扫描 FALSE － 通过行扫描 TRUE － 通过列扫描 省略参数时，默认值（FALSE）

图 5-41　TOROW 函数语法

示例 5-23：将多行多列姓名转换为一行

在 B9 单元格输入公式，如图 5-42 所示。

=TOROW(B5:D6)

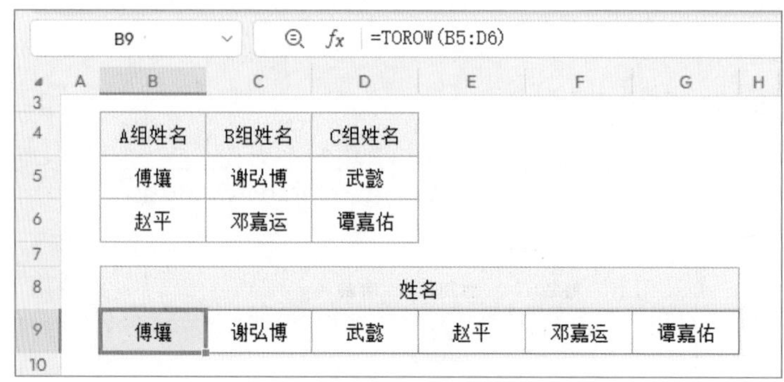
B9 =TOROW(B5:D6)

A组姓名	B组姓名	C组姓名
傅壤	谢弘博	武懿
赵平	邓嘉运	谭嘉佑

姓名					
傅壤	谢弘博	武懿	赵平	邓嘉运	谭嘉佑

图 5-42　将多行多列姓名转换为一行

TOROW 函数的第 1 个参数引用“姓名”所在的 B5:D6 单元格区域，TOROW 函数即可将引用的单元格区域转换为一行。

示例 5-24：将多行多列姓名转换为一行（忽略空值）

在 B19 单元格输入公式，如图 5-43 所示。

=TOROW(B14:D16,1)

B19 =TOROW(B14:D16,1)

A组姓名	B组姓名	C组姓名
傅壤	谢弘博	武懿
赵平	邓嘉运	谭嘉佑
	傅康成	

姓名						
傅壤	谢弘博	武懿	赵平	邓嘉运	谭嘉佑	傅康成

图 5-43　将多行多列姓名转换为一行（忽略空值）

TOROW 函数的第 1 个参数引用“姓名”所在的 B14:D16 单元格区域，第 2 个参数忽略特殊值设置为 1（忽略空单元格）。TOROW 函数将引用的单元格区域转换为一行时将忽略空单元格。

需要注意的是，空单元格是指定单元格内未输入任何值，使用函数公式返回的空文本不会忽略。

示例 5-25：将多行多列姓名转换为一行（逐列扫描）

在 B29 单元格输入公式，如图 5-44 所示。

=TOROW(B24:D26,1,TRUE)

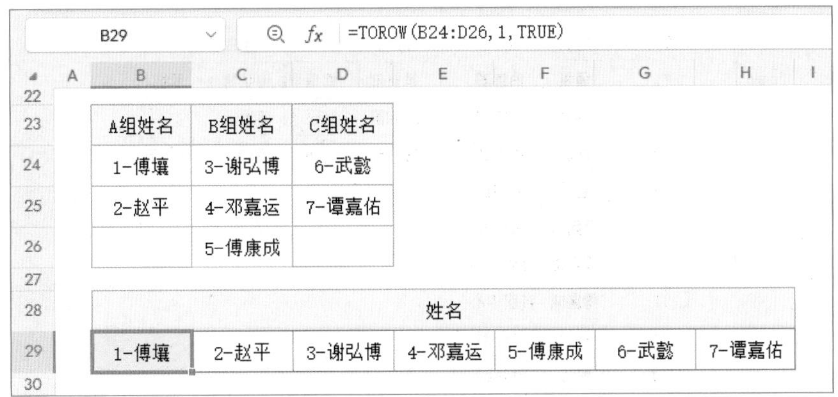

图 5-44 将多行多列姓名转换为一行（逐列扫描）

TOROW 函数的第 1 个参数引用“姓名”所在的 B24:D26 单元格区域，第 2 个参数忽略特殊值设置为 1（忽略空单元格），第 3 个参数设置为 TRUE（逐列扫描），即可逐列将引用的单元格区域转换为一行，同时忽略空单元格。

示例 5-26：返回第 1 次打卡时间

在 I34 单元格输入公式，如图 5-45 所示。

=@TOROW(C34:H34,1)

I34 =@TOROW(C34:H34,1)

姓名	早班A	早班B	中班A	中班B	晚班A	晚班B	第1次打卡时间
傅壤		10:22	11:09		18:02	20:43	10:22
谢弘博	07:01	09:04			18:16	19:19	07:01
武懿		09:51	11:32			18:16	09:51
赵平	07:53	09:40					07:53
邓嘉运				14:30	18:30	21:02	14:30
谭嘉佑					17:24	18:47	17:24

图 5-45 返回第 1 次打卡时间

TOROW 函数的第 1 个参数引用打卡时间所在的 C34:H34 单元格区域，第 2 个参数忽略特殊值设置为 1（忽略空单元格），使用 @ 运算符返回 TOROW 函数返回的数组中的第 1 个值，即可返回第 1 次打卡时间。

示例 5-27：查找多个部门的人员姓名

在 G44 单元格输入公式，如图 5-46 所示。

=TOROW(FILTER($C$44:$C$53,$D$44:$D$53=F44))

G44 =TOROW(FILTER($C$44:$C$53,$D$44:$D$53=F44))

序号	姓名	部门
1	傅壤	销售部
2	谢弘博	销售部
3	武懿	销售部
4	赵平	采购部
5	邓嘉运	采购部
6	谭嘉佑	客服中心
7	傅康成	客服中心
10	张颜	财务部
11	顾才	财务部
12	徐乐安	财务部

部门	姓名		
销售部	傅壤	谢弘博	武懿
采购部	赵平	邓嘉运	
财务部	张颜	顾才	徐乐安

图 5-46　查找多个部门的人员姓名

使用 FILTER 函数的第 1 个参数引用“姓名”所在的 C44:C53 单元格区域，第 2 个参数筛选条件引用“部门”所在的 D44:D53 单元格区域，判断是否等于要查询部门所在的 F44 单元格，因为公式需要向下填充，所以引用的两个单元格区域需要设置绝对引用，FILTER 函数将返回满足条件的一列数组，将 FILTER 函数的返回结果作为 TOROW 函数的第 1 个参数，TOROW 函数即可将一列数组转换为一行。

也可使用 IF 函数判断返回查询部门对应的姓名后使用 TOROW 函数转换。在 G49 单元格输入公式，如图 5-47 所示。

```
=TOROW(IF($D$44:$D$53=F49,$C$44:$C$53,NA()),2)
```

G49 =TOROW(IF($D$44:$D$53=F49,$C$44:$C$53,NA()),2)

序号	姓名	部门
1	傅壤	销售部
2	谢弘博	销售部
3	武懿	销售部
4	赵平	采购部
5	邓嘉运	采购部
6	谭嘉佑	客服中心
7	傅康成	客服中心
10	张颜	财务部
11	顾才	财务部
12	徐乐安	财务部

部门	姓名		
销售部	傅壤	谢弘博	武懿
采购部	赵平	邓嘉运	
财务部	张颜	顾才	徐乐安

部门	姓名		
销售部	傅壤	谢弘博	武懿
采购部	赵平	邓嘉运	
财务部	张颜	顾才	徐乐安

图 5-47　使用 IF 函数返回查询部门对应的姓名

IF 函数的第 1 个参数引用“部门”所在的 D44:D53 单元格区域，判断是否等于查询部门所在的 F49 单元格，如果条件满足则返回“姓名”所在的 C44:C53 单元格区域，否则使用 NA 函数返回错误值 #N/A，将 IF 函数返回的结果作为 TOROW 函数的第 1 个参数，TOROW 函数的第 2 个参数设置为 2（忽略错误值），TOROW 函数即可将 IF 函数返回的一列数组转换为一行，同时忽略错误值。

注意事项

TOROW 函数最多支持返回 1 048 576 列的数组结果，但是因为 WPS 表格总列数只有 16 384 列，所以当 TOROW 函数返回的结果超出 16 384 列时，需要使用其他转换函数或聚合函数处理，否则虽然不会返回错误值 #NUM!（数值无效或太大），但是因为超出 WPS 表格总列数，导致无法溢出，函数将返回错误值 #SPILL!。在 B5 单元格输入公式，如图 5-48 所示。

=TOROW(4:4)

图 5-48　溢出区域太大

5.6 TOCOL（将二维数组转换为一列）

TOCOL 函数可以将二维数组转换为一列，函数语法如图 5-49 所示。

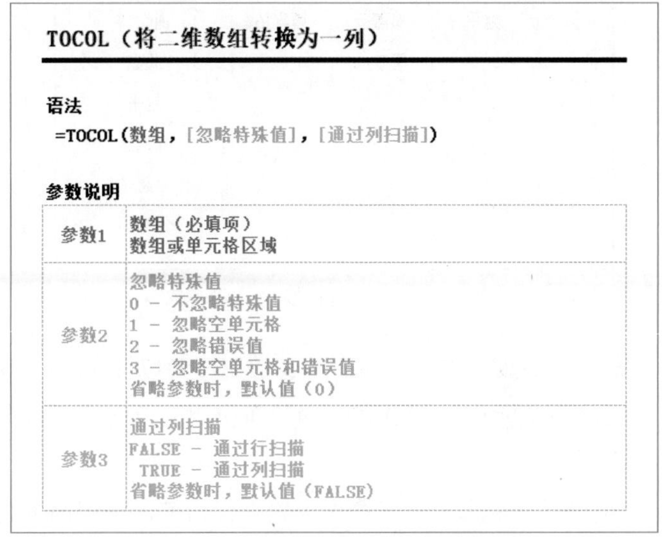

图 5-49　TOCOL 函数语法

示例 5-28：将多行多列姓名转换为一列

在 F5 单元格输入公式，如图 5-50 所示。

=TOCOL(B5:D6)

F5 =TOCOL(B5:D6)

A组姓名	B组姓名	C组姓名
傅壤	谢弘博	武懿
赵平	邓嘉运	谭嘉佑

姓名
傅壤
谢弘博
武懿
赵平
邓嘉运
谭嘉佑

图 5-50　将多行多列姓名转换为一列

TOCOL 函数的第 1 个参数引用“姓名”所在的 B5:D6 单元格区域，TOCOL 函数即可将引用的单元格区域转换为一列。

示例 5-29：将多行多列姓名转换为一列（忽略空值）

在 F15 单元格输入公式，如图 5-51 所示。

=TOCOL(B15:D17,1)

F15 =TOCOL(B15:D17,1)

A组姓名	B组姓名	C组姓名
傅壤	谢弘博	武懿
赵平	邓嘉运	谭嘉佑
	傅康成	

姓名
傅壤
谢弘博
武懿
赵平
邓嘉运
谭嘉佑
傅康成

图 5-51　将多行多列姓名转换为一列（忽略空值）

TOCOL 函数的第 1 个参数引用“姓名”所在的 B15:D17 单元格区域，第 2 个参数忽略特殊值设置为 1（忽略空单元格），TOCOL 函数将引用的单元格区域转换为一列时将忽略空单元格。

需要注意的是，空单元格是指定单元格内未输入任何值，使用函数公式返回的空文本不会忽略。

示例 5-30：将多行多列姓名转换为一列（逐列扫描）

在 F26 单元格输入公式，如图 5-52 所示。

=TOCOL(B26:D28,1,TRUE)

F26 =TOCOL(B26:D28,1,TRUE)

	A	B	C	D	E	F	G
24							
25		A组姓名	B组姓名	C组姓名		姓名	
26		1-傅壤	3-谢弘博	6-武懿		1-傅壤	
27		2-赵平	4-邓嘉运	7-谭嘉佑		2-赵平	
28			5-傅康成			3-谢弘博	
29						4-邓嘉运	
30						5-傅康成	
31						6-武懿	
32						7-谭嘉佑	
33							

图 5-52 将多行多列姓名转换为一列（逐列扫描）

TOCOL 函数的第 1 个参数引用“姓名”所在的 B26:D28 单元格区域，第 2 个参数忽略特殊值设置为 1（忽略空单元格），第 3 个参数设置为 TRUE（逐列扫描），TOCOL 函数即可逐列将引用的单元格区域转换为一列，同时忽略空单元格。

示例 5-31：对多行多列姓名去重复项

在 F37 单元格输入公式，如图 5-53 所示。

=UNIQUE(TOCOL(B37:D39,1))

F37 =UNIQUE(TOCOL(B37:D39,1))

	A	B	C	D	E	F	G
35							
36		A组姓名	B组姓名	C组姓名		姓名	
37		傅壤	赵平	傅壤		傅壤	
38		赵平	谭嘉佑	谭嘉佑		赵平	
39			傅康成			谭嘉佑	
40						傅康成	
41							
42							
43							

图 5-53 对多行多列姓名去重复项

TOCOL 函数的第 1 个参数引用“姓名”所在的 B37:D39 单元格区域，第 2 个参数忽略特殊值设置为 1（忽略空单元格），TOCOL 函数即可将引用的单元格区域转换为一列，同时忽略空单元格，将 TOCOL 函数返回的结果作为 UNIQUE 函数的第 1 个参数，即可实现对多行多列姓名删除重复项。

注意事项

TOCOL 函数最多支持返回 1 048 576 行的数组结果，所以在对单元格区域转换时，转换后的总行数不要超出 1 048 576 行，否则 TOCOL 函数将返回错误值 #NUM!。在 B5 单元格输入公式，如图 5-54 所示。

```
=TOCOL(C:D)
```

图 5-54　转换后的总行数不要超出 1 048 576 行

5.7 WRAPROWS（将一维数组按行转换为二维数组）

WRAPROWS 函数可以将一维数组按行转换为二维数组，函数语法如图 5-55 所示。

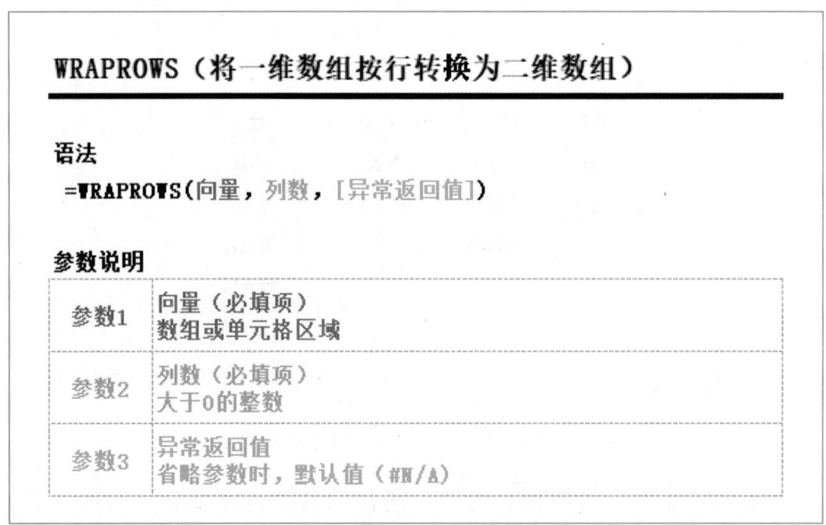

WRAPROWS（将一维数组按行转换为二维数组）

语法

=WRAPROWS(向量，列数，[异常返回值])

参数说明

参数	说明
参数1	向量（必填项） 数组或单元格区域
参数2	列数（必填项） 大于0的整数
参数3	异常返回值 省略参数时，默认值（#N/A）

图 5-55　WRAPROWS 函数语法

示例 5-32：将 1 列数据转换为 4 列

在 D5 单元格输入公式，如图 5-56 所示。

=WRAPROWS(B5:B22,4)

D5　=WRAPROWS(B5:B22, 4)

	A	B	C	D	E	F	G	H
3								
4		姓名		姓名	姓名	姓名	姓名	
5		傅壤		傅壤	赵平	傅康成	金昊空	
6		赵平		谢弘博	邓嘉运	严宏义	武懿	
7		傅康成		谭嘉佑	傅茂学	赵舟	江敏才	
8		金昊空		龚捷	戴俊材	周鹏翼	张颜	
9		谢弘博		顾才	徐乐安	#N/A	#N/A	
10		邓嘉运						

图 5-56　将 1 列数据转换为 4 列

WRAPROWS 函数的第 1 个参数引用“姓名”所在的 B5:B22 单元格区域，第 2 个参数列数设置为 4，WRAPROWS 函数即可将 1 列数据转换为 4 列。

转换结果的行数为第 1 个参数引用的数组或单元格区域长度除以转换后的列数，如果计算结果出现小数，则向上舍入取整，如第 1 个参数引用的 B5:B22 单元格区域，此单元格区域共 18 行，第 2 个参数列数值为 4，18 除以 4，结果为 4.5，向上舍入取整后结果为 5，WRAPROWS 函数将返回 5 行 4 列的数组结果，在转换时，函数将数据逐行填充到结果数组，当第 1 个参数引用的数组或单元格区域数据不足时，函数将填充错误值 #N/A，可通过设置第 3 个参数异常返回值，将错误值 #N/A 显示成指定值。在 D5 单元格输入公式，如图 5-57 所示。

=WRAPROWS(B5:B22,4,"")

D5　=WRAPROWS(B5:B22, 4, "")

	A	B	C	D	E	F	G	H
3								
4		姓名		姓名	姓名	姓名	姓名	
5		傅壤		傅壤	赵平	傅康成	金昊空	
6		赵平		谢弘博	邓嘉运	严宏义	武懿	
7		傅康成		谭嘉佑	傅茂学	赵舟	江敏才	
8		金昊空		龚捷	戴俊材	周鹏翼	张颜	
9		谢弘博		顾才	徐乐安			
10		邓嘉运						

图 5-57　设置 WRAPROWS 函数的第 3 个参数

示例 5-33：将题库中的每个题目转换为一行

在 D27 单元格输入公式，如图 5-58 所示。

=WRAPROWS(B27:B61,5)

D27 =WRAPROWS(B27:B61,5)

题目内容
1. 太阳是什么颜色？
A. 红色
B. 黄色
C. 蓝色
D. 绿色
2. 地球有几大洋？
A. 三个
B. 四个
C. 五个
D. 六个

题目	A	B	C	C
1. 太阳是什么颜色？	A. 红色	B. 黄色	C. 蓝色	D. 绿色
2. 地球有几大洋？	A. 三个	B. 四个	C. 五个	D. 六个
3. 水是什么状态？	A. 固体	B. 液体	C. 气体	D. 半固体
4. 中国的首都是哪里？	A. 北京	B. 上海	C. 广州	D. 深圳
5. 一年有几个季节？	A. 三个	B. 四个	C. 五个	D. 六个
6. 猫是什么动物？	A. 哺乳动物	B. 鸟类	C. 爬行动物	D. 昆虫
7. 月亮围绕什么转？	A. 太阳	B. 地球	C. 火星	D. 金星

图 5-58　将题库中的每个题目转换为一行

WRAPROWS 函数的第 1 个参数引用“题目内容”所在的 B27:B61 单元格区域，第 2 个参数转换后列数设置为 5，WRAPROWS 函数即可将题库中的每个题目转换为一行。

示例 5-34：随机排座位

在 E68 单元格输入公式，如图 5-59 所示。

=WRAPROWS(SORTBY(B66:B83,RANDARRAY(ROWS(B66:B83))),4,"(空位)")

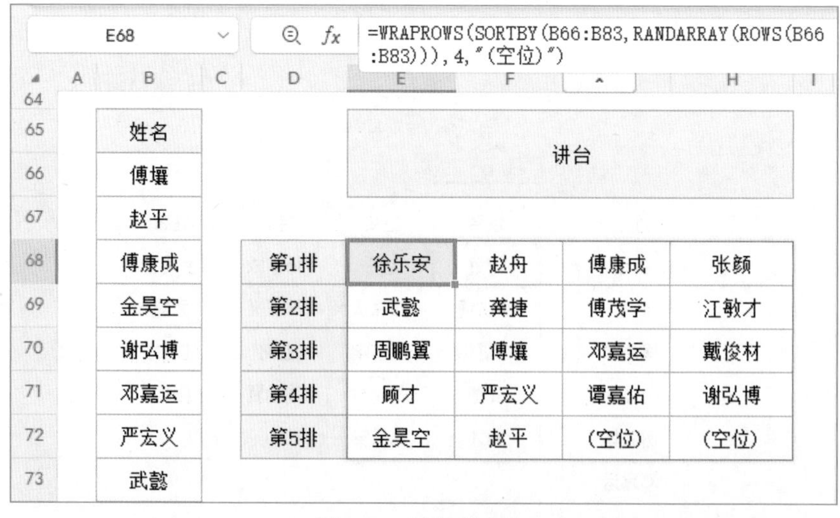

E68 =WRAPROWS(SORTBY(B66:B83,RANDARRAY(ROWS(B66:B83)),4,"(空位)")

姓名
傅壤
赵平
傅康成
金昊空
谢弘博
邓嘉运
严宏义
武懿

讲台

第1排	徐乐安	赵舟	傅康成	张颜
第2排	武懿	龚捷	傅茂学	江敏才
第3排	周鹏翼	傅壤	邓嘉运	戴俊材
第4排	顾才	严宏义	谭嘉佑	谢弘博
第5排	金昊空	赵平	(空位)	(空位)

图 5-59　随机排座位

SORTBY 函数的第 1 个参数引用“姓名”所在的 B66:B83 单元格区域，第 2 个参数排序依据数组，使用 ROWS 函数返回“姓名”所在的 B66:B83 单元格区域的总行数，作为 RANDARRAY 函数的第 1 个参数，RANDARRAY 函数即可生成指定行数的随机数组，SORTBY 函数即可将“姓名”数据进行随机排序，将随机排序后的“姓名”作为 WRAPROWS 函数的第 1 个参数，第 2 个参数转换列数设置为 4，第 3 个参数异常返回值设置为“（空位）”，WRAPROWS 函数即可将随机排序后的一列数据转换为指定行数的 4 列数据，同时将转换后产生的错误值 #N/A 填写为“（空位）”。

示例 5-35： 使用 VLOOKUP 函数查询、匹配多列姓名

在 J88 单元格输入公式，如图 5-60 所示。

```
=VLOOKUP(I88:I93,WRAPROWS(TOCOL(B88:G93),2),2,FALSE())
```

J88 =VLOOKUP(I88:I93, WRAPROWS(TOCOL(B88:G93), 2), 2, FALSE())

姓名	工号	姓名	工号	姓名	工号		姓名	工号
傅茂学	K0001	赵平	K0007	武懿	K0013		傅壤	K0015
江敏才	K0002	金昊空	K0008	张颜	K0014		赵平	K0007
严宏义	K0003	戴俊材	K0009	傅壤	K0015		傅康成	K0017
谢弘博	K0004	龚捷	K0010	赵舟	K0016		金昊空	K0008
顾才	K0005	周鹏翼	K0011	傅康成	K0017		谢弘博	K0004
邓嘉运	K0006	谭嘉佑	K0012	徐乐安	K0018		邓嘉运	K0006

图 5-60 使用 VLOOKUP 函数查询、匹配多列姓名

VLOOKUP 函数的第 1 个参数引用查询“姓名”所在的 I88:I93 单元格区域，第 2 个参数数据表使用 TOCOL 函数将数据源多列的“姓名”“工号”转换为 1 列，使用 WRAPROWS 函数将 TOCOL 函数返回的 1 列数组转换为 2 列，将 WRAPROWS 函数返回的数组作为 VLOOKUP 函数的第 2 个参数，第 3 个参数返回列数设置为 2，第 4 个参数匹配条件设置为 FALSE（精确匹配），即可实现使用 VLOOKUP 函数查询、匹配多列姓名。

示例 5-36： 将数据分栏

在 E98 单元格输入公式，如图 5-61 所示。

```
=WRAPROWS(TOCOL(B98:C113),6,"")
```

E98 =WRAPROWS(TOCOL(B98:C113),6,"")

姓名	工号
傅茂学	K0001
江敏才	K0002
严宏义	K0003
谢弘博	K0004
顾才	K0005
邓嘉运	K0006
赵平	K0007
金昊空	K0008

姓名	工号	姓名	工号	姓名	工号
傅茂学	K0001	江敏才	K0002	严宏义	K0003
谢弘博	K0004	顾才	K0005	邓嘉运	K0006
赵平	K0007	金昊空	K0008	戴俊材	K0009
龚捷	K0010	周鹏翼	K0011	谭嘉佑	K0012
武懿	K0013	张颜	K0014	傅壤	K0015
赵舟	K0016				

图 5-61　将数据分栏

使用 TOCOL 函数的第 1 个参数引用“姓名”“工号”所在的 B98:C113 单元格区域，将数据转换为 1 列，将 TOCOL 函数返回的 1 列结果作为 WRAPROWS 函数的第 1 个参数，WRAPROWS 函数的第 2 个参数转换列数设置为 6，WRAPROWS 函数即可将“姓名”“工号”分为 3 栏。

注意事项

（1）WRAPROWS 函数的第 1 个参数只支持单行或单列的数组或单元格区域，否则函数将返回错误值 #VALUE!。在 E5 单元格输入公式，如图 5-62 所示。

=WRAPROWS(B5:C10,4,"")

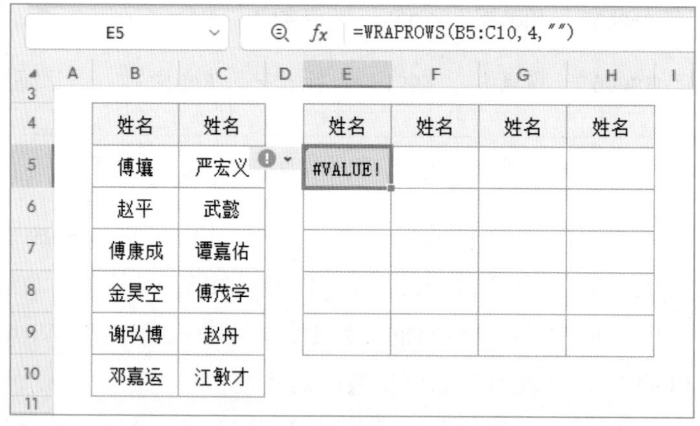

E5 =WRAPROWS(B5:C10,4,"")

姓名	姓名
傅壤	严宏义
赵平	武懿
傅康成	谭嘉佑
金昊空	傅茂学
谢弘博	赵舟
邓嘉运	江敏才

姓名	姓名	姓名	姓名
#VALUE!			

图 5-62　第 1 个参数非单行或单列

因为 WRAPROWS 函数的第 1 个参数引用了 B5:C10 单元格区域，此单元格区域为 6 行 2 列，不是单行或单列，所以函数返回错误值 #VALUE!。

（2）WRAPROWS 函数的第 2 参数为转换后数组的列数，而非行数，如果需根据指定的行数转换可使用 WRAPCOLS 函数。

5.8 WRAPCOLS（将一维数组按列转换为二维数组）

WRAPCOLS 函数可以将一维数组按列转换为二维数组，函数语法如图 5-63 所示。

图 5-63 WRAPCOLS 函数语法

示例 5-37：将 1 列数据转换为 4 行

在 D5 单元格输入公式，如图 5-64 所示。

=WRAPCOLS(B5:B22,4)

D5 =WRAPCOLS(B5:B22,4)

	A	B	C	D	E	F	G	H
3								
4		姓名		姓名	姓名	姓名	姓名	姓名
5		傅禳		傅禳	谢弘博	谭嘉佑	龚捷	顾才
6		赵平		赵平	邓嘉运	傅茂学	戴俊材	徐乐安
7		傅康成		傅康成	严宏义	赵舟	周鹏翼	#N/A
8		金昊空		金昊空	武懿	江敏才	张颜	#N/A
9		谢弘博						
10		邓嘉运						
11		严宏义						

图 5-64 将 1 列数据转换为 4 行

WRAPCOLS 函数的第 1 个参数引用“姓名”所在的 B5:B22 单元格区域，第 2 个参数行数设置为 4，WRAPCOLS 函数即可将 1 列数据转换为 4 行。

转换结果的列数为第 1 个参数引用的数组或单元格区域长度，除以转换后的行数，如果计算结果出现小数，则向上舍入取整，如第 1 个参数引用的是 B5:B22 单元格区域，此单元格区域共 18 行，第 2 个参数行数值为 4，18 除以 4，结果为 4.5，向上舍入取整后结果为 5，WRAPCOLS 函数将返回 4 行 5 列的数组结果，在转换时，函数将数据逐列填充到结果数组，当第 1 个参数引用的数组或单元格区域数据不足时，函数将填充错误值 #N/A，可通过设置第 3 个参数异常返回值，将错误值 #N/A 显示成指定值。在 D5 单元格输入公式，如图 5-65 所示。

=WRAPCOLS(B5:B22,4,"")

D5 　 fx =WRAPCOLS(B5:B22, 4, "")

姓名
傅壤
赵平
傅康成
金昊空
谢弘博
邓嘉运
严宏义

姓名	姓名	姓名	姓名	姓名
傅壤	谢弘博	谭嘉佑	龚捷	顾才
赵平	邓嘉运	傅茂学	戴俊材	徐乐安
傅康成	严宏义	赵舟	周鹏翼	
金昊空	武懿	江敏才	张颜	

图 5-65　设置 WRAPCOLS 函数的第 3 个参数

示例 5-38：将 1 列数据逐列转换为 4 列

在 D27 单元格输入公式，如图 5-66 所示。

=WRAPCOLS(B27:B40,ROUNDUP(ROWS(B27:B40)/4,0),"")

D27 　 fx =WRAPCOLS(B27:B40, ROUNDUP(ROWS(B27:B40)/4, 0), "")

工号
K0001
K0002
K0003
K0004
K0005
K0006

工号	工号	工号	工号
K0001	K0005	K0009	K0013
K0002	K0006	K0010	K0014
K0003	K0007	K0011	
K0004	K0008	K0012	

图 5-66　将 1 列数据逐列转换为 4 列

WRAPCOLS 函数引用“工号”所在的 B27:B40 单元格区域，使用 ROWS 函数返回“工号”所在的 B27:B40 单元格区域的行数，然后除以转换后的列数 4，使用 ROUNDUP 函数将计算后的数值向上舍入整取，将 ROUNDUP 函数返回的数值作为 WRAPCOLS 函数的第 2 个参数的转换行数，第 3 个参数异常返回值设置为空文本，即可将 1 列数据逐列转换为 4 列。

注意事项

（1）WRAPCOLS 函数的第 1 个参数只支持单行或单列的数组或单元格区域，否则函数将返回错误值 #VALUE!。在 E5 单元格输入公式，如图 5-67 所示。

```
=WRAPCOLS(B5:C10,4,"")
```

E5　=WRAPCOLS(B5:C10,4,"")

	A	B	C	D	E	F	G	H
4		姓名	姓名		姓名	姓名	姓名	姓名
5		傅壤	严宏义		#VALUE!			
6		赵平	武懿					
7		傅康成	谭嘉佑					
8		金昊空	傅茂学					
9		谢弘博	赵舟					
10		邓嘉运	江敏才					

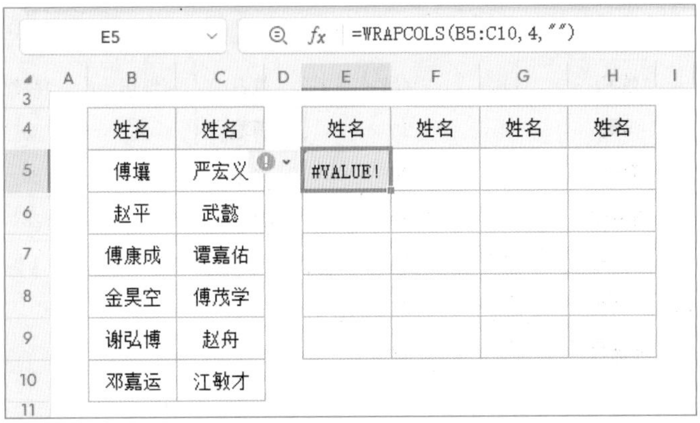

图 5-67　第 1 个参数非单行或单列

WRAPCOLS 函数的第 1 个参数引用了 B5:C10 单元格区域，此单元格区域为 6 行 2 列，因为不是单行或单列，所以函数返回错误值 #VALUE!。

（2）WRAPCOLS 函数的第 2 参数为转换后数组的行数，而非列数，如果需根据指定的列数转换可使用 WRAPROWS 函数。

5.9 TAKE（从数组开头或结尾返回行或列）

TAKE 函数可以从数组开头或结尾返回行或列，函数语法如图 5-68 所示。

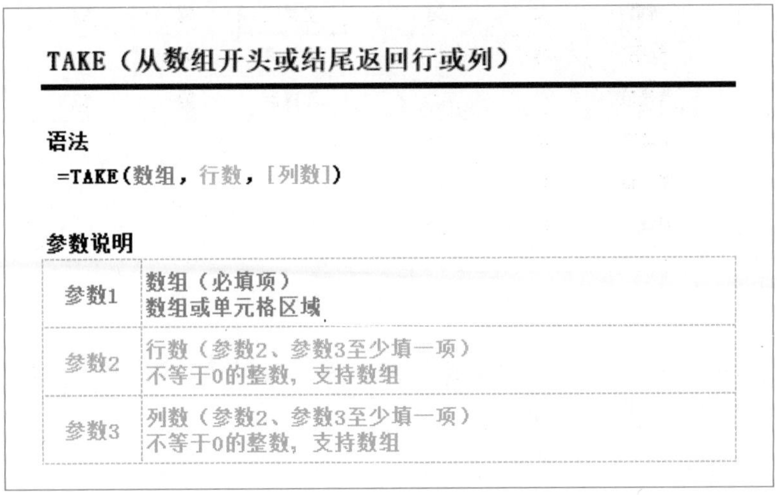

TAKE（从数组开头或结尾返回行或列）

语法

=TAKE(数组，行数，[列数])

参数说明

参数1	数组（必填项） 数组或单元格区域
参数2	行数（参数2、参数3至少填一项） 不等于0的整数，支持数组
参数3	列数（参数2、参数3至少填一项） 不等于0的整数，支持数组

图 5-68　TAKE 函数语法

示例 5-39：返回数组前 3 行数据

在 F5 单元格输入公式，如图 5-69 所示。

=TAKE(B5:D10,3)

F5 =TAKE(B5:D10, 3)

姓名	性别	年龄
傅孃	女	36
赵平	男	20
傅康成	女	28
金昊空	男	34
谢弘博	男	27
邓嘉运	男	32

姓名	性别	年龄
傅孃	女	36
赵平	男	20
傅康成	女	28

图 5-69　返回数组前 3 行数据

TAKE 函数的第 1 个参数引用 B5:D10 单元格区域，第 2 个参数返回行数设置为 3，TAKE 函数即可返回数组前 3 行数据。

示例 5-40：返回数组后 3 行数据

在 F15 单元格输入公式，如图 5-70 所示。

=TAKE(B15:D20,−3)

F15 =TAKE(B15:D20, -3)

姓名	性别	年龄
傅孃	女	36
赵平	男	20
傅康成	女	28
金昊空	男	34
谢弘博	男	27
邓嘉运	男	32

姓名	性别	年龄
金昊空	男	34
谢弘博	男	27
邓嘉运	男	32

图 5-70　返回数组后 3 行数据

TAKE 函数的第 1 个参数引用 B15:D20 单元格区域，第 2 个参数返回行数设置为 –3，TAKE 函数即可返回数组后 3 行数据。

示例 5-41：返回数组前 2 列数据

在 F25 单元格输入公式，如图 5-71 所示。

=TAKE(B25:D30,,2)

	A	B	C	D	E	F	G
23							
24		姓名	性别	年龄		姓名	性别
25		傅壤	女	36		傅壤	女
26		赵平	男	20		赵平	男
27		傅康成	女	28		傅康成	女
28		金昊空	男	34		金昊空	男
29		谢弘博	男	27		谢弘博	男
30		邓嘉运	男	32		邓嘉运	男
31							

图 5-71 返回数组前 2 列数据

TAKE 函数的第 1 个参数引用 B25:D30 单元格区域，第 2 个参数返回行数省略，当省略参数时，将返回数组所有行数，第 3 个参数返回列数设置为 2，TAKE 函数即可返回数组前 2 列数据。

示例 5-42：返回数组后 2 列数据

在 F35 单元格输入公式，如图 5-72 所示。

=TAKE(B35:D40,,−2)

	A	B	C	D	E	F	G
33							
34		姓名	性别	年龄		性别	年龄
35		傅壤	女	36		女	36
36		赵平	男	20		男	20
37		傅康成	女	28		女	28
38		金昊空	男	34		男	34
39		谢弘博	男	27		男	27
40		邓嘉运	男	32		男	32
41							

图 5-72 返回数组后 2 列数据

TAKE 函数的第 1 个参数引用 B35:D40 单元格区域，第 2 个参数返回行数省略，当省略参数时，将返回数组所有行数，第 3 个参数返回列数设置为 –2，TAKE 函数即可返回数组后 2 列数据。

示例 5-43：返回数组前 3 行前 2 列数据

在 F45 单元格输入公式，如图 5-73 所示。

=TAKE(B45:D50,3,2)

	A	B	C	D	E	F	G
43							
44		姓名	性别	年龄		姓名	性别
45		傅壤	女	36		傅壤	女
46		赵平	男	20		赵平	男
47		傅康成	女	28		傅康成	女
48		金昊空	男	34			
49		谢弘博	男	27			
50		邓嘉运	男	32			
51							

F45 =TAKE(B45:D50,3,2)

图 5-73　返回数组前 3 行前 2 列数据

TAKE 函数的第 1 个参数引用 B5:D10 单元格区域，第 2 个参数返回行数设置为 3，第 3 个参数返回列数设置为 2，TAKE 函数即可返回数组前 3 行前 2 列数据。

示例 5-44：返回最后一次打卡时间

在 I55 单元格输入公式，如图 5-74 所示。

=TAKE(TOROW(C55:H55,1),,−1)

	A	B	C	D	E	F	G	H	I	J
53										
54		姓名	早班A	早班B	中班A	中班B	晚班A	晚班B	最后一次打卡时间	
55		傅壤		10:22	11:09		18:02	20:43	20:43	
56		谢弘博	07:01	09:04			18:16	19:19	19:19	
57		武懿		09:51	11:32			18:16	18:16	
58		赵平	07:53	09:40					09:40	
59		邓嘉运				14:30	18:30	21:02	21:02	
60		谭嘉佑					17:24	18:47	18:47	
61										

I55 =TAKE(TOROW(C55:H55,1),,-1)

图 5-74　返回最后一次打卡时间

TOROW 函数的第 1 个参数引用打卡时间所在的 C55:H55 单元格区域，第 2 个参数忽略特殊值设置为 1（忽略空单元格），将 TOROW 函数返回的数组作为 TAKE 函数的第 1 个参数，TAKE 函数的第 2 个参数返回行数省略，第 3 个参数设置为 –1，TAKE 函数即可返回最后一次打卡时间。

示例 5-45：生成 50 ～ 100 的 6 个不重复随机数

在 B65 单元格输入公式，如图 5-75 所示。

=TAKE(SORTBY(SEQUENCE(51,,50),RANDARRAY(51)),6)

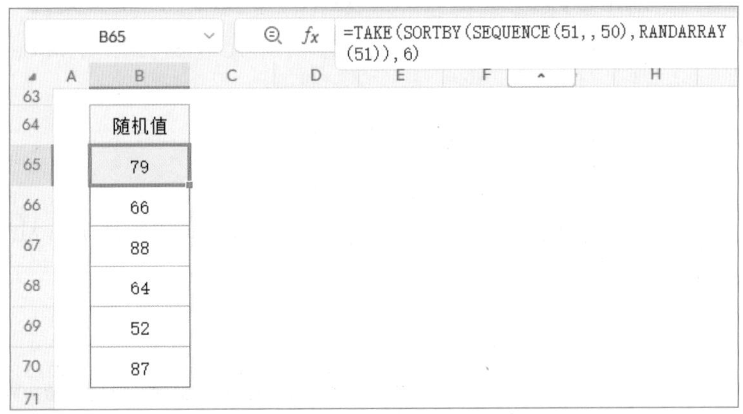

图 5-75　生成 50 ～ 100的 6 个不重复随机数

SEQUENCE 函数的第 1 个参数设置为 51，因为 50 ～ 100 共 51 个数值，SEQUENCE 函数的第 3 个参数起始值设置为 50，SEQUENCE 函数即可生成 50 ～ 100 共 51 个数值的序列，将生成的序列作为 SORTBY 函数的第 1 个参数，SORTBY 函数的第 2 个参数排序依据数组，使用 RANDARRAY 函数生成 51 行随机数组，SORTBY 函数即可将序列随机排序，使用 TAKE 函数返回随机排序后的前 6 行，即可实现生成 50 ～ 100 的 6 个不重复随机数。

示例 5-46：计算累计金额

在 F75 单元格输入公式，如图 5-76 所示。

=SUBTOTAL(109,TAKE(E75:E80,SEQUENCE(ROWS(E75:E80))))

序号	姓名	日期	金额	累计
1	傅壤	03-08	36	36
2	赵平	03-09	20	56
3	傅壤	03-10	28	84
4	金昊空	03-11	34	118
5	谢弘博	03-12	27	145
6	邓嘉运	03-13	32	177

图 5-76　计算累计金额

TAKE 函数的第 1 个参数引用“金额”所在的 E75:E80 单元格区域，第 2 个参数返回行数，使用 ROWS 函数引用“金额”所在的 E75:E80 单元格区域，返回此区域总行数，将总行数作为 SEQUENCE 函数的第 1 个参数，返回 6 行序列，将 6 行序列作为 TAKE 函数的第 2 个参数，TAKE 函数即可根据序列依次返回 6 个单元格区域，将返回的单元格区域作为 SUBTOTAL 函数的第 2 个参数，SUBTOTAL 函数的第 1 个参数函数序号设置为 9 或 109，SUBTOTAL 函数即可对第 2 个参数中的多个单元格区域依次求和，实现计算累计金额。

示例 5-47：根据姓名计算累计金额

在 F85 单元格输入公式，如图 5-77 所示。

=LET(x,SEQUENCE(ROWS(C85:C90)),SUMIFS(TAKE(E85:E90,x),TAKE(C85:C90,x),C85:C90))

F85　=LET(x,SEQUENCE(ROWS(C85:C90)),SUMIFS(TAKE(E85:E90,x),TAKE(C85:C90,x),C85:C90))

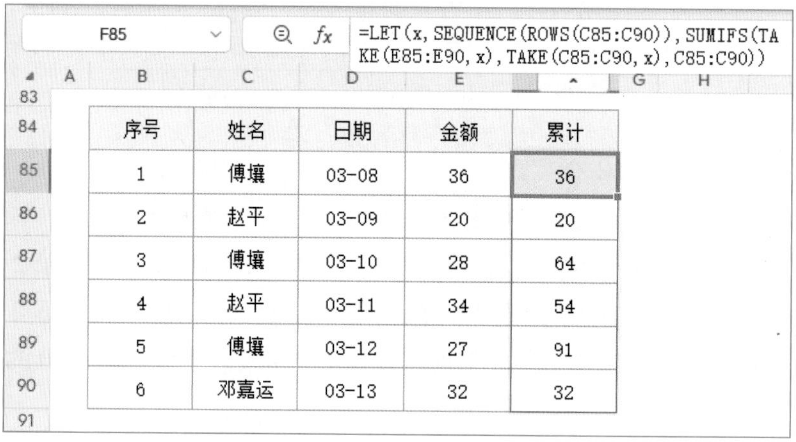

序号	姓名	日期	金额	累计
1	傅壤	03-08	36	36
2	赵平	03-09	20	20
3	傅壤	03-10	28	64
4	赵平	03-11	34	54
5	傅壤	03-12	27	91
6	邓嘉运	03-13	32	32

图 5-77　根据姓名计算累计金额

使用 LET 函数的第 1 个参数定义名称 x，LET 函数的第 2 个参数使用 ROWS 函数引用“姓名”所在的 C85:C90 单元格区域或“金额”所在的 E85:E90 单元格区域，返回此单元格区域的总行数，使用 SEQUENCE 函数根据总行数生成序列，将生成的序列作为名称 x 的值。

LET 函数的最后一个参数为计算公式，使用 SUMIFS 函数计算。

第 1 个 TAKE 函数的第 1 个参数引用“金额”所在的 E85:E90 单元格区域，第 2 个参数返回行数，引用名称 x，将 TAKE 函数返回的多个单元格区域作为 SUMIFS 函数的第 1 个参数求和区域。

第 2 个 TAKE 函数的第 1 个参数引用“姓名”所在的 C85:C90 单元格区域，第 2 个参数返回行数，引用名称 x，将 TAKE 函数返回的多个单元格区域作为 SUMIFS 函数的第 2 个参数条件区域。

SUMIFS 函数的第 3 个参数条件引用“姓名”所在的 C85:C90 单元格区域，SUMIFS

函数即可根据 TAKE 函数返回的多个单元格区域依次计算求和，实现根据姓名计算累计金额。

注意事项

（1）TAKE 函数的第 1 个参数如果引用单元格区域，函数返回结果也是单元格区域，可以作为 ROW、COLUMN、SUBTOTAL、SUMIFS 等函数的参数。

（2）TAKE 函数的第 2 个参数返回行数、第 3 个参数返回列数支持数组序列，函数可以返回多个单元格区域，但是返回单元格区域后，需要配合支持计算多个单元格区域的函数（如 SUBTOTAL、SUMIFS、COUNTIFS 等）使用。

（3）TAKE 函数的第 2 个参数返回行数、第 3 个参数返回列数大于第 1 个参数引用的单元格区域或数组总行数或总列数时，函数将返回所有行或列数据。

（4）TAKE 函数的第 2 个参数返回行数、第 3 个参数返回列数需至少设置一个，不可同时省略。

（5）TAKE 函数的第 2 个参数返回行数、第 3 个参数返回列数省略时，函数将返回所有行或列数据。

5.10 DROP（从数组开头或结尾删除行或列）

DROP 函数可以从数组开头或结尾删除行或列，函数语法如图 5-78 所示。

DROP（从数组开头或结尾删除行或列）

语法

=DROP(数组，行数，[列数])

参数说明

参数1	数组（必填项） 数组或单元格区域
参数2	行数 省略参数时，默认值（0）
参数3	列数 省略参数时，默认值（0）

图 5-78　DROP 函数语法

示例 5-48：删除数组前 3 行数据

在 F5 单元格输入公式，如图 5-79 所示。

=DROP(B5:D10,3)

F5 =DROP(B5:D10,3)

	A	B	C	D	E	F	G	H	I
3									
4		姓名	性别	年龄		姓名	性别	年龄	
5		傅壤	女	36		金昊空	男	34	
6		赵平	男	20		谢弘博	男	27	
7		傅康成	女	28		邓嘉运	男	32	
8		金昊空	男	34					
9		谢弘博	男	27					
10		邓嘉运	男	32					
11									

图 5-79　删除数组前 3 行数据

DROP 函数的第 1 个参数引用 B5:D10 单元格区域，第 2 个参数删除行数设置为 3，DROP 函数即可删除数组前 3 行数据。

示例 5-49：删除数组后 3 行数据

在 F15 单元格输入公式，如图 5-80 所示。

=DROP(B15:D20,-3)

F15 =DROP(B15:D20,-3)

	A	B	C	D	E	F	G	H	I
13									
14		姓名	性别	年龄		姓名	性别	年龄	
15		傅壤	女	36		傅壤	女	36	
16		赵平	男	20		赵平	男	20	
17		傅康成	女	28		傅康成	女	28	
18		金昊空	男	34					
19		谢弘博	男	27					
20		邓嘉运	男	32					
21									

图 5-80　删除数组后 3 行数据

DROP 函数的第 1 个参数引用 B15:D20 单元格区域，第 2 个参数删除行数设置为 –3，DROP 函数即可删除数组后 3 行数据。

示例 5-50：删除数组前 1 列数据

在 F25 单元格输入公式，如图 5-81 所示。

=DROP(B25:D30,,1)

F25　=DROP(B25:D30,,1)

姓名	性别	年龄		性别	年龄
傅壤	女	36		女	36
赵平	男	20		男	20
傅康成	女	28		女	28
金昊空	男	34		男	34
谢弘博	男	27		男	27
邓嘉运	男	32		男	32

图 5-81　删除数组前 1 列数据

第 1 个参数引用 B25:D30 单元格区域，第 2 个参数删除行数省略，当省

数组所有行数，第 3 个参数删除列数设置为 1，DROP 函数即可删除数

数组后 1 列数据

公式，如图 5-82 所示。

1)

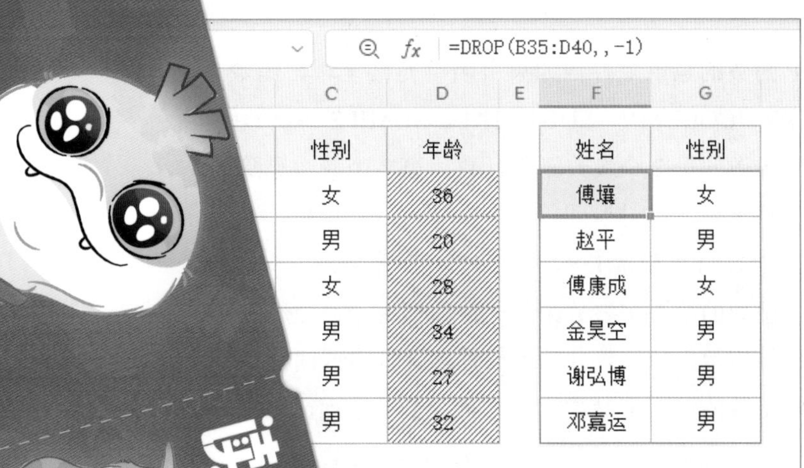
=DROP(B35:D40,,-1)

性别	年龄		姓名	性别
女	36		傅壤	女
男	20		赵平	男
女	28		傅康成	女
男	34		金昊空	男
男	27		谢弘博	男
男	32		邓嘉运	男

-82　删除数组后 1 列数据

35:D40 单元格区域，第 2 个参数删除行数省略，当省

3 个参数删除列数设置为 –1，DROP 函数即可删除数

列数据

输入公式，如图 5-83 所示。

=DROP(B45:D50,3,1)

F45 =DROP(B45:D50, 3, 1)

	A	B	C	D	E	F	G
43							
44		姓名	性别	年龄		性别	年龄
45		傅壤	女	36		男	34
46		赵平	男	20		男	27
47		傅康成	女	28		男	32
48		金昊空	男	34			
49		谢弘博	男	27			
50		邓嘉运	男	32			
51							

图 5-83　删除数组前 3 行前 1 列数据

DROP 函数的第 1 个参数引用 B45:D50 单元格区域，第 2 个参数删除行数设置为 3，第 3 个参数删除列数设置为 1，DROP 函数即可删除数组前 3 行前 1 列数据。

注意事项

（1）DROP 函数的第 1 个参数如果引用单元格区域，函数返回结果也是单元格区域，则可以作为 ROW、COLUMN、SUBTOTAL、SUMIFS 等函数的参数。

（2）DROP 函数的第 2 个参数删除行数、第 3 个参数删除列数支持数组序列，函数可以返回多个单元格区域，但是返回单元格区域后，需要配合支持计算多个单元格区域的函数使用，如 SUBTOTAL、SUMIFS、COUNTIFS 等函数。

（3）DROP 函数的第 2 个参数删除行数、第 3 个参数删除列数大于或等于第 1 个参数引用的单元格区域或数组总行数或总列数时，函数将返回错误值 #CALC!。

（4）DROP 函数的第 2 个参数行数、第 3 个参数列数省略时，函数将返回所有行数或列数。

（5）DROP 函数的第 2 个参数行数、第 3 个参数列数可同时省略。

5.11 EXPAND（将数组扩展到指定维度）

EXPAND 函数可以将数组扩展到指定维度，函数语法如图 5-84 所示。

EXPAND（将数组扩展到指定维度）

语法

=EXPAND(数组，行数，[列数]，[填充值])

参数说明

参数1	数组（必填项） 数组或单元格区域
参数2	行数（参数2、参数3至少填一项） 大于0的整数
参数3	列数（参数2、参数3至少填一项） 大于0的整数
参数4	填充值 省略参数时，默认值（#N/A）

图 5-84　EXPAND 函数语法

示例 5-53：根据评分生成星级

在 D5 单元格输入公式，如图 5-85 所示。

=EXPAND("★",,C5,"★")

D5　fx　=EXPAND("★",,C5,"★")

姓名	评分	星级				
王琳	3	★	★	★		
鹿威	5	★	★	★	★	★
景林	4	★	★	★	★	
步志文	3	★	★	★		
丁嘉祥	2	★	★			
段绍辉	4	★	★	★	★	

图 5-85　根据评分生成星级

EXPAND 函数的第 1 个参数使用★符号，第 2 个参数扩展行数省略，第 3 个参数扩展列数引用“评分”所在的 C5 单元格，第 4 个参数扩展后填充值使用★符号，EXPAND 函数即可根据“评分”生成指定数量的★。

示例 5-54：合并信息时添加所属部门

在 B15 单元格输入公式，如图 5-86 所示。

=VSTACK(EXPAND(F16:G19,,3,F14),EXPAND(I16:J17,,3,I14))

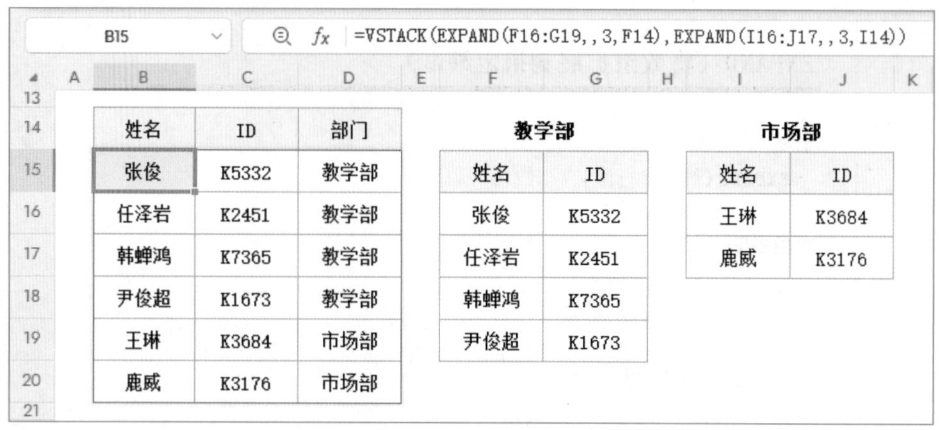

B15 =VSTACK(EXPAND(F16:G19,,3,F14),EXPAND(I16:J17,,3,I14))

姓名	ID	部门
张俊	K5332	教学部
任泽岩	K2451	教学部
韩蝉鸿	K7365	教学部
尹俊超	K1673	教学部
王琳	K3684	市场部
鹿威	K3176	市场部

教学部

姓名	ID
张俊	K5332
任泽岩	K2451
韩蝉鸿	K7365
尹俊超	K1673

市场部

姓名	ID
王琳	K3684
鹿威	K3176

图 5-86 合并信息时添加所属部门

第 1 个 EXPAND 函数的第 1 个参数引用“教学部”信息所在的 F16:G19 单元格区域，第 2 个参数扩展行数省略，第 3 个参数扩展列数设置为 3，扩展后填充值引用“教学部”标题所在的 F14 单元格，同样的方法使用第 2 个 EXPAND 函数处理“市场部”信息，使用 VSTACK 函数将两个部门处理后的信息拼接即可。

示例 5-55：筛选数据后添加筛选条件到明细

当需要筛选数据列与筛选条件列不连续时，使用 FILTER 函数筛选后使用 EXPAND 函数扩展一列显示筛选条件。在 H27 单元格输入公式，如图 5-87 所示。

=EXPAND(FILTER(B25:C30,F25:F30=I24),,3,I24)

H27 =EXPAND(FILTER(B25:C30,F25:F30=I24),,3,I24)

姓名	ID	工位	组别	部门
张俊	K5332	G-A-02	A组	教学部
任泽岩	K2451	G-C-08	A组	教学部
韩蝉鸿	K7365	G-B-03	A组	教学部
尹俊超	K1673	G-B-06	A组	教学部
王琳	K3684	G-A-12	C组	市场部
鹿威	K3176	G-D-08	B组	市场部

查询部门	教学部

姓名	ID	部门
张俊	K5332	教学部
任泽岩	K2451	教学部
韩蝉鸿	K7365	教学部
尹俊超	K1673	教学部

图 5-87 筛选数据后添加筛选条件到明细

使用 FILTER 函数的第 1 个参数引用“姓名”和 ID 所在的 B25:C30 单元格区域，第 2 个参数筛选条件，引用“部门”所在的 F25:F30 单元格区域判断是否等于“查询部门”所在的 I24 单元格，将 FILTER 函数返回的结果作为 EXPAND 函数的第 1 个参数，EXPAND 函数的第 2 个参数省略，第 3 个参数扩展列数设置为 3，第 4 个参数扩展后填充值，引用“查询部门”所在的 I24 单元格，EXPAND 函数即可在 FILTER 函数的结果基础上添加一列，将“查询部门”所在的I24单元格的值填充到“部门”列。

示例5-56：筛选80分及以上的信息并标注“优秀”

使用FILTER函数筛选信息后，可使用EXPAND函数添加一列显示信息。在F35单元格输入公式，如图5-88所示。

=EXPAND(FILTER(B35:C40,D35:D40>=80),,3,"优秀")

F35　=EXPAND(FILTER(B35:C40,D35:D40>=80),,3,"优秀")

行	B	C	D	E	F	G	H
34	姓名	性别	得分		姓名	性别	评级
35	傅壤	女	70		傅康成	女	优秀
36	赵平	男	62		金昊空	男	优秀
37	傅康成	女	97		邓嘉运	男	优秀
38	金昊空	男	90				
39	谢弘博	男	72				
40	邓嘉运	男	86				

图5-88　筛选80分及以上的信息并标注“优秀”

使用FILTER函数的第1个参数引用“姓名”“性别”所在的B35:C40单元格区域，第2个参数筛选条件，引用“得分”所在的D35:D40单元格区域判断是否大于或等于80，将FILTER函数返回的结果作为EXPAND函数的第1个参数，EXPAND函数的第2个参数省略，第3个参数扩展列数设置为3，第4个参数扩展后填充值设置为“优秀”，EXPAND函数即可在FILTER函数返回的结果的基础上添加一列，将“评级”填充为“优秀”。

注意事项

当第2、3个参数扩展行数或列数小于第1个参数数组的总行数、总列数时，函数将返回错误值#VALUE!。在F5单元格输入公式，如图5-89所示。

=EXPAND(B5:D10,,2,"优秀")

F5　=EXPAND(B5:D10,,2,"优秀")

行	B	C	D	E	F	G	H
4	姓名	性别	得分		姓名	性别	评级
5	傅壤	女	70		#VALUE!		
6	赵平	男	62				
7	傅康成	女	97				
8	金昊空	男	90				
9	谢弘博	男	72				
10	邓嘉运	男	86				

图5-89　扩展值小于数组大小

EXPAND 函数的第 1 个参数引用 B5:D10 单元格区域，此单元格区域为 3 列，函数的第 3 个参数扩展列数设置为 2，小于第 1 个参数数组的总列数，函数返回错误值 #VALUE!。

5.12 REPTARRAY（根据指定次数重复数组）

此函数为 WPS 独有函数。

REPTARRAY 函数可以根据指定次数重复数组，函数语法如图 5-90 所示。

REPTARRAY（根据指定次数重复数组）

语法

=REPTARRAY(数组，行数，[按列])

参数说明

参数	说明
参数1	数组（必填项） 数组或单元格区域
参数2	行数（参数2、参数3至少填一项） 大于0的整数
参数3	列数（参数2、参数3至少填一项） 大于0的整数

图 5-90　REPTARRAY 函数语法

示例 5-57：生成 2 组 1 ～ 3 循环序号

在 D5 单元格输入公式，如图 5-91 所示。

=REPTARRAY(SEQUENCE(3),2,1)

D5　=REPTARRAY(SEQUENCE(3),2,1)

姓名	时间	序号
飞鱼	上午	1
	中午	2
	下午	3
赵子明	上午	1
	中午	2
	下午	3

图 5-91　生成 2 组 1~3 循环序号

REPTARRAY 函数的第 1 个参数为要重复的数组，使用 SEQUENCE 函数生成 3 行 1 ～ 3 的序列，第 2 个参数行重复次数设置为 2，第 3 个参数列重复次数设置为 1，REPTARRAY 函数即可根据指定次数重复数组，返回重复后的数组结果。

示例 5-58：根据评分生成星级

在 D15 单元格输入公式，如图 5-92 所示。

=REPTARRAY(" ★ ",1,C15)

D15　=REPTARRAY("★",1,C15)

姓名	评分	星级				
步志文	3	★	★	★		
丁嘉祥	5	★	★	★	★	★
段绍辉	4	★	★	★	★	
赵子明	3	★	★	★		
杨问旋	2	★	★			
飞鱼	4	★	★	★	★	

图 5-92　根据评分生成星级

REPTARRAY 函数的第 1 个参数为要重复的数组，设置为★符号，第 2 个参数行重复次数设置为 1，第 3 个参数列重复次数引用“评分”所在的 C15 单元格，REPTARRAY 函数即可根据指定次数重复数组，返回重复后的数组结果。

示例 5-59：按列重复生成标题

在 B25 单元格输入公式，如图 5-93 所示。

=REPTARRAY({" 单价 "," 数量 "," 合计 "},1,3)

B25　=REPTARRAY({"单价","数量","合计"},1,3)

1月			2月			3月		
单价	数量	合计	单价	数量	合计	单价	数量	合计
xxx	xxx	xxx	xxx	xxx	xxx	xxx	xxx	xxx
xxx	xxx	xxx	xxx	xxx	xxx	xxx	xxx	xxx
xxx	xxx	xxx	xxx	xxx	xxx	xxx	xxx	xxx

图 5-93　按列重复生成标题

REPTARRAY 函数的第 1 个参数为要重复的数组，传入“标题”常量数组，第 2 个参数行重复次数设置为 1，第 3 个参数列重复次数设置为 3，REPTARRAY 函数即可根据指定次数重复数组，返回重复后的数组结果。

示例 5-60：模板默认值填充

在 D33 单元格输入公式，如图 5-94 所示。

=REPTARRAY(HSTACK("正常","默认仓库","A",0.28),COUNTA(B33:B39),1)

D33 =REPTARRAY(HSTACK("正常","默认仓库","A",0.28),COUNTA(B33:B39),1)

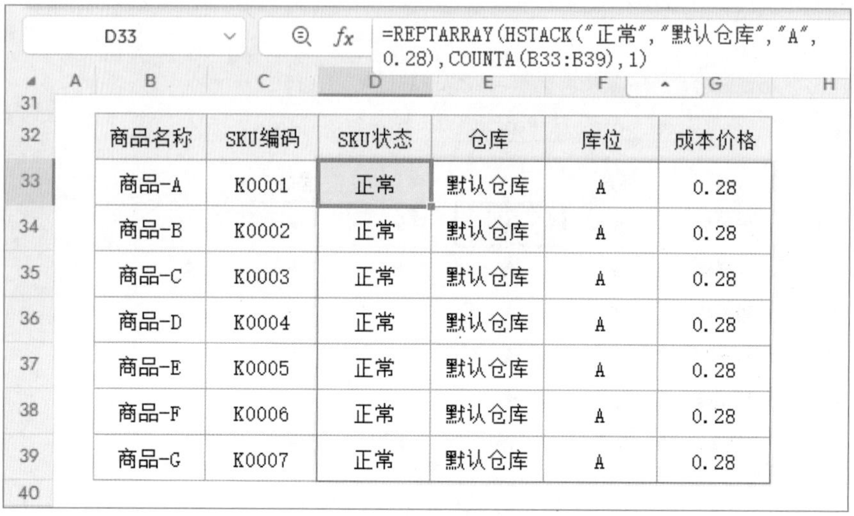

商品名称	SKU编码	SKU状态	仓库	库位	成本价格
商品-A	K0001	正常	默认仓库	A	0.28
商品-B	K0002	正常	默认仓库	A	0.28
商品-C	K0003	正常	默认仓库	A	0.28
商品-D	K0004	正常	默认仓库	A	0.28
商品-E	K0005	正常	默认仓库	A	0.28
商品-F	K0006	正常	默认仓库	A	0.28
商品-G	K0007	正常	默认仓库	A	0.28

图 5-94　相同行数的合并单元格拆分并填充

REPTARRAY 函数的第 1 个参数为要重复的数组，使用 HSTACK 函数依次将多列的默认值拼接，第 2 个参数行重复次数使用 COUNTA 函数引用“商品名称”所在的 B33:B39 单元格区域，计算需要填充的行数，第 3 个参数列重复次数设置为 1，REPTARRAY 函数即可根据指定次数重复数组，返回重复后的数组结果。

第 6 章 LAMBDA 类函数

LAMBDA 表达式存在于诸多编程语言中，其特性在表格中得到了充分体现。在表格中引入 LAMBDA 类函数，便无须进行编程，通过表格的“定义名称”功能，用户可以轻松创建自定义函数。在循环函数的支持下，LAMBDA 类函数能够解决许多复杂的问题，突破了旧版本函数的瓶颈，使表格公式实现了从量到质的飞跃。

6.1 LAMBDA（创建一个可在公式中调用的函数）

LAMBDA 函数可以创建在公式中调用的函数，函数共 254 个参数，函数的最后一个参数必须是计算公式，最多支持 253 个参数变量，函数语法如图 6-1 所示。

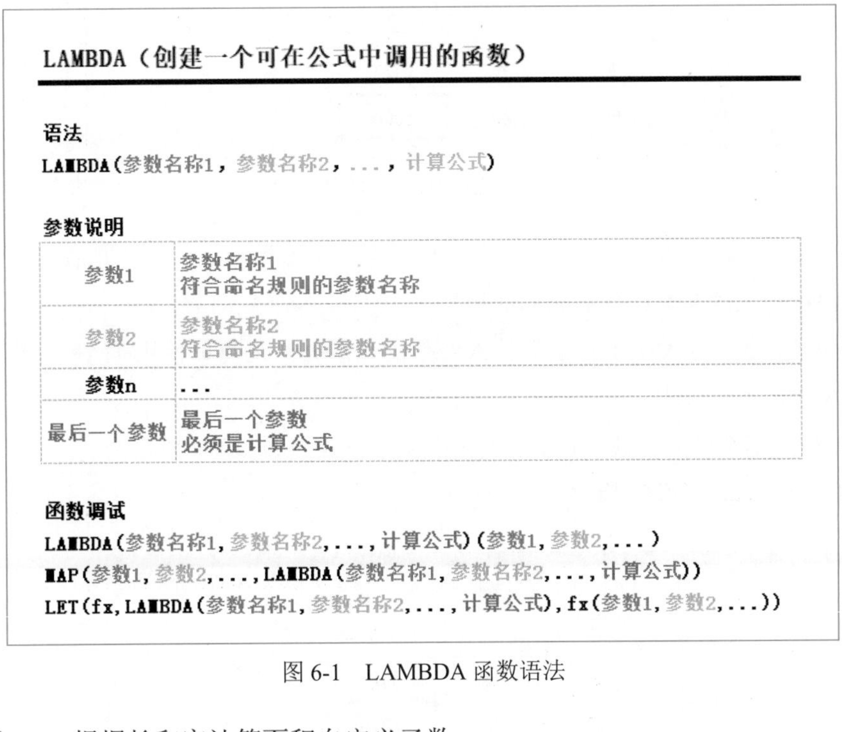

LAMBDA（创建一个可在公式中调用的函数）

语法

LAMBDA(参数名称1，参数名称2，...，计算公式)

参数说明

参数	说明
参数1	参数名称1 符合命名规则的参数名称
参数2	参数名称2 符合命名规则的参数名称
参数n	...
最后一个参数	最后一个参数 必须是计算公式

函数调试

LAMBDA(参数名称1,参数名称2,...,计算公式)(参数1,参数2,...)

MAP(参数1,参数2,...,LAMBDA(参数名称1,参数名称2,...,计算公式))

LET(fx,LAMBDA(参数名称1,参数名称2,...,计算公式),fx(参数1,参数2,...))

图 6-1　LAMBDA 函数语法

示例 6-1：根据长和宽计算面积自定义函数

LAMBDA 函数的第 1 个参数的参数名称 1 设置为“长”，第 2 个参数的参数名称 2

设置为“宽”，第 3 个参数设置计算公式为“长”乘以“宽”，即可创建一个计算面积的自定义函数，将 LAMBDA 函数创建的自定义函数输入 D5 单元格中，如图 6-2 所示。

=LAMBDA(长 , 宽 , 长 * 宽)

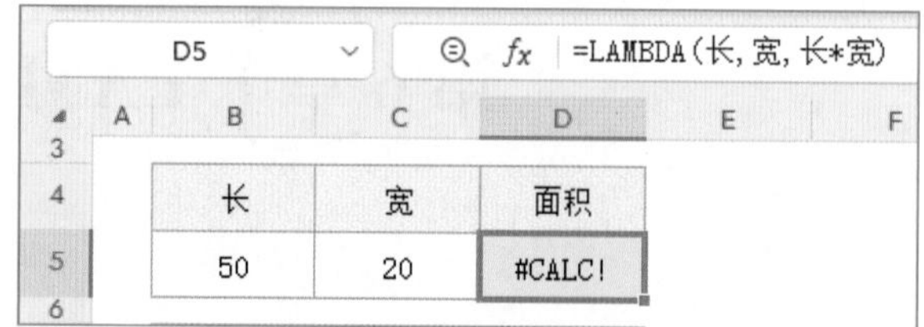
D5 =LAMBDA(长,宽,长*宽)

长	宽	面积
50	20	#CALC!

图 6-2　将 LAMBDA 函数创建自定义函数输入单元格中

在输入公式后，函数返回错误值 #CALC!，因为输入的公式只是创建自定义函数，在使用自定义函数时，是需要向自定义函数传入参数的，因为 LAMBDA 函数有些特殊，所以新增加了向 LAMBDA 函数传入参数的语法，在 LAMBDA 函数后加入一对括号，将要传入的参数写到括号中，每个参数之间使用英文状态下的逗号分隔，即可依次向 LAMBDA 自定义函数传入参数。在 D8 单元格输入公式，如图 6-3 所示。

=LAMBDA(长 , 宽 , 长 * 宽)(B8,C8)

D8 =LAMBDA(长,宽,长*宽)(B8,C8)

长	宽	面积
50	20	1000

图 6-3　向 LAMBDA 函数传入参数

第 1 个参数传入“长”所在的 B8 单元格，第 2 个参数传入“宽”所在的 C8 单元格，函数即可根据传入的参数计算对应的面积。

除使用新添加的 LAMBDA 函数传入参数的语法外，还可以使用 MAP 函数或 LET 函数来传入参数。

使用 MAP 函数传入参数，在 D8 单元格输入公式，如图 6-4 所示。

=MAP(B8,C8,LAMBDA(长 , 宽 , 长 * 宽))

D8 =MAP(B8,C8,LAMBDA(长,宽,长*宽))

长	宽	面积
50	20	1000

图 6-4　使用 MAP 函数传入参数

使用MAP函数的第1个参数传入“长”所在的B8单元格，第2个参数传入“宽”所在的C8单元格，第3个参数为LAMBDA函数公式，MAP函数即可将两个参数传入LAMBDA函数公式中计算对应的面积。

使用LET函数，在D8单元格输入公式，如图6-5所示。

=LET(面积 ,LAMBDA(长 , 宽 , 长 * 宽), 面积 (B8,C8))

D8 =LET(面积,LAMBDA(长,宽,长*宽),面积(B8,C8))

长	宽	面积
50	20	1000

图6-5 使用LET函数传入参数

使用LET函数的第1个参数定义名称“面积”，LET函数的第2个参数使用LAMBDA函数公式，可以在LET函数中定义一个名称为“面积”的自定义函数，即可在LET函数的最后一个参数中调用LET函数中定义的名称为“面积”的自定义函数，依次传入对应的参数，LET函数即可返回计算后的面积，这里返回1000。

在测试自定义公式没有问题后，可通过“名称管理器”添加名称，将LAMBDA公式定义成自定义函数，在“公式”选项卡中，单击“名称管理器”按钮，弹出“名称管理器”对话框，单击“新建(N)...”按钮，弹出“新建名称”对话框，如图6-6所示。

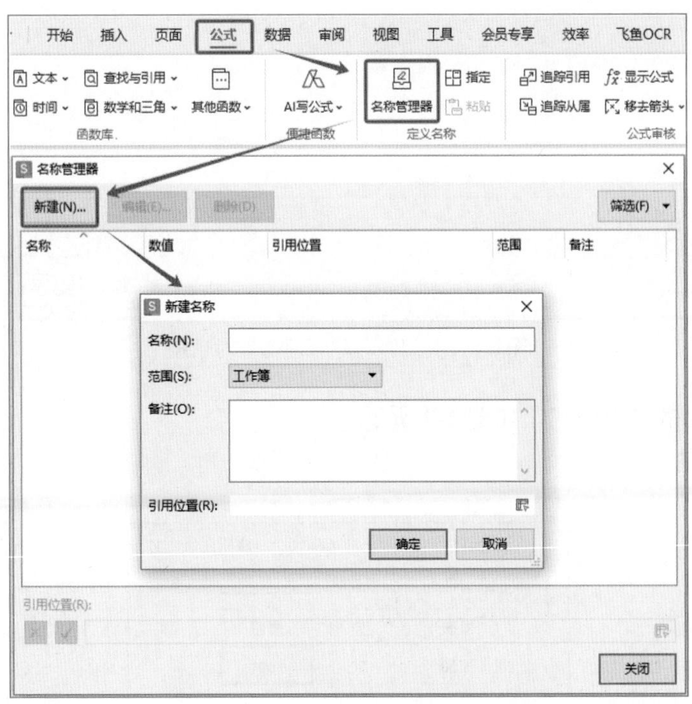

图6-6 通过“名称管理器”新建名称

在“名称(N):”对应的文本框中输入“面积”，“引用位置(R):”对话框中输入“=LAMBDA(长,宽,长*宽)”，单击“确定”按钮创建名称，如图6-7所示。

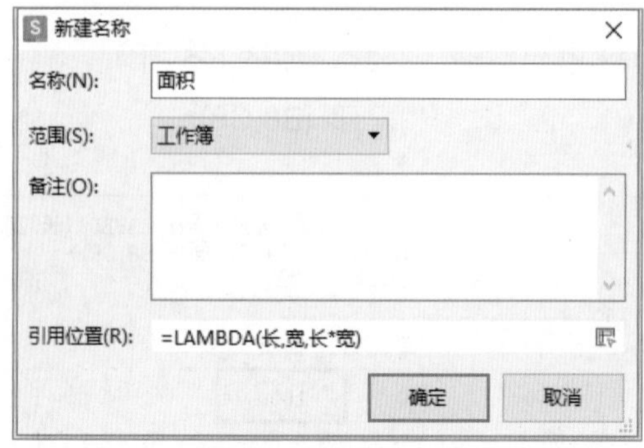

图6-7　新建名称

单击“名称管理器”对话框中的“关闭”按钮，即可完成创建自定义函数，如图6-8所示。

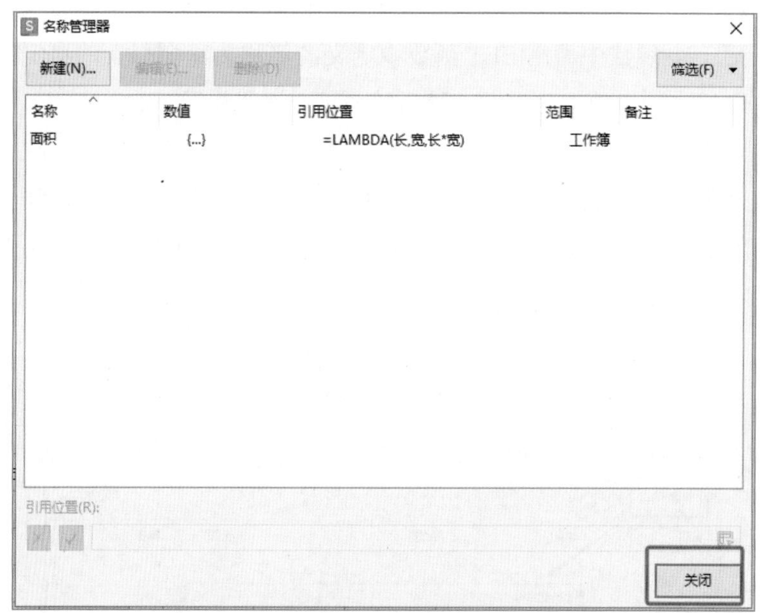

图6-8　关闭“名称管理器”对话框

在D11单元格输入公式，如图6-9所示。

=面积(B11,C11)

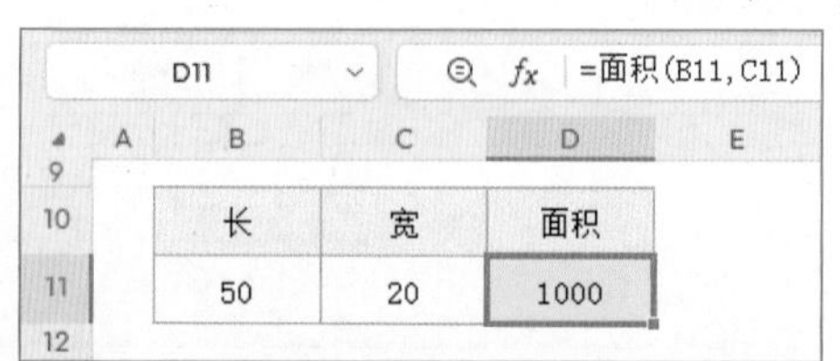

图6-9　使用自定义函数

示例 6-2：根据分数、性别计算等级

根据等级对照表的不同性别所对应的分数，计算对应的等级。在 E16 单元格输入公式，如图 6-10 所示。

```
=LOOKUP(D16,IF(C16="男",$H$17:$H$19,$I$17:$I$19),$J$17:$J$19)
```

E16 fx =LOOKUP(D16,IF(C16="男",$H$17:$H$19,$I$17:$I$19),$J$17:$J$19)

	A	B	C	D	E	F	G	H	I	J
14										
15		姓名	性别	分数	正常公式	自定义函数		等级对照表		
16		步志文	男	54	差			男	女	等级
17		丁嘉祥	男	73	良			0	0	差
18		韩红丽	女	73	优			70	60	良
19		张望	女	57	差			80	70	优
20										

图 6-10 根据分数、性别计算等级

使用 LOOKUP 函数的第 1 个参数引用数据所在的 D16 单元格，使用 IF 函数判断性别所在的 C16 单元格，如果等于“男”，则返回等级对照表“男”所在的 H17:H19 单元格区域，否则返回“女”所在的 I17:I19 单元格区域，将 IF 函数的返回结果作为 LOOKUP 函数的第 2 个参数查找区域，LOOKUP 函数的第 3 个参数引用等级对照表“等级”所在的 J17:J19 单元格区域，公式即可根据分数、性别返回对应的等级，因为公式要向下填充，所以引用等级对照表单元格区域时，需要使用绝对引用。

在实际工作中，可能会有多个单元格区域或多个工作表需要计算，可以使用 LAMBDA 函数将 LOOKUP 函数的嵌套公式“封装”成自定义函数，方便重复使用。

LAMBDA 函数的第 1 个参数的参数名称 1 设置为“分数”，第 2 个参数的参数名称 2 设置为“性别”，第 3 个参数计算公式设置为 LOOKUP 函数公式，将 LOOKUP 函数公式引用的“分数”和“性别”单元格修改成对应的参数名称，如图 6-11 所示。

```
正常公式
=LOOKUP(D12,IF(C12="男",$H$17:$H$19,$I$17:$I$19),$J$17:$J$19)
自定义函数
=LAMBDA(分数,性别,LOOKUP(分数,IF(性别="男",$H$17:$H$19,$I$17:$I$19),$J$17:$J$19))
```

图 6-11 将 LOOKUP 函数公式“封装”成自定义函数

通过“名称管理器”创建名称为“计算等级”的自定义函数，如图 6-12 所示。

新建名称

名称(N): 计算等级

范围(S): 工作簿

备注(O):

引用位置(R): =LAMBDA(分数,性别,LOOKUP(分数,IF(性别="男",

确定　取消

图 6-12　创建名称为“计算等级”的自定义函数

在 F16 单元格输入公式，如图 6-13 所示。

= 计算等级 (D16,C16)

F16　=计算等级(D16,C16)

姓名	性别	分数	正常公式	自定义函数
步志文	男	54	差	差
丁嘉祥	男	73	良	良
韩红丽	女	73	优	优
张望	女	57	差	差

图 6-13　使用“计算等级”自定义函数

示例 6-3：创建可选参数的自定义函数

LAMBDA 函数可以创建可选参数的自定义函数。在 E29 单元格输入公式，如图 6-14 所示。

=LAMBDA(x,[y],[z],SUM(x,y,z))(B29)

E29　=LAMBDA(x, [y], [z], SUM(x, y, z))(B29)

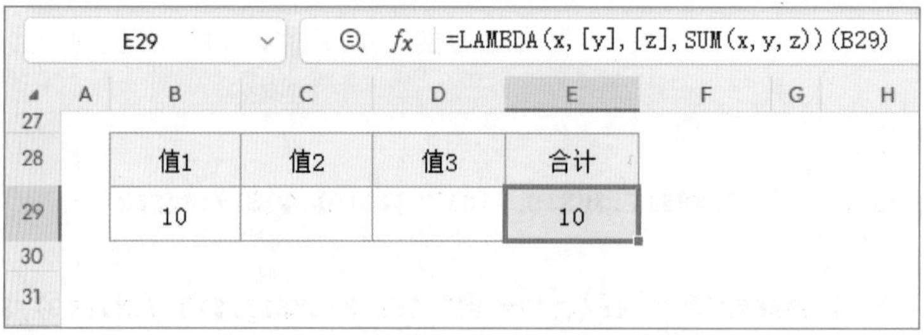

值1	值2	值3	合计
10			10

图 6-14　创建可选参数的自定义函数

LAMBDA 函数依次设置 x、y、z 3 个参数名称，最后一个参数计算公式使用 SUM 函数对 3 个参数求和，在设置参数名称时，参数名称两端添加 [] 符号，即可将参数定义为可选参数，在调用函数时，可选参数可以省略。

可将所有参数都定义为可选参数，在任意单元格输入公式，如图 6-15 所示。

=LAMBDA([x],[y],[z],SUM(x,y,z))()

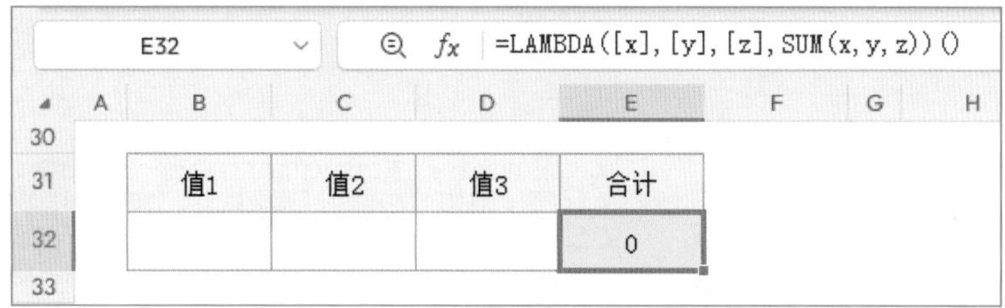

图 6-15　将所有参数都定义为可选参数

注意事项

（1）参数名称和自定义函数名称要符合定义名称的命名规范。

- 在使用 LAMBDA 函数设置多个参数名称时，多个参数名称不可重复。
- 参数名称不能使用单元格地址，如 A1、R1C1 等。
- 参数名称不能用纯数字或数字开头的字符串。
- 参数名称长度不能超过 255。
- 参数名称不能使用逻辑值，如 TRUE、FALSE 等。
- 参数名称不能包含除汉字、字母、数字、句号、问号、下画线之外的符号。

（2）使用 LAMBDA 函数创建的自定义函数时，如果参数中没有设置可选参数，传入的参数数量需要和定义的参数数量相同，否则将返回错误值 #VALUE!。

6.2 ISOMITTED（判断 LAMBDA 参数是否省略）

ISOMITTED 函数可以判断 LAMBDA 函数中的参数是否省略，函数语法如图 6-16 所示。

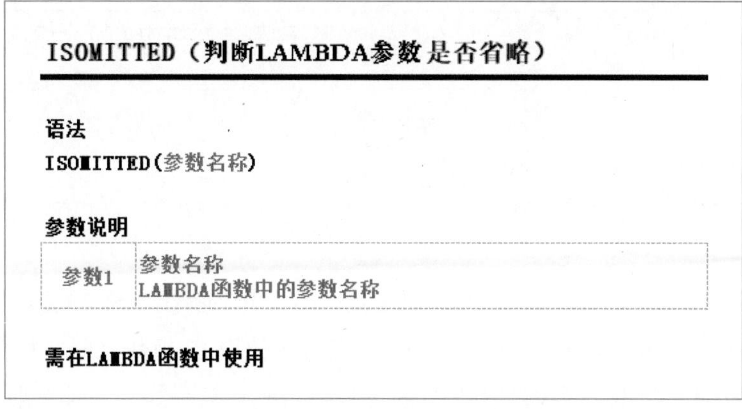

ISOMITTED（判断LAMBDA参数是否省略）

语法

ISOMITTED(参数名称)

参数说明

参数1	参数名称 LAMBDA函数中的参数名称

需在LAMBDA函数中使用

图 6-16　ISOMITTED 函数语法

示例 6-4：根据长和宽计算面积自定义函数

在创建 LAMBDA 自定义函数时，在最后一个参数计算公式中，可以使用 ISOMITTED 函数判断 LAMBDA 函数中的参数是否省略。在 D5 单元格输入公式，如图 6-17 所示。

=LAMBDA(长 , 宽 ,IFS(ISOMITTED(长)," 长参数空 ",ISOMITTED(宽)," 宽参数空 ",TRUE, 长 * 宽))(B5,)

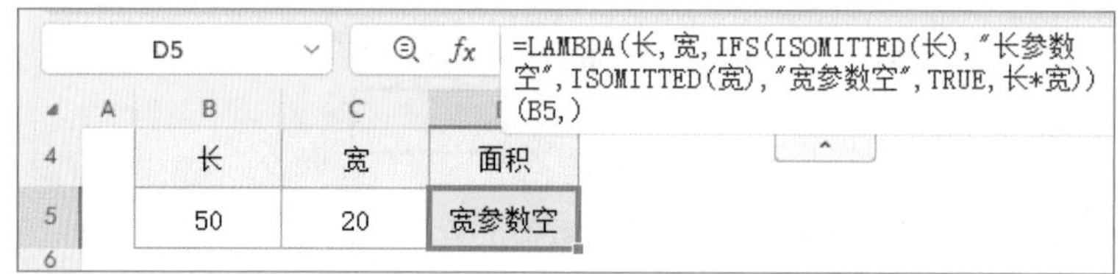

图 6-17　使用 ISOMITTED 函数判断参数是否忽略

对于 IFS 函数的第 1 个参数条件 1 使用 ISOMITTED 函数判断参数“长”，如果传入的参数“长”省略，则 ISOMITTED 函数将返回 TRUE，IFS 函数的第 2 个参数返回“长参数空”字符串，IFS 函数的第 3 个参数条件 2 再次使用 ISOMITTED 函数判断参数“宽”，如果传入的参数“宽”省略，则 ISOMITTED 函数将返回 TRUE，IFS 函数的第 4 个参数返回“宽参数空”字符串，IFS 函数的第 5 个参数条件 3 设置逻辑值为 TRUE，如果 IFS 能计算到第 5 个参数，说明“长”“宽”都没有省略，IFS 函数的第 6 个参数设置计算公式为“长”乘以“宽”即可，D5 单元格的公式在传入参数中省略了“宽”，所以公式计算后返回“宽参数空”。

需要注意的是，省略参数时，只指定参数位置为空，不设置任何值，还是需要使用逗号占位的，否则 LAMBDA 函数会视为只传入一个参数，公式会返回错误值 #VALUE!。

示例 6-5：根据长、宽和高计算面积或体积自定义函数

在 D10 单元格输入公式，如图 6-18 所示。

=LAMBDA(长 , 宽 , 高 ,IF(ISOMITTED(高), 长 * 宽 , 长 * 宽 * 高))(10,20,)

长	宽	面积
50	20	200

图 6-18　计算面积

使用 LAMBDA 函数依次设置“长”“宽”“高”3 个参数名称，第 4 个参数计算公式使用 ISOMITTED 函数判断参数“高”是否省略，使用 IF 函数判断，如果省略了参数“高”，则计算公式为“长”乘以“宽”计算面积，否则计算公式为“长”乘以“宽”再乘以“高”计算体积，因为公式没有传入参数“高”，ISOMITTED 函数返回逻辑值 TRUE，所以 IF 函数返回第 2 个参数公式的计算结果，计算结果为面积。

在 E13 单元格输入公式，如图 6-19 所示。

=LAMBDA(长 , 宽 , 高 ,IF(ISOMITTED(高), 长 * 宽 , 长 * 宽 * 高))(B13,C13,D13)

E13 fx =LAMBDA(长,宽,高,IF(ISOMITTED(高),长*宽,长*宽*高))(B13,C13,D13)

长	宽	高	体积
50	20	30	30000

图 6-19 计算体积

E13 单元格公式中，依次传入“长”“宽”“高”3 个参数，因为“高”参数没有省略，ISOMITTED 函数返回逻辑值 FALSE，所以 IF 函数返回第 3 个参数公式的计算结果，计算结果为体积。

6.3 MAP（循环数组返回计算后每个值的结果）

MAP 函数可以将一个或多个大小相同的单元格区域或数组作为变量数组，函数会依次循环单元格区域或数组中的每个值，将一个或多个值传递给 LAMBDA 函数计算，函数将返回变量数组中每个值计算后的结果，返回的结果数组大小和传入的变量数组大小相同。MAP 函数最多支持 254 个参数，最后一个参数必须是 LAMBDA 表达式，最多支持 253 个变量数组，函数语法如图 6-20 所示。

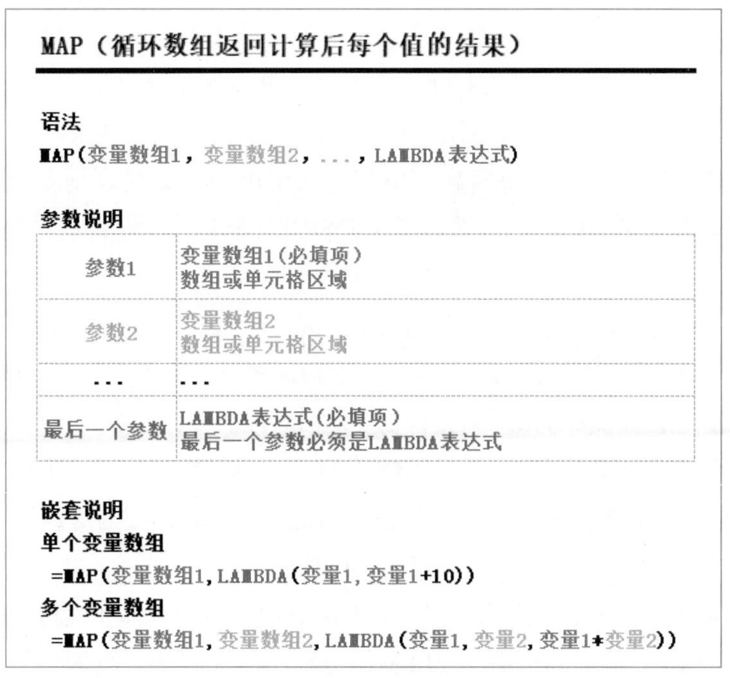

MAP（循环数组返回计算后每个值的结果）

语法

MAP(变量数组1，变量数组2，...，LAMBDA表达式)

参数说明

参数1	变量数组1(必填项) 数组或单元格区域
参数2	变量数组2 数组或单元格区域
...	...
最后一个参数	LAMBDA表达式(必填项) 最后一个参数必须是LAMBDA表达式

嵌套说明

单个变量数组

=MAP(变量数组1,LAMBDA(变量1,变量1+10))

多个变量数组

=MAP(变量数组1,变量数组2,LAMBDA(变量1,变量2,变量1*变量2))

图 6-20 MAP 函数语法

示例 6-6：根据长和宽计算面积

在 D5 单元格输入公式，如图 6-21 所示。

=MAP(B5:B10,C5:C10,LAMBDA(变量 1, 变量 2, 变量 1* 变量 2))

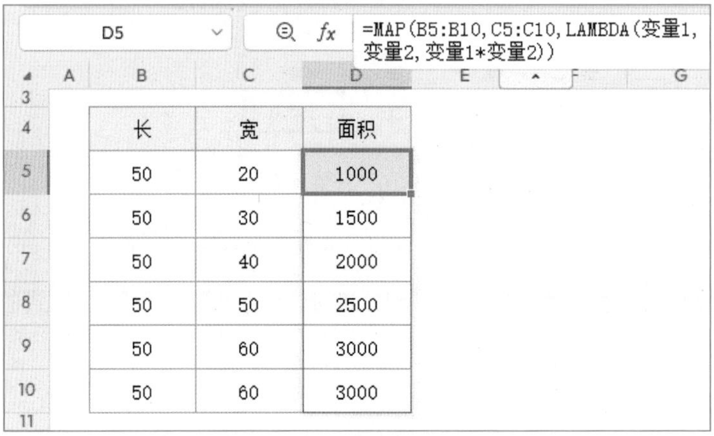

D5 =MAP(B5:B10,C5:C10,LAMBDA(变量1,变量2,变量1*变量2))

长	宽	面积
50	20	1000
50	30	1500
50	40	2000
50	50	2500
50	60	3000
50	60	3000

图 6-21　根据长和宽计算面积

MAP 函数的第 1 个参数引用“长”所在的 B5:B10 单元格区域，第 2 个参数引用“宽”所在的 C5:C10 单元格区域，第 3 个参数使用 LAMBDA 函数创建一个计算函数，因为 MAP 函数传入两个参数数组，所以 LAMBDA 函数也要设置两个参数来接收 MAP 函数传入的参数，LAMBDA 函数依次设置“变量 1”“变量 2”2 个参数，LAMBDA 函数的第 3 个参数计算公式设置“变量 1”乘以“变量 2”，MAP函数即可将变量数组依次循环，将每组变量值传递给最后一个参数中的 LAMBDA 函数计算，函数即可返回计算后的结果数组。

在动态数组功能和新函数的支持下，在处理一些复杂的问题时，也变得相对轻松很多，在软件功能变得强大的同时，对处理问题方式也有了更高的要求，虽然使用 FILTER 函数和 TEXTJOIN 函数可以解决问题，但是无法使用一个公式查询多个姓名，只能输入公式后向下填充到多个单元格区域，无法在输入一个公式后通过动态数组溢出的功能完成。

这是因为一些新函数自身就可以返回数组结果，所以无法同时计算多组值并且返回多组独立的结果，如使用 FILTER 函数，无法一次筛选多个值并且返回多组结果，又如使用 UNIQUE 函数也无法同对多行或多列去重复后返回对应的多行或多列结果。

还有当使用了聚合函数，如 SUM、COUNTA、MIN、MAX、CONCAT 等函数时，这些函数可以将多个值计算后返回一个值，在使用这些函数时，因为函数只返回一个单值，无法返回数组，自然也无法使用动态数组的溢出功能了。

当使用了聚合函数或使用了可以返回数组结果的新函数时，同时需要输入一个公式可以查询或计算返回多组独立的结果，使用 MAP 函数可以解决这一问题。

示例 6-7：根据姓名查询所有报名课程

在 G15 单元格输入公式，如图 6-22 所示。

=TEXTJOIN("、",TRUE,FILTER($D$15:$D$22,$C$15:$C$22=F15,""))

	A	B	C	D	E	F	G	H
13								
14		序号	姓名	报名课程		姓名	报名课程（下拉公式）	报名课程（使用MAP函数）
15		1	张歌	舞蹈		张歌	舞蹈、音乐	舞蹈、音乐
16		2	张歌	音乐		韩红丽	音乐	音乐
17		3	韩红丽	音乐		飞鱼	书法、音乐、舞蹈	书法、音乐、舞蹈
18		4	飞鱼	书法		闫小妮	舞蹈	舞蹈
19		5	闫小妮	舞蹈		步志文	书法	书法
20		6	步志文	书法				
21		7	飞鱼	音乐				
22		8	飞鱼	舞蹈				
23								

图 6-22 使用常规公式

使用 FILTER 函数将查询姓名所有报名课程筛选出来，然后使用 TEXTJOIN 函数将筛选出来的报名课程连接成一个字符串。

在编写好常规公式后，可以使用 LAMBDA 函数将公式升级成自定义函数。LAMBDA 函数的第 1 个参数定义一个“变量 1”参数，最后一个参数计算公式使用编写好的 FILTER、TEXTJOIN 函数公式，将 FILTER 函数的第 2 个参数的查询条件修改为“变量 1”。

最后使用 MAP 函数，第 1 个参数变量数组 1 用于传递多个要查询的姓名，然后将设置好的 LAMBDA 自定义函数作为 MAP 函数的最后一个参数，嵌套格式如图 6-23 所示。

常规公式

```
=TEXTJOIN("、",TRUE,FILTER($D$15:$D$22,$C$15:$C$22=F15,""))
```

自定义函数

```
=LAMBDA(变量1,TEXTJOIN("、",TRUE,FILTER($D$15:$D$22,$C$15:$C$22=变量1,"")))
```

使用MAP函数循环调用定义函数

```
=MAP(变量数组1,LAMBDA(变量1,TEXTJOIN("、",TRUE,FILTER($D$15:$D$22,$C$15:$C$22=变量1,""))))
```

图 6-23 MAP 函数嵌套步骤

在 H15单元格输入公式，如图 6-24 所示。

=MAP(F15:F19,LAMBDA(变量 1,TEXTJOIN("、",TRUE,FILTER($D$15:$D$22,$C$15:$C$22= 变量 1,""))))

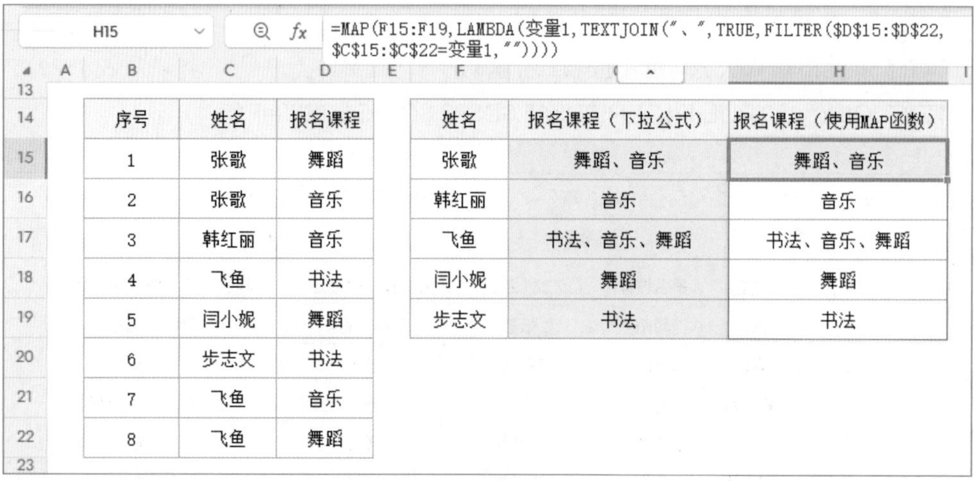

H15 =MAP(F15:F19,LAMBDA(变量1,TEXTJOIN("、",TRUE,FILTER($D$15:$D$22,$C$15:$C$22=变量1,""))))

序号	姓名	报名课程
1	张歌	舞蹈
2	张歌	音乐
3	韩红丽	音乐
4	飞鱼	书法
5	闫小妮	舞蹈
6	步志文	书法
7	飞鱼	音乐
8	飞鱼	舞蹈

姓名	报名课程（下拉公式）	报名课程（使用MAP函数）
张歌	舞蹈、音乐	舞蹈、音乐
韩红丽	音乐	音乐
飞鱼	书法、音乐、舞蹈	书法、音乐、舞蹈
闫小妮	舞蹈	舞蹈
步志文	书法	书法

图 6-24　使用 MAP 函数

根据嵌套好的 MAP 函数，将 MAP 函数的第 1 个参数中的变量数组 1 修改为要查询的多个姓名所在的 F15:F19 单元格区域，MAP 函数即可将参数数组中的值依次循环传入 LAMBDA 自定义函数进行计算，函数即可返回计算后的结果数组。

示例 6-8：根据不同姓名分别生成编号

在 E34 单元格输入公式，如图 6-25 所示。

=COUNTIFS(C$34:C34,C34)

E34 =COUNTIFS(C$34:C34,C34)

序号	姓名	报名课程	编号	
1	张歌	舞蹈	1	=COUNTIFS(C$34:C34,C34)
2	张歌	音乐	2	=COUNTIFS(C$34:C35,C35)
3	韩红丽	音乐	1	=COUNTIFS(C$34:C36,C36)
4	飞鱼	书法	1	=COUNTIFS(C$34:C37,C37)
5	闫小妮	舞蹈	1	=COUNTIFS(C$34:C38,C38)
6	步志文	书法	1	=COUNTIFS(C$34:C39,C39)
7	飞鱼	音乐	2	=COUNTIFS(C$34:C40,C40)
8	飞鱼	舞蹈	3	=COUNTIFS(C$34:C41,C41)

图 6-25　输入 COUNTIFS 函数公式

使用 COUNTIFS 函数的第 1 个参数引用第 1 个“姓名”所在的 C$34:C34 单元格区域，单元格区域的开始单元格使用混合引用，将行锁定，第 2 个参数引用 C34 单元格，在公式向下填充时，开始单元格 C$34 单元格是固定的，相对引用的 C34 单元格会随着公式向下填充发生改变，使用单元格引用技巧，可以实现动态引用从开始行到当前行的单元格区域，作为 COUNTIFS 的第 1 个参数，来对这此单元格进行条件计数。

通过观察 E34:E41 单元格区域的公式可以看到，在 COUNTIFS 函数公式中首个单元格地址 C$34 是固定的，后两个单元格地址依次是从 C34 至 C41，发现规律后，使用 MAP 函数来循环 C34:C41 单元格区域即可实现输入一个公式后通过动态数组溢出的功能完成。

在 F34 单元格输入公式，如图 6-26 所示。

=MAP(C34:C41,LAMBDA(变量 ,COUNTIFS(C34: 变量 , 变量)))

F34　=MAP(C34:C41,LAMBDA(变量,COUNTIFS(C34:变量,变量)))

序号	姓名	报名课程	编号	编号
1	张歌	舞蹈	1	1
2	张歌	音乐	2	2
3	韩红丽	音乐	1	1
4	飞鱼	书法	1	1
5	闫小妮	舞蹈	1	1
6	步志文	书法	1	1
7	飞鱼	音乐	2	2
8	飞鱼	舞蹈	3	3

图 6-26　使用 MAP 函数

MAP 函数的第 1 个参数的引用“姓名”所在的 C34:C41 单元格区域，第 2 个参数设置 LAMBDA 函数计算公式，LAMBDA 函数的第 1 个参数设置一个名称为“变量”的参数，LAMBDA 函数的最后一个参数计算公式使用 COUNTIFS 函数，COUNTIFS 函数的第 1 个参数引用 C34 单元格至“变量”参数，第 2 个参数也引用“变量”参数，MAP 函数即可将第 1 个参数引用的单元格区域依次循环传入 LAMBDA 自定义函数进行计算，返回计算后的多个值数组。

通过此案例可以看到，当 MAP 函数参数数组传入的是单元格或单元格区域时，MAP 函数在循环时，传入 LAMBDA 函数中的参数也是单元格引用，所以可以使用 ROW、COLUMN 函数来获取单元格所对应的行列号属性，也可以作为 OFFSET、SUMIFS、COUNTIFS 等函数的参数，还可以与指定的单元格进行拼接，形成新单元格区域。

注意事项

（1）多个参数数组大小需要相同，否则函数会以多个参数中数组大小最大的为准，数组小的部分返回错误值 #N/A。在 D5 单元格输入公式，如图 6-27 所示。

=MAP(B5:B10,C5:C9,LAMBDA(变量 1, 变量 2, 变量 1* 变量 2))

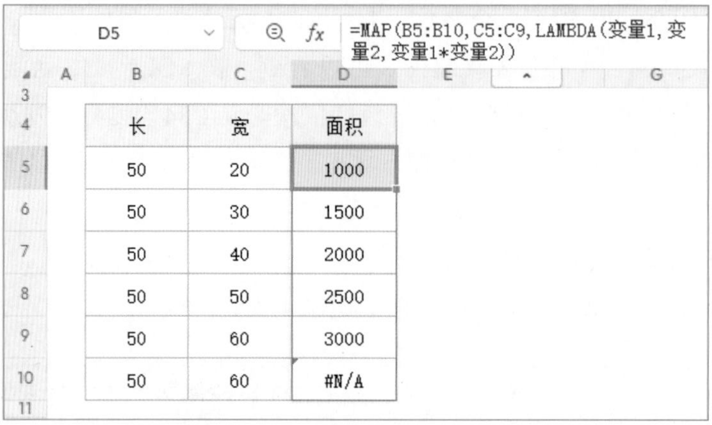

D5　=MAP(B5:B10,C5:C9,LAMBDA(变量1,变量2,变量1*变量2))

	A	B	C	D
3				
4		长	宽	面积
5		50	20	1000
6		50	30	1500
7		50	40	2000
8		50	50	2500
9		50	60	3000
10		50	60	#N/A
11				

图 6-27　多个参数数组大小需要相同

MAP 函数的第 1 个参数引用 B5:B10 单元格区域，此单元格区域为 6 行 1 列，第 2 个参数引用 C5:C9 单元格区域，此单元格区域为 5 行 1 列，这两个参数的数组大小不同，MAP 函数会以数组大的为准，所以会根据第 1 个参数引用的单元格区域循环，当循环到第 6 行时，因为第 2 个参数的数组没有第 6 行，所以函数返回错误值 #N/A。

（2）MAP 函数变量数组的数量需要和 LAMBDA 函数变量名称的数量相同，否则返回错误值 #VALUE!。在 D15 单元格输入公式，如图 6-28 所示。

=MAP(B15:B20,LAMBDA(变量 1, 变量 2, 变量 1* 变量 2))

D15　=MAP(B15:B20,LAMBDA(变量1,变量2,变量1*变量2))

	A	B	C	D
13				
14		长	宽	面积
15		50	20	#VALUE!
16		50	30	
17		50	40	
18		50	50	
19		50	60	
20		50	60	
21				

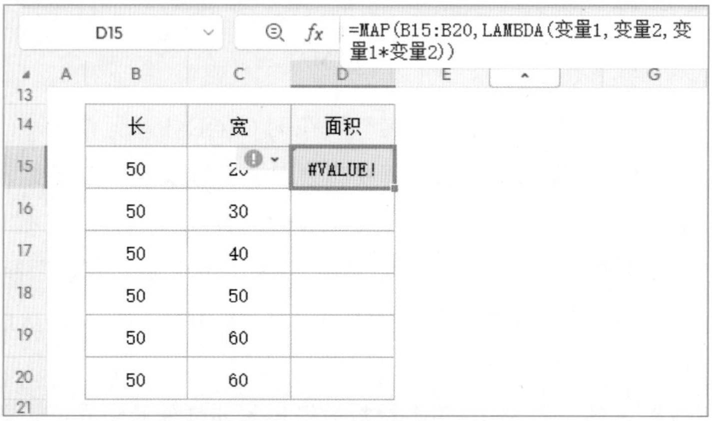

图 6-28　MAP 变量数组的数量需要和 LAMBDA 函数变量名称的数量相同

在 MAP 函数中的 LAMBDA 函数公式设置了 2 个变量参数，因为 MAP 函数只传入一组变量数组，所以 MAP 函数返回错误值 #VALUE!。

（3）MAP 函数中 LAMBDA 函数计算公式只能返回单值或单个单元格引用，不支持返回数组或单元格区域，否则函数会返回错误值 #CALC!。在 D25 单元格输入公式，如图 6-29 所示。

=MAP(B25:B30,C25:C30,LAMBDA(变量 1, 变量 2,HSTACK(" 面积 ", 变量 1* 变量 2)))

D25　=MAP(B25:B30,C25:C30,LAMBDA(变量1,变量2,HSTACK("面积",变量1*变量2)))

	长	宽	面积
24	长	宽	面积
25	50	20	#CALC!
26	50	30	
27	50	40	
28	50	50	
29	50	60	
30	50	60	

图 6-29　MAP 函数中 LAMBDA 函数返回结果必须是单值或单个单元格引用

因为在 LAMBDA 函数的最后一个参数的计算公式中，使用了 HSTACK 函数返回了数组结果，所以 MAP 函数返回错误值 #CALC!。

6.4 SCAN（循环数组返回计算后每个中间过程值）

SCAN 函数可以先指定一个初始化变量，再指定一个单元格区域或数组作为变量数组，函数会向 LAMBDA 函数传入 2 个参数，第 1 个参数为初始化值，第 2 个参数为变量数组，函数会依次循环参数 2 变量数组中的每一个值，在循环过程中，函数会将当前计算结果保存，在下一次计算时，会将上一次计算的结果通过变量 1 传入 LAMBDA 函数，SCAN 函数将返回变量数组中每个值计算后的结果，返回的结果数组大小和参数 2 传入的变量数组大小相同。函数语法如图 6-30 所示。

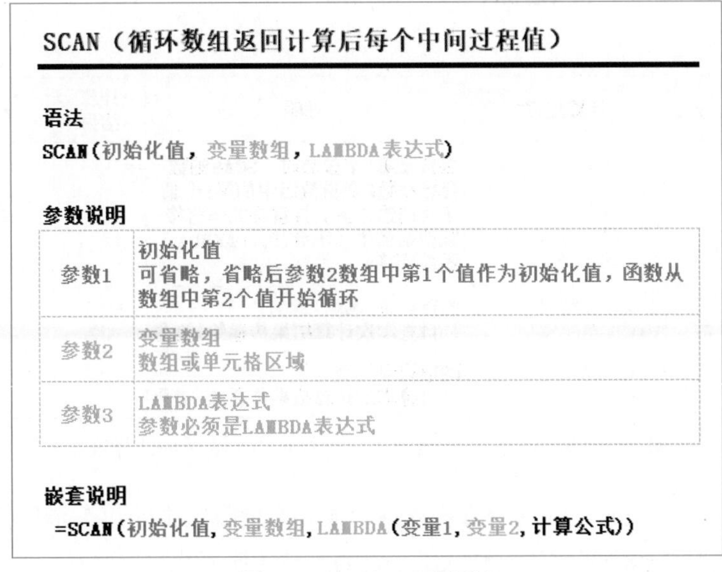

图 6-30　SCAN 函数语法

SCAN 函数循环计算过程如图 6-31 所示。

参数设置

第 1 个参数：5

第 2 个参数：{10;20;30}

第 3 个参数：LAMBDA(x,y,x+y)

代入公式

=SCAN(5,{10;20;30},LAMBDA(x,y,x+y))

计算过程

计算次数	y	计算过程	说明	计算结果	x	示例公式
初始化					5	
第1次计算	10	初始化值 5+10=15	函数记录15到计算结果 并且将本次计算结果传递给x变量	15	15	15
第2次计算	20	上次计算结果 15+20=35	函数记录35到计算结果 并且将本次计算结果传递给x变量	35	35	35
第3次计算	30	上次计算结果 35+30=65	函数记录65到计算结果 并且将本次计算结果传递给x变量	65	65	65

图 6-31　SCAN 函数循环计算过程

当省略 SCAN 函数的第 1 个参数时，函数循环计算过程如图 6-32 所示。

参数设置

第 1 个参数：

第 2 个参数：{10;20;30}

第 3 个参数：LAMBDA(x,y,x+y)

代入公式

=SCAN(,{10;20;30},LAMBDA(x,y,x+y))

计算过程

计算次数	y	计算过程	说明	计算结果	x	示例公式
初始化	10	初始化值 10	当省略第1个参数时，SCAN函数会将参数2变量数组中的第1个值作为初始化值，并且将此值直接赋值给结果（不会传入LAMBDA函数计算）	10	10	10
第1次计算	20	上次计算结果 10+20=30	函数记录30到计算结果 并且将本次计算结果传递给x变量	30	30	30
第2次计算	30	上次计算结果 30+30=60	函数记录60到计算结果 并且将本次计算结果传递给x变量	60	60	60

图 6-32　SCAN 函数省略第 1 个参数时，函数循环计算过程

当省略第 1 个参数时，SCAN 函数会将参数 2 变量数组中的第 1 个值作为初始化值，并且将此值直接赋值给结果（不会传入 LAMBDA 函数计算）。

修改 LAMBDA 函数的最后一个参数的计算公式，将相加修改为文本连接，计算过程如图 6-33 所示。

参数设置

第 1 个参数：金山

第 2 个参数：{"W";"P";"S"}

第 3 个参数：LAMBDA(x,y,x&y)

代入公式

=SCAN("金山",{"W";"P";"S"},LAMBDA(x,y,x&y))

计算过程

计算次数	y	计算过程	说明	计算结果	x	示例公式
初始化					金山	
第1次计算	W	初始化值 金山&W=金山W	函数记录金山W到计算结果 并且将本次计算结果传递给x变量	金山W	金山W	金山W
第2次计算	P	上次计算结果 金山W&P=金山WP	函数记录金山WP到计算结果 并且将本次计算结果传递给x变量	金山WP	金山WP	金山WP
第3次计算	S	上次计算结果 金山WP&S=金山WPS	函数记录金山WPS到计算结果 并且将本次计算结果传递给x变量	金山WPS	金山WPS	金山WPS

图 6-33 修改 LAMBDA 函数计算公式，将相加修改为文本连接

当 SCAN 函数的第 2 个参数为多行多列时，循环顺序为按行循环，如图 6-34 所示。

参数设置

第 1 个参数：0

第 2 个参数：H7:I9

第 3 个参数：LAMBDA(x,y,x+y)

引用数据

1	1	1
1	1	1
1	1	1

代入公式

=SCAN(0,H7:J9,LAMBDA(x,y,x+y))

计算结果

1	2	3
4	5	6
7	8	9

图 6-34 SCAN 函数的第 2 个参数为多行多列时，循环顺序为按行循环

示例 6-9：根据期初收入和支出计算余额（支出为负数）

在 E5 单元格输入公式，如图 6-35 所示。

=SCAN(G5,D5:D12,LAMBDA(x,y,x+y))

E5　=SCAN(G5,D5:D12,LAMBDA(x,y,x+y))

日期	方向	金额	余额
10-01	收入	10	110
10-02	支出	-20	90
10-03	支出	-10	80
10-04	收入	15	95
10-05	收入	50	145
10-06	支出	-20	125
10-07	支出	-10	115
10-08	收入	20	135

期初金额
100

图 6-35　计算余额（支出为负数）

SCAN 函数的第 1 个参数初始化值引用“期初金额”所在的 G5 单元格，第 2 个参数变量数组引用“金额”所在的 D5:D12 单元格区域，第 3 个参数输入 LAMBDA 函数，依次设置 x、y 两个参数来接收 SCAN 函数传入的参数，LAMBDA 函数的最后一个参数设置 x 参数加 y 参数，即可实现根据“期初金额”和“金额”计算当前余额，本示例中支出为负数，所以无须判断“方向”，直接对“金额”相加即可计算余额。

示例 6-10：根据期初收入和支出计算余额（支出为正数）

当支出为正数时，无法直接根据“金额”相加来计算余额，需要修改 LAMBDA 函数的最后一个参数中的计算公式，这里会遇到一个问题，SCAN 函数的第 2 个参数只能传入一个变量数组，但是在计算“余额”时，需要根据“方向”和“金额”两个参数才能计算，当遇到需要传入两组或多组参数，如变量数组是引用单元格区域时，可以引用任意一组变量所在的单元格区域，然后使用 OFFSET 函数向指定方向偏移来获取到对应位置的其他参数值。在 E17 单元格输入公式，如图 6-36 所示。

=SCAN(G17,D17:D24,LAMBDA(x,y,IF(OFFSET(y,0,−1)=" 支出 ",x−y,x+y)))

E17　=SCAN(G17,D17:D24,LAMBDA(x,y,IF(OFFSET(y,0,-1)="支出",x-y,x+y)))

日期	方向	金额	余额
10-01	收入	10	110
10-02	支出	20	90
10-03	支出	10	80
10-04	收入	15	95
10-05	收入	50	145
10-06	支出	20	125
10-07	支出	10	115
10-08	收入	20	135

期初金额
100

图 6-36　计算余额（支出为正数）

SCAN函数的第2个参数变量数组引用“金额”所在的D17:D24单元格区域，在LAMBDA函数的计算公式中，使用OFFSET函数以“金额”对应的y参数为基点，OFFSET函数的第3个参数值设置为–1，即向左偏移一列，即可获取到对应“方向”，然后使用IF函数判断，如果方向等于“支出”，则使用上次的计算结果对应的x参数减去当前金额y参数，否则加上当前金额y参数，即可实现根据“期初金额”“方向”“金额”计算当前余额。

SCAN函数的第2个参数变量数组如果引用“方向”所在的C17:C24单元格区域，那么在LAMBDA函数计算公式中，需要将公式修改为使用IF函数判断“方向”所对应的y参数，如果等于“支出”，则使用上次的计算结果对应的x参数减去当前金额，否则加上当前金额，当前金额可以使用OFFSET函数，通过“方向”所对应的y参数为基点，向右偏移一列来获取。在E17单元格输入公式，如图6-37所示。

=SCAN(G17,C17:C24,LAMBDA(x,y,IF(y="支出",x-OFFSET(y,0,1),x+OFFSET(y,0,1))))

E17　=SCAN(G17,C17:C24,LAMBDA(x,y,IF(y="支出",x-OFFSET(y,0,1),x+OFFSET(y,0,1))))

日期	方向	金额	余额
10-01	收入	10	110
10-02	支出	20	90
10-03	支出	10	80
10-04	收入	15	95
10-05	收入	50	145
10-06	支出	20	125
10-07	支出	10	115
10-08	收入	20	135

期初金额
100

图6-37　SCAN函数的第2个参数引用“方向”所在单元格区域

在使用SCAN函数遇到需要传入两组或多组变量时，除了使用OFFSET函数向指定方向偏移来获取变量值，还可以先通过数组公式计算，将两个或多个变量数组计算后再传入LAMBDA函数。在E17单元格输入任意一个公式，如图6-38所示。

=SCAN(G17,IF(C17:C24="支出",-D17:D24,D17:D24),LAMBDA(x,y,x+y))

=SCAN(G17,IF(C17:C24="支出",-1,1)*D17:D24,LAMBDA(x,y,x+y))

E17 =SCAN(G17,IF(C17:C24="支出",-D17:D24,D17:D24),LAMBDA(x,y,x+y))

日期	方向	金额	余额		期初金额
10-01	收入	10	110		100
10-02	支出	20	90		
10-03	支出	10	80		
10-04	收入	15	95		
10-05	收入	50	145		
10-06	支出	20	125		
10-07	支出	10	115		
10-08	收入	20	135		

图 6-38　将两个或多个变量数组计算后再传入 LAMBDA 函数

使用 IF 函数对“方向”所在的 C17:C24单元格区域进行判断，如果等于“支出”，则使用 – 运算符，将“金额”所在的 D17:D24 单元格区域转换为负数，否则不转换而直接引用正数金额，然后将 IF 函数计算后的数组作为 SCAN 函数的第 2 个参数，传入 LAMBDA 函数计算。

示例 6-11：根据收入和支出计算余额（支出为负数）

在 E29 单元格输入任意一个公式，如图 6-39 所示。

```
=SCAN(0,D29:D36,LAMBDA(x,y,x+y))
=SCAN(,D29:D36,LAMBDA(x,y,x+y))
```

E29 =SCAN(0,D29:D36,LAMBDA(x,y,x+y))

日期	方向	金额	余额
10-01	收入	10	10
10-02	支出	-20	-10
10-03	支出	-10	-20
10-04	收入	15	-5
10-05	收入	50	45
10-06	支出	-20	25
10-07	支出	-10	15
10-08	收入	20	35

图 6-39　根据收入和支出计算余额（支出为负数）

当没有“期初金额”时，可以将 SCAN 函数的第 1 个参数初始化值设置为 0，从 0 开始计算，或省略第 1 个参数，SCAN 函数会将第 2 个参数变量数组中的第 1 个值直接返回到结果，然后从第 2 个值传入 LAMBDA 函数计算。

示例 6-12：根据合并单元格添加序号

在 C41 单元格输入公式，如图 6-40 所示。

```
=SCAN(0,B41:B48,LAMBDA(x,y,IF(y<>"",x+1,x)))
```

C41　=SCAN(0,B41:B48,LAMBDA(x,y,IF(y<>"",x+1,x)))

	A	B	C	D	E
39					
40		日期	序号	姓名	金额
41		10-01	1	步志文	97
42			1	丁嘉祥	71
43		10-02	2	段绍辉	39
44			2	赵子明	80
45			2	杨问旋	13
46		10-03	3	飞鱼	90
47			3	冯俊	55
48			3	张歌	50
49					

图 6-40　根据合并单元格添加序号

SCAN 函数的第 1 个参数初始化值设置为 0，第 2 个参数引用“日期”所在的 B41:B48 单元格区域，第 3 个参数 LAMBDA 函数中依次设置 x、y 两个参数，然后设置 LAMBDA 函数的最后一个参数的计算公式，使用 IF 函数判断，如果参数 y 不等于空，则说明是合并单元格中的第 1 个单元格，需要对当前序号加 1，返回上一次计算结果参数 x 加 1，否则返回上一次计算结果参数 x，公式即可根据合并单元格添加序号。

示例 6-13：对每个合并单元格单独添加序号

在 C53 单元格输入公式，如图 6-41 所示。

```
=SCAN(0,B53:B60,LAMBDA(x,y,IF(y<>"",1,x+1)))
```

C53　　=SCAN(0,B53:B60,LAMBDA(x,y,IF(y<>"",1,x+1)))

日期	序号	姓名	金额
10-01	1	步志文	97
	2	丁嘉祥	71
10-02	1	段绍辉	39
	2	赵子明	80
	3	杨问旋	13
10-03	1	飞鱼	90
	2	冯俊	55
	3	张歌	50

图 6-41　对每个合并单元格单独添加序号

SCAN 函数的第 1 个参数初始化值设置为 0，第 2 个参数引用“日期”所在的 B53:B60 单元格区域，第 3 个参数 LAMBDA 函数中依次设置 x、y 两个参数，然后设置 LAMBDA 函数的最后一个参数的计算公式，使用 IF 函数判断，如果参数 y 不等于空，则说明是合并单元格中的第 1 个单元格，返回数值 1，否则返回上一次计算结果参数 x 加 1，公式即可对每个合并单元格单独添加序号。

示例 6-14：拆分并填充合并单元格（单列）

在 E65 单元格输入公式，如图 6-42 所示。

```
=SCAN(,B65:B72,LAMBDA(x,y,IF(y<>"",y,x)))
```

E65　　=SCAN(,B65:B72,LAMBDA(x,y,IF(y<>"",y,x)))

日期	姓名	金额	日期
10-01	步志文	97	10-01
	丁嘉祥	71	10-01
10-02	段绍辉	39	10-02
	赵子明	80	10-02
	杨问旋	13	10-02
10-03	飞鱼	90	10-03
	冯俊	55	10-03
	张歌	50	10-03

图 6-42　拆分并填充合并单元格（单列）

SCAN 函数省略第 1 个参数，第 2 个参数引用“日期”所在的 B65:B72 单元格区域，第 3 个参数 LAMBDA 函数中依次设置 x、y 两个参数，然后设置 LAMBDA 函数的最后一个参数的计算公式，使用 IF 函数判断，如果参数 y 不等于空，则说明是合并单元格中的第 1 个单元格，返回当前单元格的值，否则返回上次计算结果参数 x，公式即可拆分并填充合并单元格。

示例 6-15：拆分并填充合并单元格（多列）

在 F77 单元格输入公式，如图 6-43 所示。

```
=TRANSPOSE(SCAN(,TRANSPOSE(B77:D85),LAMBDA(x,y,IF(y<>"",y,x))))
```

F77 =TRANSPOSE(SCAN(,TRANSPOSE(B77:D85),LAMBDA(x,y,IF(y<>"",y,x))))

日期	姓名	金额
10-01	步志文	97
	赵子明	80
		13
10-03	飞鱼	90
	张歌	50

日期	姓名	金额
10-01	步志文	97
10-01	步志文	97
10-01	步志文	97
10-01	赵子明	80
10-01	赵子明	13
10-03	飞鱼	90
10-03	飞鱼	90
10-03	张歌	50
10-03	张歌	50

图 6-43 拆分并填充合并单元格（多列）

在需要将多列的合并单元格拆分后填充时，因 SCAN 函数的循环顺序为按行循环，在处理多列的合并单元格时，理想的循环顺序是按列循环，虽然 SCAN 函数无法设置循环顺序，但是可以将要处理的数据使用 TRANSPOSE 函数转置，使用 SCAN 函数填充后使用 TRANSPOSE 函数再次转置，公式即可拆分并填充多列的合并单元格。

示例 6-16：根据库存数量按下单顺序发货，发完为止，将可以发货的订单筛选出来

在 F92 单元格输入公式，如图 6-44 所示。

```
=TAKE(B90:D97,XMATCH(G89,SCAN(0,D90:D97,LAMBDA(x,y,x+y)),-1))
```

F92 =TAKE(B90:D97,XMATCH(G89,SCAN(0,D90:D97,LAMBDA(x,y,x+y)),-1))

日期	姓名	下单数量
10-01	赵子明	72
10-02	杨问旋	14
10-03	飞鱼	34
10-04	丁嘉祥	58
10-05	段绍辉	32
10-06	张歌	34
10-07	韩红丽	53
10-08	步志文	83

库存数量	180

日期	姓名	下单数量
10-01	赵子明	72
10-02	杨问旋	14
10-03	飞鱼	34
10-04	丁嘉祥	58

图 6-44　根据库存数量按下单顺序发货

使用 SCAN 函数计算“下单数量”的累计值，然后使用 XMATCH 函数查找，XMATCH 函数的第 1 个参数引用库存数量所在的 G89 单元格，第 2 个参数使用 SCAN 函数返回的数组结果，第 3 个参数匹配模式值设置为 –1（精确匹配或下一个较小的项），XMATCH 函数即可查找小于或等于“库存数量”的位置，然后使用 TAKE 函数从数据表区域开头截取指定的行即可。

在使用 SCAN 函数计算“下单数量”的累计值后，还可以使用 FILTER 函数将小于或等于“库存数量”的明细筛选出来。在 F92 单元格输入公式，如图 6-45 所示。

```
=FILTER(B90:D97,SCAN(0,D90:D97,LAMBDA(x,y,x+y))<=G89)
```

F92 =FILTER(B90:D97,SCAN(0,D90:D97,LAMBDA(x,y,x+y))<=G89)

日期	姓名	下单数量
10-01	赵子明	72
10-02	杨问旋	14
10-03	飞鱼	34
10-04	丁嘉祥	58
10-05	段绍辉	32
10-06	张歌	34
10-07	韩红丽	53
10-08	步志文	83

库存数量	180

日期	姓名	下单数量
10-01	赵子明	72
10-02	杨问旋	14
10-03	飞鱼	34
10-04	丁嘉祥	58

图 6-45　使用 FILTER 函数筛选小于或等于“库存数量”的明细

注意事项

（1）SCAN 函数会向 LAMBDA 函数传入 2 个参数，所以 LAMBDA 函数也一定需要设置 2 个参数来接收 SCAN 函数传入的参数，当 LAMBDA 函数的参数数量不是 2 时，函数会返回错误值 #VALUE!。在 E5 单元格输入公式，如图 6-46 所示。

```
=SCAN(G5,D5:D10,LAMBDA(x,y,z,x+y))
```

E5　=SCAN(G5, D5:D10, LAMBDA(x, y, z, x+y))

	A	B	C	D	E	F	G	H
3								
4		日期	方向	金额	余额		期初金额	
5		10-01	收入	10	#VALUE!		100	
6		10-02	支出	-20				
7		10-03	支出	-10				
8		10-04	收入	15				
9		10-05	收入	50				
10		10-06	支出	-20				
11								

图 6-46　当 LAMBDA 函数的参数数量不是 2 时

因为 LAMBDA 函数中设置了 3 个变量参数，所以 SCAN 函数返回错误值 #VALUE!。

（2）在 SCAN 函数中的 LAMBDA 函数计算公式只能返回单值或单个单元格引用，不支持返回数组或单元格区域，否则函数会返回错误值 #CALC!。在 D25 单元格输入公式，如图 6-47 所示。

```
=SCAN(G15,D15:D20,LAMBDA(x,y,HSTACK(x,x+y)))
```

E15　=SCAN(G15, D15:D20, LAMBDA(x, y, HSTACK(x, x+y)))

	A	B	C	D	E	F	G	H
13								
14		日期	方向	金额	余额		期初金额	
15		10-01	收入	10	#CALC!		100	
16		10-02	支出	-20				
17		10-03	支出	-10				
18		10-04	收入	15				
19		10-05	收入	50				
20		10-06	支出	-20				
21								

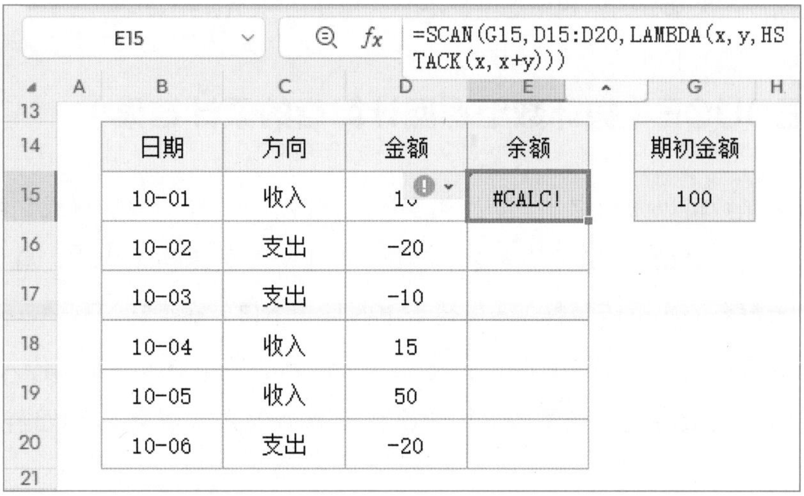

图 6-47　在 SCAN 函数中的 LAMBDA 函数计算公式只能返回单值或单个单元格引用

因为LAMBDA函数的最后一个参数的计算公式中，使用HSTACK函数返回了数组结果，所以SCAN函数返回错误值#CALC!。

（3）使用SCAN函数时，在LAMBDA函数的最后一个参数的计算公式中，是一定要使用第1个变量参数来计算的，否则函数返回结果将和MAP函数一样。在E25单元格输入公式，如图6-48所示。

=SCAN(G25,D25:D30,LAMBDA(x,y,y))

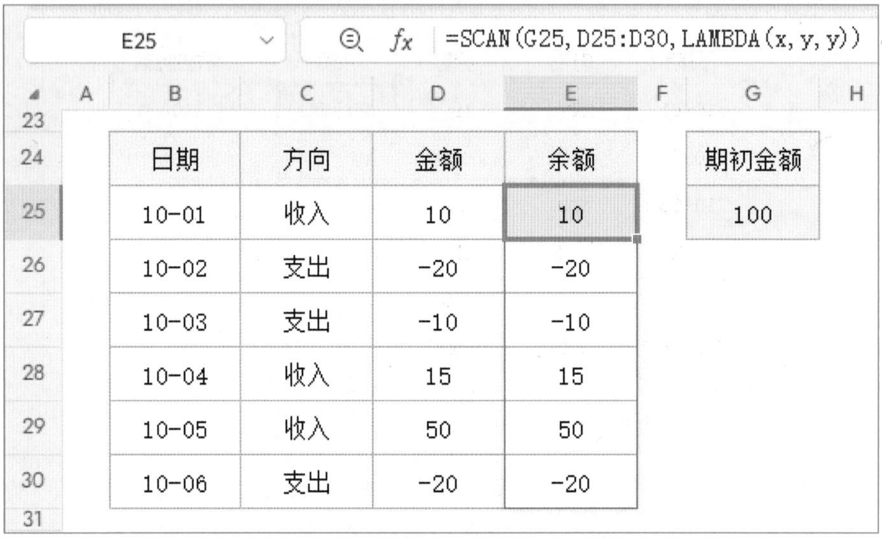

E25 =SCAN(G25,D25:D30,LAMBDA(x,y,y))

日期	方向	金额	余额		期初金额
10-01	收入	10	10		100
10-02	支出	-20	-20		
10-03	支出	-10	-10		
10-04	收入	15	15		
10-05	收入	50	50		
10-06	支出	-20	-20		

图6-48　一定要使用第1个变量参数来计算

因为LAMBDA函数的最后一个参数的计算公式中，只使用参数y，没有使用第1个参数传入的参数x，所以无法实现累计计算效果，SCAN函数的返回结果和MAP函数返回的结果相同，在大部分的常规用法中，不会这样使用SCAN函数。

6.5 REDUCE（循环数组返回计算后的累计结果）

REDUCE函数可以先指定一个初始化变量，再指定一个单元格区域或数组作为变量数组，函数会向LAMBDA函数传入2个参数，第1个参数为初始化值，第2个参数为变量数组，函数会依次循环参数2变量数组中的每一个值，在循环过程中，函数会将当前计算结果保存，在下一次计算时，会将上一次计算的结果通过参数1传入LAMBDA函数。REDUCE函数将返回变量数据中每个值计算后的累计结果，函数语法如图6-49所示。

REDUCE（循环数组返回计算后的累计结果）

语法

=REDUCE(初始化值，变量数组，LAMBDA表达式)

参数说明

参数1	初始化值 可省略，省略后参数2数组中第1个值作为初始化值，函数从数组中第2个值开始循环
参数2	变量数组 数组或单元格区域
参数3	LAMBDA表达式 参数必须是LAMBDA表达式

嵌套说明

=REDUCE(初始化值,变量数组,LAMBDA(变量1,变量2,计算公式))

图 6-49　REDUCE 函数语法

REDUCE 函数循环计算过程如图 6-50 所示。

参数设置

第 1 个参数：5

第 2 个参数：{10;20;30}

第 3 个参数：LAMBDA(x,y,x+y)

代入公式

=REDUCE(5,{10;20;30},LAMBDA(x,y,x+y))

计算过程

计算次数	y	计算过程	说明	计算结果	x	示例公式
初始化					5	
第1次计算	10	初始化值 5+10=15	函数记录15到计算结果 并且将本次计算结果传递给x变量	15	15	65
第2次计算	20	上次计算结果 15+20=35	函数记录35到计算结果 并且将本次计算结果传递给x变量	35	35	
第3次计算	30	上次计算结果 35+30=65	函数记录65到计算结果 并且将本次计算结果传递给x变量	65	65	

图 6-50　REDUCE 函数循环计算过程

当省略 REDUCE 函数的第 1 个参数时，函数循环计算过程如图 6-51 所示。

第 1 个参数：
第 2 个参数：{10;20;30}
第 3 个参数：LAMBDA(x,y,x+y)

代入公式

=REDUCE(,{10;20;30},LAMBDA(x,y,x+y))

计算过程

计算次数	y	计算过程	说明	计算结果	x	示例公式
初始化	10	初始化值 10	当省略第1个参数时，SCAN函数会将参数2变量数组中的第1个值作为初始化值，并且将此值直接赋值给结果（不会传入LAMBDA函数计算）	10	10	60
第1次计算	20	上次计算结果 10+20=30	函数记录30到计算结果 并且将本次计算结果传递给x变量	30	30	
第2次计算	30	上次计算结果 30+30=60	函数记录60到计算结果 并且将本次计算结果传递给x变量	60	60	

图 6-51　当省略 REDUCE 函数的第 1 个参数时，函数循环计算过程

当省略第 1 个参数时，REDUCE 函数会将参数 2 变量数组中的第 1 个值作为初始化值，并且将此值直接赋值给结果（不会传入 LAMBDA 函数计算）。

修改 LAMBDA 函数的最后一个参数的计算公式，将相加修改为文本连接，计算过程如图 6-52 所示。

参数设置

第 1 个参数：金山
第 2 个参数：{"W";"P";"S"}
第 3 个参数：LAMBDA(x,y,x&y)

代入公式

=REDUCE("金山",{"W";"P";"S"},LAMBDA(x,y,x&y))

计算过程

计算次数	y	计算过程	说明	计算结果	x	示例公式
初始化					金山	
第1次计算	W	初始化值 金山&W=金山W	函数记录金山W到计算结果 并且将本次计算结果传递给x变量	金山W	金山W	金山WPS
第2次计算	P	上次计算结果 金山W&P=金山WP	函数记录金山WP到计算结果 并且将本次计算结果传递给x变量	金山WP	金山WP	
第3次计算	S	上次计算结果 金山WP&S=金山WPS	函数记录金山WPS到计算结果 并且将本次计算结果传递给x变量	金山WPS	金山WPS	

图 6-52　修改 LAMBDA 函数的计算公式，将相加修改为文本连接

当 REDUCE 函数的第 2 个参数的单元格区域或数组为多行多列时，循环顺序为按行循环，如图 6-53 所示。

参数设置

第 1 个参数： 0

第 2 个参数： H7:I9

第 3 个参数： LAMBDA(x,y,x+y)

引用数据

1	1	1
1	1	1
1	1	1

代入公式

=REDUCE(0,H7:J9,LAMBDA(x,y,x+y))

计算结果

9

图 6-53 REDUCE 函数的第 2 个参数为多行多列时，循环顺序为按行循环

示例 6-17：根据替换名单批量替换人员

在 D5 单元格输入公式，如图 6-54 所示。

=REDUCE(C5,$F$6:$F$9,LAMBDA(x,y,SUBSTITUTE(x,y,OFFSET(y,0,1))))

D5　=REDUCE(C5,$F$6:$F$9,LAMBDA(x,y,SUBSTITUTE(x,y,OFFSET(y,0,1))))

项目	人员名单	替换后人员名单
项目A	赵子明、杨问旋、飞鱼	赵子明、李明军、张晓晓
项目B	丁嘉祥、段绍辉、韩红丽	丁嘉祥、段绍辉、韩红丽
项目C	步志文、冯俊	赵天明、冯俊
项目D	步志文、邱灵、辛晴	赵天明、邱灵、辛晴
项目E	晏姜、汤俊贤、于丝琪	晏姜、王佳佳、于丝琪
项目F	董玉、孔悦书、飞鱼	董玉、孔悦书、张晓晓

替换名单

姓名	替换后姓名
飞鱼	张晓晓
杨问旋	李明军
步志文	赵天明
汤俊贤	王佳佳

图 6-54 根据替换名单批量替换人员

REDUCE 函数的第 1 个参数初始化值引用要替换的“人员名单”所在的 C5 单元格，第 2 个参数变量数组引要替换名单的“姓名”所在的 F6:F9 单元格区域，LAMBDA 函数依次设置 x、y 两个参数来接收 REDUCE 函数传入的参数，然后设置 LAMBDA 函数的最后一个参数的计算公式，使用 SUBSTITUTE 函数替换，第 1 个参数引用初始化值参数 x，第 2 个参数替换旧文本，引用替换名单中的“姓名”对应的参数 y，第 3 个参数新文本，使用 OFFSET 函数以“姓名”对应的参数 y 为基点，OFFSET 函数的第 3 个参数值设置为 1，即向右偏移一列，即可获取到对应“替换后姓名”，REDUCE 函数在循环时，每替换一组“姓名”后，都会把替换结果赋值到变量 1 对应的 x 参数，在下一次替换时，可以对上一次的结果进行替换，最终实现将替换名单中的所有姓名全部替换。

当前的公式只能替换一个单元格，输入公式后需要向下填充，也可以嵌套 MAP 函数，输入一个公式后向下溢出。在 D5 单元格输入公式，如图 6-55 所示。

=MAP(C5:C10,LAMBDA(人员名单,REDUCE(人员名单,F5:F9,LAMBDA(x,y,SUBSTITUTE(x,y,OFFSET(y,0,1))))))

D5 　=MAP(C5:C10,LAMBDA(人员名单,REDUCE(人员名单,F5:F9,LAMBDA(x,y,SUBSTITUTE(x,y,OFFSET(y,0,1))))))

项目	人员名单	替换后人员名单
项目A	赵子明、杨问旋、飞鱼	赵子明、李明军、张晓晓
项目B	丁嘉祥、段绍辉、韩红丽	丁嘉祥、段绍辉、韩红丽
项目C	步志文、冯俊	赵天明、冯俊
项目D	步志文、邱灵、辛晴	赵天明、邱灵、辛晴
项目E	晏姜、汤俊贤、于丝琪	晏姜、王佳佳、于丝琪
项目F	董玉、孔悦书、飞鱼	董玉、孔悦书、张晓晓

替换名单

姓名	替换后姓名
飞鱼	张晓晓
杨问旋	李明军
步志文	赵天明
汤俊贤	王佳佳

图 6-55　使用 MAP 函数

MAP 函数的第 1 个参数引用“人员名单”所在的 C5:C10 单元格区域，然后使用 LAMBDA 函数，LAMBDA 函数的第 1 个参数设置参数名为“人员名单”，使用 REDUCE 函数公式作为 LAMBDA 函数的最后一个参数的计算公式，REDUCE 函数的第 1 个参数引用 LAMBDA 函数定义的“人员名单”参数，MAP 函数可以将多个名单依次传入 REDUCE 函数计算，然后返回计算后的数组结果。

REDUCE 函数除了可以返回累计计算的数值和连接后的文本，还可以返回数组结果。在 LAMBDA 函数最后一个参数中的计算公式中，使用 VSTACK、HSTACK 函数可以返回累计的数组结果，嵌套格式如图 6-56 所示。

参数设置

第 1 个参数：

第 2 个参数： H23:J24

第 3 个参数： LAMBDA(x,y,VSTACK(x,y))

引用数据

数据1	数据2	数据3
数据4	数据5	数据6

代入公式

=REDUCE(,H23:J24,LAMBDA(x,y,VSTACK(x,y)))

计算结果

数据1
数据2
数据3
数据4
数据5
数据6

图 6-56　使用 VSTACK、HSTACK 函数返回累计数组结果

示例 6-18：生成 2 组 1～3 的循环序号

在 D5 单元格输入公式，如图 6-57 所示。

```
=DROP(REDUCE(0,SEQUENCE(2),LAMBDA(x,y,VSTACK(x,SEQUENCE(3)))),1)
```

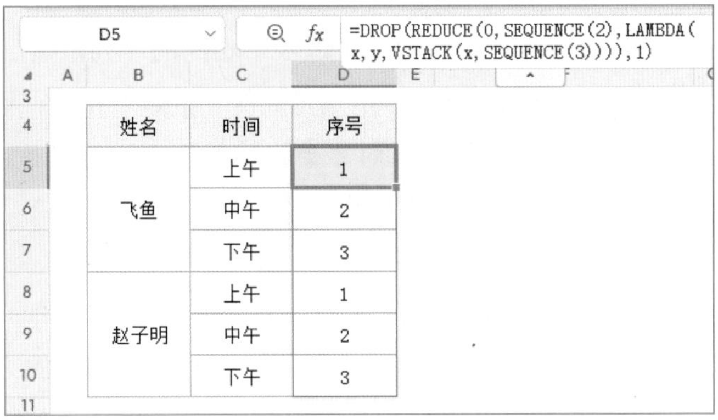

D5　=DROP(REDUCE(0, SEQUENCE(2), LAMBDA(x, y, VSTACK(x, SEQUENCE(3)))), 1)

姓名	时间	序号
飞鱼	上午	1
	中午	2
	下午	3
赵子明	上午	1
	中午	2
	下午	3

图 6-57　生成 2 组 1~3 的循环序号

REDUCE 函数的第 1 个参数初始化值可以设置为任意值，第 2 个参数使用 SEQUENCE 函数生成一个 2 行的序列数组作为变量数组，LAMBDA 函数依次设置 x、y 两个参数来接收 REDUCE 函数传入的参数，LAMBDA 函数的最后一个参数计算公式使用 SEQUENCE 函数生成一个 3 行的序列数组，然后使用 VSTACK 函数将上一次计算结果参数 x 和 SEQUENCE 函数生成的序列数组拼接。在 LAMBDA 函数的计算公式中，并没有使用参数 y，只是根据传入的数组数量，循环指定次数实现将 SEQUENCE 函数生成的序列累计，因为初始值变量传入了一个值，REDUCE 函数在第一次计算时，会将初始值也进行累计，最后使用 DROP 函数对 REDUCE 函数返回的累计结果从开头删除一行，即可生成 2 组 1~3 的循环序号。

示例 6-19：生成 2 组 3 个一组的分组序号

在 D15 单元格输入公式，如图 6-58 所示。

```
=DROP(REDUCE(0,SEQUENCE(2),LAMBDA(x,y,VSTACK(x,SEQUENCE(3,,y,0)))),1)
```

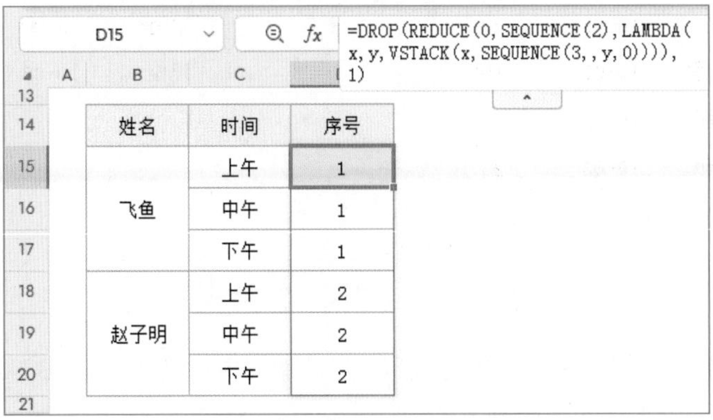

D15　=DROP(REDUCE(0, SEQUENCE(2), LAMBDA(x, y, VSTACK(x, SEQUENCE(3, , y, 0)))), 1)

姓名	时间	序号
飞鱼	上午	1
	中午	1
	下午	1
赵子明	上午	2
	中午	2
	下午	2

图 6-58　生成 3 个一组的分组序号

REDUCE 函数的第 1 个参数初始化值可以设置任意值，第 2 个参数使用 SEQUENCE 函数生成一个 2 行的序列数组作为变量数组。LAMBDA 函数依次设置 x、y 两个参数来接收 REDUCE 函数传入的参数，LAMBDA 函数的最后一个参数计算公式使用 SEQUENCE 函数的第 1 个参数设置 3，SEQUENCE 函数的第 3 个参数引用参数 y，第 4 个参数增量设置值为 0，SEQUENCE 函数即可根据参数 y 生成 3 个相同的序列，然后使用 VSTACK函数将上一次计算结果参数 x 和 SEQUENCE 函数生成的序列数组拼接，因为初始值变量传入了一个值，REDUCE 函数在第一次计算时，会将初始值也进行累计，最后使用 DROP 函数对 REDUCE 函数返回的累计结果从开头删除一行，即可生成 2 组 3 个一组的分组序号。

使用 REDUCE 函数生成有规则的循环序号主要是演示使用 REDUCE 函数可以嵌套 VSTACK、HSTACK 函数返回累计数组，在实际工作中，有更简便的方法生成有规则的序号。

生成 2 组 1 ～ 3 的循环序号公式。

```
=MOD(SEQUENCE(6,,3),3)+1
```

生成 3 个一组的分组序号。

```
=INT(SEQUENCE(6,,3)/3)
```

示例 6-20：批量查询多个姓名的明细

在 H24 单元格输入公式，如图 6-59 所示。

```
=REDUCE(B24:D24,F25:F27,LAMBDA(x,y,VSTACK(x,FILTER(B25:D32,B25:B32=y,y))))
```

H24 =REDUCE(B24:D24,F25:F27,LAMBDA(x,y,VSTACK(x,FILTER(B25:D32,B25:B32=y,y))))

	B	C	D	F	H	I	J
24	姓名	日期	金额	查询姓名	姓名	日期	金额
25	赵子明	10-01	20	赵子明	赵子明	10-01	20
26	杨问旋	10-01	20	飞小鱼	赵子明	10-02	15
27	飞鱼	10-01	30	冯俊	赵子明	10-03	20
28	飞鱼	10-02	20		飞小鱼	#N/A	#N/A
29	赵子明	10-02	15		冯俊	10-03	60
30	韩红丽	10-02	18				
31	赵子明	10-03	20				
32	冯俊	10-03	60				

图 6-59　批量查询多个姓名的明细

REDUCE 函数的第 1 个参数初始化值，引用明细表标题所在的 B24:D24 单元格区域，第 2 个参数变量数组引用“查询姓名”所在的 F25:F27 单元格区域，LAMBDA 函数依次设置 x、y 两个参数用来接收 REDUCE 函数传入的参数，LAMBDA 函数的最后一个参数计算公式使用 FILTER 函数筛选，FILTER 函数的第 1 个参数引用明细表所在的 B25:D32 单元格区域，FILTER 函数的第 2 个参数筛选条件引用明细表中“姓名”所在的 B25:B27 单元格区域等于“查询姓名”对应的参数 y，FILTER 函数的第 3 个参数筛选结果空时的返回值，引用“查询姓名”参数 y，然后使用 VSTACK 函数将上一次计算结果参数 x 和 FILTER 函数筛选出来的结果数组拼接。

因为初始值传入了明细表标题所在的单元格区域，REDUCE 函数在第一次计算时，会将标题也进行累计，所以使用 REDUCE 函数计算时，如果需要对计算结果添加标题，可以将标题内容通过 REDUCE 函数的第 1 个参数传入，如果不需要标题，则可以任意指定一个值作为初始化值，然后使用 DROP 函数将 REDUCE 函数返回的结果中的第 1 行删除。

示例 6-21：根据工资明细表生成工资条

在 G36 单元格输入公式，如图 6-60 所示。

=DROP(REDUCE("",B37:B42,LAMBDA(x,y,VSTACK(x,VSTACK(B36:E36,OFFSET(y,0,0,1,4))))),1)

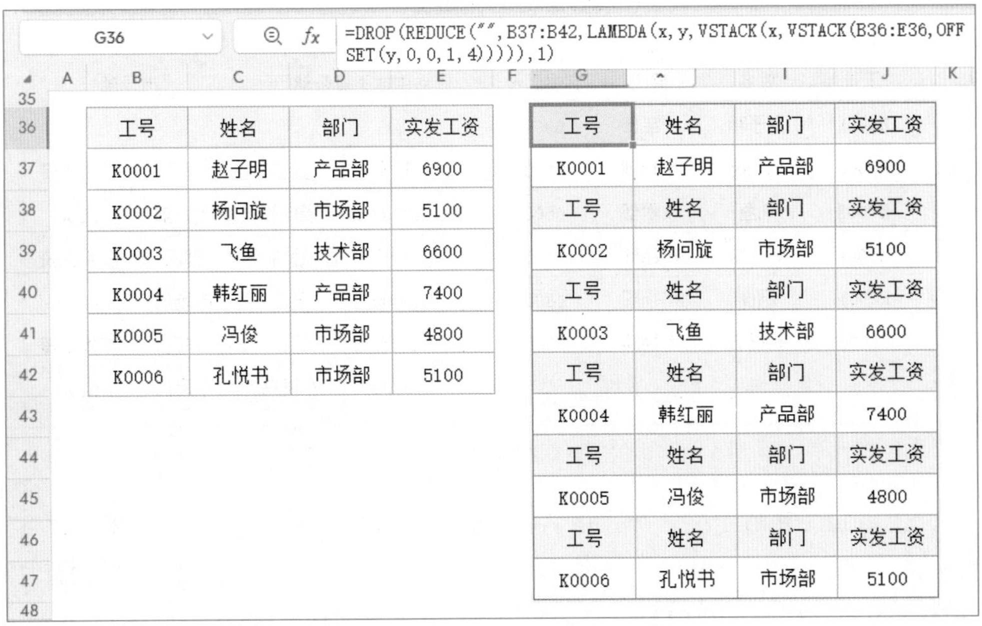

G36 =DROP(REDUCE("",B37:B42,LAMBDA(x,y,VSTACK(x,VSTACK(B36:E36,OFFSET(y,0,0,1,4))))),1)

工号	姓名	部门	实发工资
K0001	赵子明	产品部	6900
K0002	杨问旋	市场部	5100
K0003	飞鱼	技术部	6600
K0004	韩红丽	产品部	7400
K0005	冯俊	市场部	4800
K0006	孔悦书	市场部	5100

工号	姓名	部门	实发工资
K0001	赵子明	产品部	6900
工号	姓名	部门	实发工资
K0002	杨问旋	市场部	5100
工号	姓名	部门	实发工资
K0003	飞鱼	技术部	6600
工号	姓名	部门	实发工资
K0004	韩红丽	产品部	7400
工号	姓名	部门	实发工资
K0005	冯俊	市场部	4800
工号	姓名	部门	实发工资
K0006	孔悦书	市场部	5100

图 6-60 根据工资明细表生成工资条

（1）REDUCE 函数的第 1 个参数初始化值设置一个任意值，第 2 个参数变量数组引用工资明细表区域除标题外的首列所在的 B37:B42 单元格区域，因为 REDUCE 函数在循环时是循环数组中的每一个值，所以只能将多行多列的单元格区域根据需求引用首行或首列后，使用 OFFSET 函数将传入的单元格作为基点，然后通过偏移或扩展来获取数据。

（2）设置好前两个参数后，开始编写 LAMBDA 函数部分，依次设置 x、y 两个参数用来接收 REDUCE 函数传入的参数，LAMBDA 函数的最后一个参数计算公式使用 OFFSET 函数，以参数 y 作为基点，偏移 0 行 0 列后扩展至 1 行 4 列，即可获取当前行的多列数据。

（3）使用第 1 个 VSTACK 函数，将工资明细表的标题所在的 B36:E36 单元格区域和 OFFSET 函数获取到的当前行数据拼接，第 1 个 VSTACK 函数即可返回一组有标题行的当前工资明细的数组结果。

（4）再次使用 VSTACK 函数将上一次计算结果参数 x 和第 1 个 VSTACK 函数返回的结果拼接，REDUCE 函数即可将每一行的工资明细和标题行累计，返回最终结果。

（5）使用 DROP 函数将 REDUCE 函数返回的结果中的第 1 行删除。

示例 6-22：根据工资明细表中的指定部门生成工资条

在 G53 单元格输入公式，如图 6-61 所示。

```
=LET(data,FILTER(B52:E57,D52:D57=I51),k,ROWS(data),DROP(REDUCE("",SEQUENCE(k),
LAMBDA(x,y,VSTACK(x,VSTACK(B51:E51,CHOOSEROWS(data,y))))),1))
```

G53　=LET(data,FILTER(B52:E57,D52:D57=I51),k,ROWS(data),DROP(REDUCE("",SEQUENCE(k),LAMBDA(x,y,VSTACK(x,VSTACK(B51:E51,CHOOSEROWS(data,y))))),1))

工号	姓名	部门	实发工资
K0001	赵子明	产品部	6900
K0002	杨问旋	市场部	5100
K0003	飞鱼	技术部	6600
K0004	韩红丽	产品部	7400
K0005	冯俊	市场部	4800
K0006	孔悦书	市场部	5100

生成工资条部门	市场部

工号	姓名	部门	实发工资
K0002	杨问旋	市场部	5100
工号	姓名	部门	实发工资
K0005	冯俊	市场部	4800
工号	姓名	部门	实发工资
K0006	孔悦书	市场部	5100

图 6-61　根据工资明细表中的指定部门生成工资条

（1）使用 LET 函数定义一个 data 名称，data 名称对应的值使用 FILTER 函数将生成工资条的部门筛选出来，然后定义一个 k 名称，k 名称对应的值使用 ROWS 函数获取筛选出来的数据行数，然后使用 REDUCE 函数根据筛选出来的行数循环。

（2）REDUCE 函数的第 1 个参数初始化值设置为一个任意值，第 2 个参数变量数组使用 SEQUENCE 函数引用 LET 函数中的名称 k，根据筛选出的数据行数生成序列。

（3）编写 LAMBDA 函数，依次设置 x、y 两个参数用来接收 REDUCE 函数传入的参数，LAMBDA 函数的最后一个参数计算公式使用 CHOOSEROWS 函数，第 1 个参数引用

LET 函数中的名称 data，第 2 个参数引用 LAMBDA 函数中的参数 y，在循环时即可获取到筛选后当前行的数据。

（4）使用第 1 个 VSTACK 函数，将工资明细表的标题所在的 B51:E51 单元格区域和 CHOOSEROWS 函数返回的数据拼接，第 1 个 VSTACK 函数即可返回一组有标题行的当前工资明细的数组结果。

（5）再次使用 VSTACK 函数将上一次计算结果参数 x 和第 1 个 VSTACK 函数返回的结果拼接，REDUCE 函数即可将每一行的工资明细和标题行累计，返回最终结果。

（6）使用 DROP 函数将 REDUCE 函数返回的结果中的第 1 行删除。

注：在示例 6-21、示例 6-22 中生成的工资条标题所在行的背景颜色是通过格式刷或条件格式设置的，函数只能返回数据，无法返回单元格格式。

注意事项

（1）REDUCE 函数会向 LAMBDA 函数传入 2 个参数，所以 LAMBDA 函数也一定需要设置 2 个参数来接收 REDUCE 函数传入的参数，当 LAMBDA 函数的参数数量不是 2 时，函数会返回错误值 #VALUE!。在 E5 单元格输入公式，如图 6-62 所示。

=DROP(REDUCE(0,SEQUENCE(2),LAMBDA(x,y,z,VSTACK(x,SEQUENCE(3)))),1)

D5　=DROP(REDUCE(0,SEQUENCE(2),LAMBDA(x,y,z,VSTACK(x,SEQUENCE(3)))),1)

姓名	时间	序号
飞鱼	上午	#VALUE!
	中午	
	下午	
赵子明	上午	
	中午	
	下午	

图 6-62　当 LAMBDA 函数的参数数量不是 2 时

因为 LAMBDA 函数中设置了 3 个变量参数，所以 REDUCE 函数返回错误值 #VALUE!。

（2）使用 REDUCE 函数时，在 LAMBDA 函数的最后一个参数的计算公式中，是一定要使用第 1 个参数来计算的，否则函数将返回数组变量中最后一个值的计算结果。在 H14 单元格输入公式，如图 6-63 所示。

=REDUCE(B14:D14,F15:F17,LAMBDA(x,y,FILTER(B15:D22,B15:B22=y,y)))

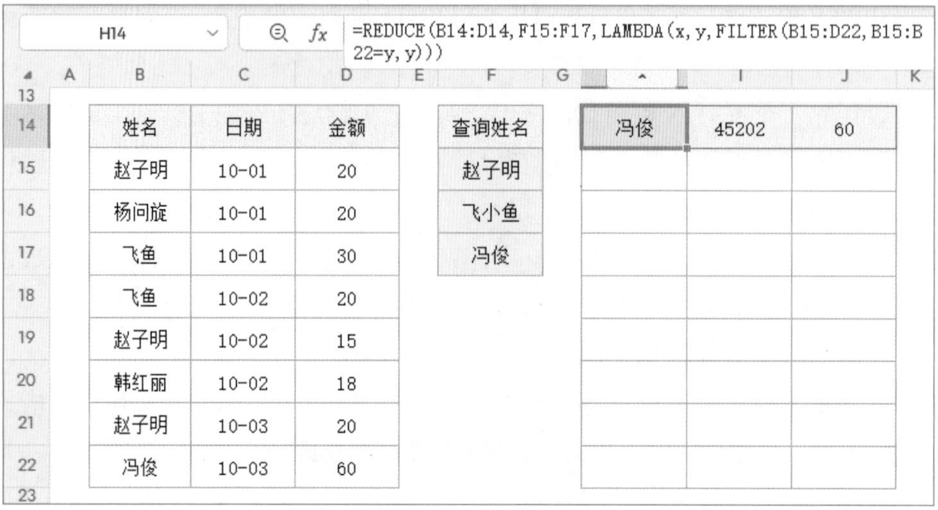

H14 =REDUCE(B14:D14,F15:F17,LAMBDA(x,y,FILTER(B15:D22,B15:B22=y,y)))

姓名	日期	金额
赵子明	10-01	20
杨问旋	10-01	20
飞鱼	10-01	30
飞鱼	10-02	20
赵子明	10-02	15
韩红丽	10-02	18
赵子明	10-03	20
冯俊	10-03	60

查询姓名
赵子明
飞小鱼
冯俊

冯俊	45202	60

图 6-63　一定要使用第 1 个变量参数来计算

因为公式中没有使用第 1 个参数 x 累计，所以 REDUCE 函数只返回最后一个姓名的查询结果。

6.6 BYROW（循环数组行返回计算后的一列结果）

BYROW 函数可以将一个单元格区域或数组按行循环，将每行数据传入 LAMBDA 函数计算，函数将返回每一行计算后的一列结果，返回的结果数组行数和传入的变量数组行数相同，函数语法如图 6-64 所示。

BYROW（循环数组行返回计算后的一列结果）

语法

BYROW(变量数组，LAMBDA表达式)

参数说明

参数1	变量数组 数组或单元格区域
参数2	LAMBDA表达式 参数必须是LAMBDA表达式

嵌套说明

=BYROW(变量数组,LAMBDA(变量,SUM(变量)))

图 6-64　BYROW 函数语法

示例 6-23：计算多个科目的总分

在 F5 单元格输入公式，如图 6-65 所示。

=BYROW(C5:E10,LAMBDA(变量 ,SUM(变量)))

F5 =BYROW(C5:E10,LAMBDA(变量,SUM(变量)))

姓名	数学	语文	英语	总分
张歌	78	89	56	223
韩红丽	93	91	77	261
飞鱼	54	67	84	205
闫小妮	72	87	99	258
步志文	58	76	55	189
赵子明	92	71	64	227

图 6-65　计算多个科目的总分

BYROW 函数的第 1 个参数引用多个科目所在的 C5:E10 单元格区域，第 2 个参数使用 LAMBDA 函数设置一个计算公式，LAMBDA 函数的第 1 个参数名称设置为“变量”，用来接收 BYROW 函数传入的每一行数据，LAMBDA 函数的最后一个参数计算公式使用 SUM 函数对 BYROW 函数传入的每一行数据求和，BYROW 函数即可返回每一行计算后的结果数组。

示例 6-24：将省、市、区 / 县合并到一列

在 F15 单元格输入公式，如图 6-66 所示。

=BYROW(C15:E20,LAMBDA(变量 ,TEXTJOIN("-",TRUE, 变量)))

F15 =BYROW(C15:E20,LAMBDA(变量,TEXTJOIN("-",TRUE,变量)))

姓名	省	市	区/县	地址
张歌	河南省	南阳市	镇平县	河南省-南阳市-镇平县
韩红丽	山东省	菏泽市	鄄城县	山东省-菏泽市-鄄城县
飞鱼	甘肃省	陇南市	两当县	甘肃省-陇南市-两当县
闫小妮	上海市	上海市	浦东新区	上海市-上海市-浦东新区
步志文	河北省	保定市	雄县	河北省-保定市-雄县
赵子明	湖北省	宜昌市	猇亭区	湖北省-宜昌市-猇亭区

图 6-66　将省、市、区 / 县合并到一列

BYROW 函数的第 1 个参数引用“省、市、区 / 县”所在的 C15:E20 单元格区域，第 2 个参数使用 LAMBDA 函数设置一个计算公式，LAMBDA 函数的第 1 个参数名称设置为“变量”，用来接收 BYROW 函数传入的每一行数据，LAMBDA 函数的最后一个参数计算公式使用 TEXTJOIN 函数对 BYROW 函数传入的每一行数据使用 – 符号进行连接，BYROW 函数即可返回每一行计算后的结果数组。

示例 6-25：计算多个科目得分中最佳科目名称

在 F25 单元格输入公式，如图 6-67 所示。

=BYROW(C25:E30,LAMBDA(变量 ,@SORTBY(C24:E24, 变量 ,−1)))

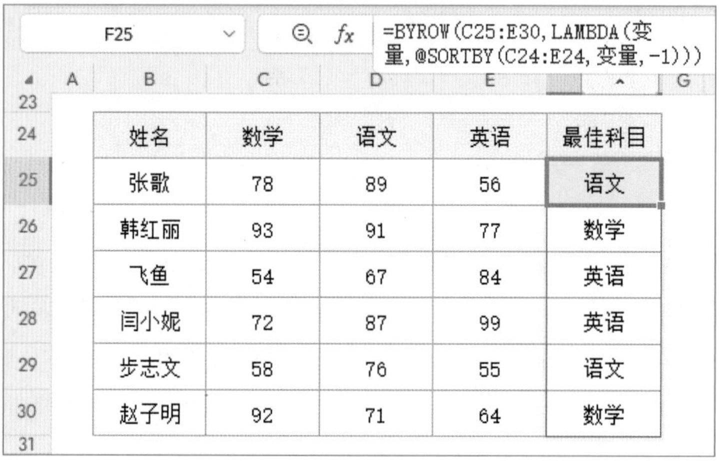

F25　=BYROW(C25:E30,LAMBDA(变量,@SORTBY(C24:E24,变量,-1)))

	A	B	C	D	E	F
23						
24		姓名	数学	语文	英语	最佳科目
25		张歌	78	89	56	语文
26		韩红丽	93	91	77	数学
27		飞鱼	54	67	84	英语
28		闫小妮	72	87	99	英语
29		步志文	58	76	55	语文
30		赵子明	92	71	64	数学
31						

图 6-67　计算多个科目得分中最佳科目名称

BYROW 函数的第 1 个参数引用多个科目所在的 C25:E30 单元格区域，第 2 个参数使用 LAMBDA 函数设置一个计算公式，LAMBDA 函数的第 1 个参数名称设置为“变量”，用来接收 BYROW 函数传入的每一行数据，LAMBDA 函数的最后一个参数计算公式使用 SORTBY 函数排序，SORTBY 函数的第 1 个参数排序区域引用科目标题所在的 C24:E24 单元格区域，SORTBY 函数的第 2 个参数排序依据引用 BYROW 函数传入的每一行数据，SORTBY 函数的第 3 个参数排序方式设置为 –1（降序排序），SORTBY 函数即可根据分数对科目进行降序排序，然后使用隐式交集运算符 @ 获取降序排序后的首个科目，BYROW 函数即可返回每一行计算后的结果数组。

本示例公式未考虑最高分重复的情况。当出现最高分重复时，此公式将按标题科目顺序返回前面的科目名称。

注意事项

（1）BYROW 函数会向 LAMBDA 函数传入 1 个参数，所以 LAMBDA 函数也一定需要设置 1 个参数来接收 BYROW 函数传入的参数，当 LAMBDA 函数的参数数量不是 1 时，函数会返回错误值 #VALUE!。在 F5 单元格输入公式，如图 6-68 所示。

=BYROW(C5:E10,LAMBDA(变量 , 变量 2,SUM(变量)))

F5　=BYROW(C5:E10,LAMBDA(变量,变量2,SUM(变量)))

姓名	数学	语文	英语	总分
张歌	78	89	5…	#VALUE!
韩红丽	93	91	77	

图 6-68　当 LAMBDA 函数的参数数量不是 1 时

因为 LAMBDA 函数中设置了 2 个变量参数，所以 BYROW 函数返回错误值 #VALUE!。

（2）BYROW 函数中 LAMBDA 函数计算公式只能返回单值或单个单元格引用，不支持返回数组或单元格区域，否则函数会返回错误值 #CALC!。在 F15 单元格输入公式，如图 6-69 所示。

=BYROW(C15:E20,LAMBDA(变量 ,SORTBY(C14:E14, 变量 ,−1)))

F15　=BYROW(C15:E20,LAMBDA(变量,SORTBY(C14:E14,变量,-1)))

姓名	数学	语文	英语	最佳科目
张歌	78	89	5…	#CALC!
韩红丽	93	91	77	

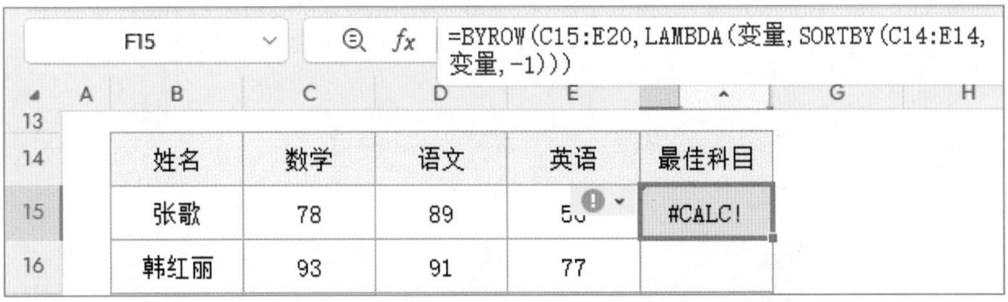

图 6-69　当 LAMBDA 函数计算公式不是返回单值或单个单元格引用时

因为在 LAMBDA 函数的最后一个参数的计算公式中，SORTBY 函数返回的是数组结果，所以 BYROW 函数返回错误值 #CALC!。

6.7 BYCOL（循环数组列返回计算后的一行结果）

BYCOL 函数可以将一个单元格区域或数组按列循环，将每列数据传入 LAMBDA 函数计算，函数将返回每一列计算后的一行结果，返回的结果数组列数和传入的变量数组列数相同，函数语法如图 6-70 所示。

BYCOL（循环数组列返回计算后的一行结果）

语法

BYCOL(变量数组，LAMBDA表达式)

参数说明

参数1	变量数组（必填项） 数组或单元格区域
参数2	LAMBDA表达式（必填项） 参数必须是LAMBDA表达式

嵌套说明

=BYCOL(变量数组,LAMBDA(变量,SUM(变量)))

图 6-70　BYCOL 函数语法

示例 6-26：计算每个科目的平均分

在 C11 单元格输入公式，如图 6-71 所示。

=ROUND(BYCOL(C5:E10,LAMBDA(变量 ,AVERAGE(变量))),2)

C11　=ROUND(BYCOL(C5:E10,LAMBDA(变量,AVERAGE(变量)),2)

姓名	数学	语文	英语
张歌	78	89	56
韩红丽	93	91	77
飞鱼	54	67	84
闫小妮	72	87	99
步志文	58	76	55
赵子明	92	71	64
平均分	74.5	80.17	72.5

图 6-71　计算每个科目的平均分

BYCOL 函数的第 1 个参数引用多个科目所在的 C5:E10 单元格区域，第 2 个参数使用 LAMBDA 函数设置一个计算公式，LAMBDA 函数的第 1 个参数名称设置为“变量”，用来接收 BYCOL 函数传入的每一列数据，LAMBDA 函数的最后一个参数计算公式使用

AVERAGE 函数对 BYCOL 函数传入的每一列数据求平均值，BYCOL 函数即可返回每一列计算后的结果数组。

示例 6-27：将每个科目报名的学生姓名合并到一个单元格

在 C22 单元格输入公式，如图 6-72 所示。

=BYCOL(C16:G21,LAMBDA(变量 ,TEXTJOIN(CHAR(10),TRUE,IF(变量 =" √ ",B16:B21,""))))

姓名	音乐	舞蹈	钢琴	绘画	雕塑
步志文		√			√
丁嘉祥		√		√	√
段绍辉	√			√	
赵子明			√		
杨问旋	√				
飞鱼		√		√	
报名名单	段绍辉 杨问旋	步志文 丁嘉祥 飞鱼	赵子明	丁嘉祥 段绍辉 飞鱼	步志文 丁嘉祥

图 6-72 将每个科目报名的学生姓名合并到一个单元格

BYCOL 函数的第 1 个参数引用多个科目所在的 C16:G21 单元格区域，第 2 个参数使用 LAMBDA 函数设置一个计算公式，LAMBDA 函数的第 1 个参数名称设置为“变量”，用来接收 BYCOL 函数传入的每一列数据，LAMBDA 函数的最后一个参数计算公式使用 IF 函数判断传入的每一列数据是否等于 √，如果等于 √ 则返回姓名所在的 B16:B21 单元格区域，否则返回空文本，然后使用 TEXTJOIN 函数将 IF 函数返回的姓名连接，TEXTJOIN 函数的第 1 个参数分隔符使用 CHAR(10) 返回换行符作为分隔符号，TEXTJOIN 函数的第 2 个参数设置为 TRUE（忽略空值），将 IF 函数返回的数组作为 TEXTJOIN 函数的第 3 个参数，BYCOL 函数即可返回每一列计算后的结果数组。

注意事项

（1）BYCOL 函数会向 LAMBDA 函数传入 1 个参数，所以 LAMBDA 函数也一定需要设置 1 个参数来接收 BYCOL 函数传入的参数，当 LAMBDA 函数的参数数量不是 1 时，函数会返回错误值 #VALUE!。在 C11 单元格输入公式，如图 6-73 所示。

=ROUND(BYCOL(C5:E10,LAMBDA(变量 , 变量 2,AVERAGE(变量))),2)

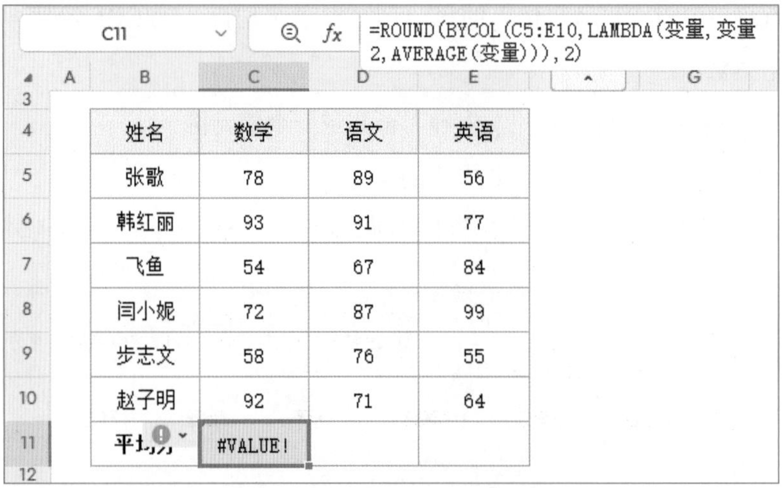
C11 =ROUND(BYCOL(C5:E10,LAMBDA(变量,变量2,AVERAGE(变量))),2)

	A	B	C	D	E
4		姓名	数学	语文	英语
5		张歌	78	89	56
6		韩红丽	93	91	77
7		飞鱼	54	67	84
8		闫小妮	72	87	99
9		步志文	58	76	55
10		赵子明	92	71	64
11		平均分	#VALUE!		

图 6-73　当 LAMBDA 函数的参数数量不是 1 时

因为 LAMBDA 函数中设置了 2 个变量参数，所以 BYCOL 函数返回错误值 #VALUE!。

（2）BYCOL 函数中 LAMBDA 函数计算公式只能返回单值或单个单元格引用，不支持返回数组或单元格区域，否则函数会返回错误值 #CALC!。在 C22 单元格输入公式，如图 6-74 所示。

=BYCOL(C16:G21,LAMBDA(变量,IF(变量="√",B16:B21,"")))

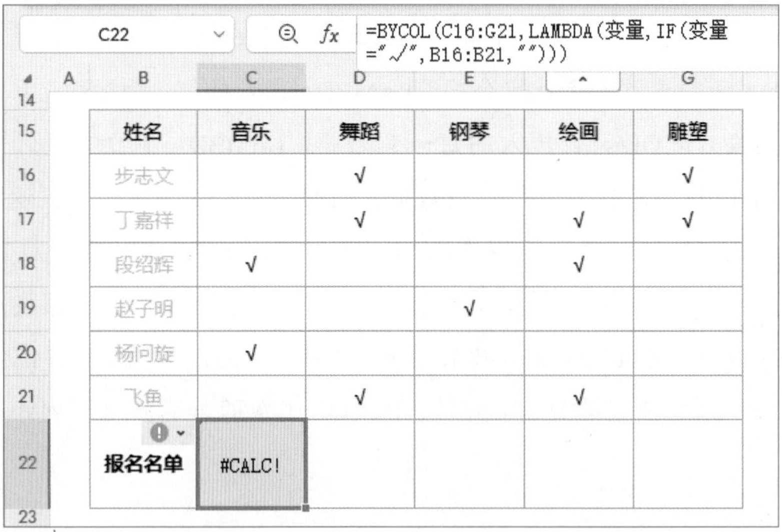
C22 =BYCOL(C16:G21,LAMBDA(变量,IF(变量="√",B16:B21,"")))

	A	B	C	D	E	F	G
15		姓名	音乐	舞蹈	钢琴	绘画	雕塑
16		步志文		√			√
17		丁嘉祥		√		√	√
18		段绍辉	√			√	
19		赵子明			√		
20		杨问旋	√				
21		飞鱼		√		√	
22		报名名单	#CALC!				

图 6-74　当 LAMBDA 函数计算公式不是返回单值或单个单元格引用时

因为在 LAMBDA 函数的最后一个参数的计算公式中，IF 函数返回的是数组结果，所以 BYCOL 函数返回错误值 #CALC!。

6.8 MAKEARRAY（根据指定行列返回计算后的数组结果）

MAKEARRAY 函数可以指定行数和列数，函数将根据行数和列数的乘积来循环，每次将当前对应行列值传入 LAMBDA 函数计算，MAKEARRAY 函数将返回计算后的数组结果，函数语法如图 6-75 所示。

MAKEARRAY（根据指定行列返回计算后的数组结果）

语法

MAKEARRAY(生成行数，生成列数，LAMBDA表达式)

参数说明

参数	说明
参数1	生成行数（必填项） 大于0的整数
参数2	生成列数（必填项） 大于0的整数
参数3	LAMBDA表达式（必填项） 参数必须是LAMBDA表达式

嵌套说明

=MAKEARRAY(生成行数,生成列数,LAMBDA(x,y,x*y))

图 6-75 MAKEARRAY 函数语法

示例 6-28：生成九九乘法表

在 B4 单元格输入公式，如图 6-76 所示。

=MAKEARRAY(9,9,LAMBDA(x,y,IF(x>=y,y&"×"&x&"="&x*y,"")))

B4 fx =MAKEARRAY(9,9,LAMBDA(x,y,IF(x>=y,y&"×"&x&"="&x*y,"")))

	A	B	C	D	E	F	G	H	I	J	K
3											
4		1×1=1									
5		1×2=2	2×2=4								
6		1×3=3	2×3=6	3×3=9							
7		1×4=4	2×4=8	3×4=12	4×4=16						
8		1×5=5	2×5=10	3×5=15	4×5=20	5×5=25					
9		1×6=6	2×6=12	3×6=18	4×6=24	5×6=30	6×6=36				
10		1×7=7	2×7=14	3×7=21	4×7=28	5×7=35	6×7=42	7×7=49			
11		1×8=8	2×8=16	3×8=24	4×8=32	5×8=40	6×8=48	7×8=56	8×8=64		
12		1×9=9	2×9=18	3×9=27	4×9=36	5×9=45	6×9=54	7×9=63	8×9=72	9×9=81	
13											

图 6-76 生成九九乘法表

MAKEARRAY 函数的第 1 个参数生成行数值设置为 9，第 2 个参数生成列数值设置为 9，第 3 个参数使用 LAMBDA 函数设置一个计算公式，依次设置 x、y 两个参数来接收 MAKEARRAY 函数传入的参数，其中参数 x 对应的是生成行数，参数 y 对应的是生成列数，LAMBDA 函数的最后一个参数计算公式使用 IF 函数判断，如果当前行数 x 大于或等于当前列数 y，使用公式将依次连接参数 y、×、参数 x、= 符号、参数 y 乘以参数 x 的结果，否则返回空文本，MAKEARRAY 函数即可返回九九乘法表。

示例 6-29： 根据评分生成星级

在 D17 单元格输入公式，如图 6-77 所示。

```
=MAKEARRAY(6,5,LAMBDA(x,y,IF(y<=INDEX(C17:C22,x)," ★ ","")))
```

姓名	评分	星级				
步志文	3	★	★	★		
丁嘉祥	5	★	★	★	★	★
段绍辉	4	★	★	★	★	
赵子明	3	★	★	★		
杨问旋	2	★	★			
飞鱼	4	★	★	★	★	

图 6-77　根据评分生成星级

MAKEARRAY 函数的第 1 个参数生成行数设置为 6，第 2 个参数生成列数设置为 5，第 3 个参数使用 LAMBDA 函数设置一个计算公式，依次设置 x、y 两个参数来接收 MAKEARRAY 函数传入的参数，其中参数 x 对应的是生成行数，参数 y 对应的是生成列数，LAMBDA 函数的最后一个参数计算公式使用 INDEX 函数的第 1 个参数引用“评分”所在的 C17:C22 单元格区域，INDEX 函数的第 2 个参数引用当前行数参数 x，可以获取到当前行的“评分”，然后使用 IF 函数判断，如果当前列数参数 y 小于或等于当前行“评分”，则返回符号★，否则返回空文本，MAKEARRAY 函数即可根据评分生成星级。

示例 6-30： 重复生成标题行

在一些数据结构转换的需求中，需要将标题行重复生成指定的行数，使用 MAKEARRAY 函数可以将一行或一列的数据重复生成指定的数量。在 B27 单元格输入公式，如图 6-78 所示。

```
=MAKEARRAY(6,4,LAMBDA(x,y,INDEX(B26:E26,y)))
```

B27	=MAKEARRAY(6,4,LAMBDA(x,y,INDEX(B26:E26,y)))						
	A	B	C	D	E	F	G	H
25								
26		姓名	音乐	舞蹈	钢琴			
27		姓名	音乐	舞蹈	钢琴			
28		姓名	音乐	舞蹈	钢琴			
29		姓名	音乐	舞蹈	钢琴			
30		姓名	音乐	舞蹈	钢琴			
31		姓名	音乐	舞蹈	钢琴			
32		姓名	音乐	舞蹈	钢琴			
33								

图 6-78 重复生成标题行

MAKEARRAY 函数的第 1 个参数生成行数设置为 6，第 2 个参数生成列数设置为 4，第 3 个参数使用 LAMBDA 函数设置一个计算公式，依次设置 x、y 两个参数来接收 MAKEARRAY 函数传入的参数，其中参数 x 对应的是生成行数，参数 y 对应的是生成列数，LAMBDA 函数的最后一个参数计算公式使用 INDEX 函数的第 1 个参数引用标题行所在的 B26:E26 单元格区域，INDEX 函数的第 2 个参数引用当前列数参数 y，因为计算公式中没有使用当前行数参数 x，所以生成的多行数据都是相同的，每一行都是根据参数 y 引用对应位置的标题，MAKEARRAY 函数即可实现重复生成指定行数的标题。

6.9 公式中的语法糖（LAMBDA 函数的简写）

在使用诸如 GROUPBY、PIVOTBY、MAP、SCAN、REDUCE、BYROW、BYCOL、MAKEARRAY 等函数时，这些函数往往接受一个 LAMBDA 函数作为参数以执行特定的计算。最新引入了一种简化语法，允许在这些函数的参数位置直接使用函数名代替完整的 LAMBDA 表达式构造，从而省去了手动定义 LAMBDA 函数的步骤，使得公式更加简洁明了。

示例 6-31：计算多个科目的总分

在 F5、G5 单元格依次输入公式，如图 6-79 所示。

使用 LAMBDA 函数公式：

=BYROW(C5:E10,LAMBDA(变量 ,SUM(变量)))

简写公式：

=BYROW(C5:E10,SUM)

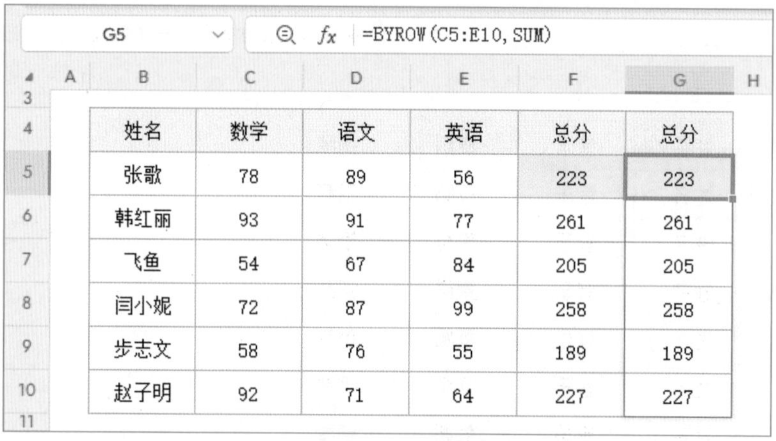

G5	fx =BYROW(C5:E10,SUM)				
姓名	数学	语文	英语	总分	总分
张歌	78	89	56	223	223
韩红丽	93	91	77	261	261
飞鱼	54	67	84	205	205
闫小妮	72	87	99	258	258
步志文	58	76	55	189	189
赵子明	92	71	64	227	227

图 6-79　计算多个科目的总分（简写公式）

BYROW 函数的第 1 个参数引用分数所在的 C5:E10 单元格区域，使用 LAMBDA 函数简写后，BYROW 函数的第 2 个参数直接输入 SUM 函数名称，BYROW 函数将每一行的数据传入 SUM 函数求和后，返回每一行计算后的结果数组。

示例 6-32：将省、市、区 / 县合并

在 E15、F15 单元格依次输入公式，如图 6-80 所示。

使用 LAMBDA 函数公式：

=BYROW(B15:D20,LAMBDA(变量 ,CONCAT(变量)))

简写公式：

=BYROW(B15:D20,CONCAT)

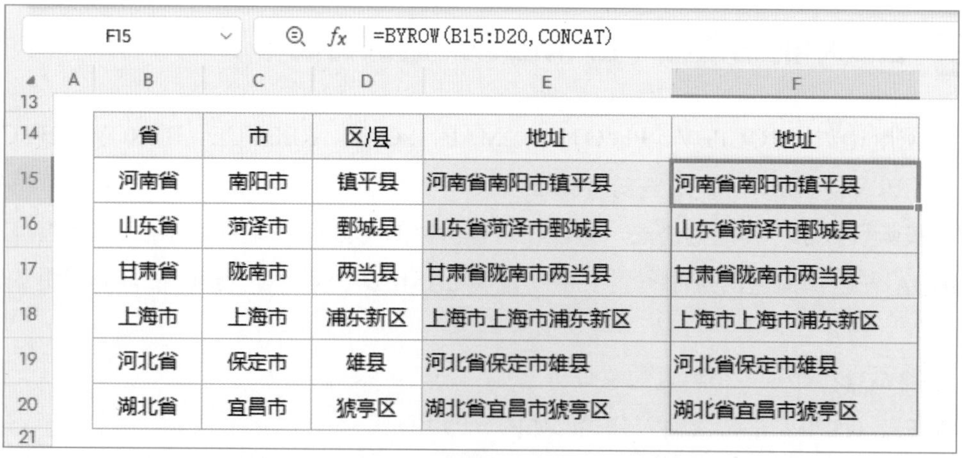 F15	fx =BYROW(B15:D20,CONCAT)			
省	市	区/县	地址	地址
河南省	南阳市	镇平县	河南省南阳市镇平县	河南省南阳市镇平县
山东省	菏泽市	鄄城县	山东省菏泽市鄄城县	山东省菏泽市鄄城县
甘肃省	陇南市	两当县	甘肃省陇南市两当县	甘肃省陇南市两当县
上海市	上海市	浦东新区	上海市上海市浦东新区	上海市上海市浦东新区
河北省	保定市	雄县	河北省保定市雄县	河北省保定市雄县
湖北省	宜昌市	猇亭区	湖北省宜昌市猇亭区	湖北省宜昌市猇亭区

图 6-80　将省、市、区 / 县合并（简写公式）

BYROW 函数的第 1 个参数引用省、市、区 / 县所在的 B15:D20 单元格区域，使用 LAMBDA 函数简写后，BYROW 函数的第 2 个参数直接输入 CONCAT 函数名称，BYROW 函数将每一行的数据传入 CONCAT 函数连接后，返回每一行计算后的结果数组。

示例 6-33：根据收入和支出计算余额

在 E25、F25 单元格依次输入公式，如图 6-81 所示。

使用 LAMBDA 函数公式：

=SCAN(0,D25:D32,LAMBDA(x,y,x+y))

简写公式：

=SCAN(0,D25:D32,SUM)

F25 =SCAN(0,D25:D32,SUM)

日期	方向	金额	余额	余额
10-01	收入	10	10	10
10-02	支出	-20	-10	-10
10-03	支出	-10	-20	-20
10-04	收入	15	-5	-5
10-05	收入	50	45	45
10-06	支出	-20	25	25
10-07	支出	-10	15	15
10-08	收入	20	35	35

图 6-81　根据收入和支出计算余额（简写公式）

SCAN 函数的第 1 个参数初始化值设置为 0，第 2 个参数引用“金额”所在的 D25:D32 单元格区域，使用 LAMBDA 函数简写后，第 3 个参数直接输入 SUM 函数名称，SCAN 函数将上次计算结果值和当前值传入 SUM 函数求和后，返回每一行计算后的结果数组。

示例 6-34：根据不同需求计算分数

在 F37 单元格输入公式，如图 6-82 所示。

=BYROW(C37:E42,IFS(F36=" 总 分 ",SUM,F36=" 最 高 分 ",MAX,F36=" 最 低 分 ",MIN,F36=" 平均分 ",AVERAGE))

F37 =BYROW(C37:E42,IFS(F36="总分",SUM,F36="最高分",MAX,F36="最低分",MIN,F36="平均分",AVERAGE))

姓名	数学	语文	英语	总分
张歌	78	89	56	223.0
韩红丽	93	91	77	261.0
飞鱼	54	67	84	205.0
闫小妮	72	87	99	258.0
步志文	58	76	55	189.0
赵子明	92	71	64	227.0

图 6-82　根据不同需求计算分数

BYROW 函数的第 1 个参数引用分数所在的 C5:E10 单元格区域，使用 LAMBDA 函数简写后，BYROW 函数的第 2 个参数使用 IFS 函数判断下拉菜单选项所在的 F36 单元格，返回对应的统计函数名称，BYROW 函数将每一行的数据传入对应的函数统计后，返回每一行计算后的结果数组。

除使用 IFS 函数外，还可使用 VSTACK、HSTACK 函数将多个函数名称拼接，然后使用 XLOOKUP 函数或 INDEX 函数引用。在 F37 单元格输入任意一个公式，如图 6-83 所示。

=BYROW(C37:E42,XLOOKUP(F36,{"总分";"最高分";"最低分";"平均分"},VSTACK(SUM,MAX,MIN,AVERAGE)))

=BYROW(C37:E42,INDEX(VSTACK(SUM,MAX,MIN,AVERAGE),MATCH(F36,{"总分";"最高分";"最低分";"平均分"},0),1))

F37 =BYROW(C37:E42,XLOOKUP(F36,{"总分";"最高分";"最低分";"平均分"},VSTACK(SUM,MAX,MIN,AVERAGE)))

姓名	数学	语文	英语	总分
张歌	78	89	56	223.0
韩红丽	93	91	77	261.0
飞鱼	54	67	84	205.0
闫小妮	72	87	99	258.0
步志文	58	76	55	189.0
赵子明	92	71	64	227.0

图 6-83　使用 VSTACK、HSTACK 函数拼接

需要先创建一个包含“总分”“最高分”“最低分”“平均分”的常量数组，使用 VSTACK 函数将常量数组对应的函数名称拼接，然后使用 XLOOKUP 函数查找，第 1 个参数引用下拉菜单选项所在的 F36 单元格作为查找值，第 2 个参数查找数组引用创建的常量数组，第 3 个参数返回数组引用 VSTACK 函数拼接的函数名称，XLOOKUP 函数即可返回对应的函数名称作为 BYROW 函数的第 2 个参数，BYROW 函数将每一行的数据传入对应的函数统计后，返回每一行计算后的结果数组。

使用 MATCH 函数查找下拉菜单选项所在的 F36 单元格在创建常量数组的中的位置，然后根据所在位置，使用 INDEX 函数引用，INDEX 函数返回对应的函数名称也可以作为 BYROW 函数的第 2 个参数，BYROW 函数将每一行的数据传入对应的函数统计后，返回每一行计算后的结果数组。

示例 6-35：根据多种需求计算分数

在 F47 单元格输入公式，如图 6-84 所示。

=LET(fx,LAMBDA(变 量,BYROW(C47:E52,变 量)),HSTACK(fx(SUM),fx(MAX),fx(MIN),fx(AVERAGE)))

F47　=LET(fx,LAMBDA(变量,BYROW(C47:E52,变量)),HSTACK(fx(SUM),fx(MAX),fx(MIN),fx(AVERAGE)))

姓名	数学	语文	英语	总分	最高分	最低分	平均分
张歌	78	89	56	223	89	56	74.3
韩红丽	93	91	77	261	93	77	87.0
飞鱼	54	67	84	205	84	54	68.3
闫小妮	72	87	99	258	99	72	86.0
步志文	58	76	55	189	76	55	63.0
赵子明	92	71	64	227	92	64	75.7

图 6-84　根据多种需求计算分数

LET 函数的第 1 个参数定义一个变量，名称为 fx，LET 函数的第 2 个参数使用 LAMBDA 函数定义一个自定义函数，LAMBDA 函数的第 1 个参数设置变量名称为“变量”，LAMBDA 函数的第 2 个参数计算公式使用 BYROW 函数，BYROW 函数的第 1 个参数引用分数所在的 C47:E52 单元格区域，第 2 个参数引用 LAMBDA 函数传入的“变量”，在 LET 函数的最后一个参数中调用名称为 fx 的自定义函数，根据需求依次向 fx 函数传入指定的函数名称即可，最后使用 HSTACK 函数将多次调用 fx 自定义函数返回的数组结果拼接，即可实现根据多种需求计算分数。

注意事项

（1）所有函数都支持简写，如在 MAP 函数中使用 LEFT 函数截取指定长度的字符，在 E5 单元格输入公式，如图 6-85 所示。

=MAP(B5:B10,D5:D10,LEFT)

E5　=MAP(B5:B10,D5:D10,LEFT)

内容	提取长度	结果
ABCDEFGHIJ	1	A
ABCDEFGHIJ	2	AB
ABCDEFGHIJ	3	ABC
ABCDEFGHIJ	4	ABCD
ABCDEFGHIJ	5	ABCDE
ABCDEFGHIJ	6	ABCDEF

图 6-85　在 MAP 函数中使用 LFET 函数截取指定长度的字符

在使用简写语法时，使用 LAMBDA 类函数传入的参数数量，需要和简写函数的必填参数数量相同，否则函数将返回错误值 #VALUE!。在 F5 单元格输入公式，如图 6-86 所示。

=MAP(B5:B10,D5:D10,MID)

F5　=MAP(B5:B10,D5:D10,MID)

内容	提取长度	结果	结果
ABCDEFGHIJ	1	A	#VALUE!
ABCDEFGHIJ	2	AB	
ABCDEFGHIJ	3	ABC	
ABCDEFGHIJ	4	ABCD	
ABCDEFGHIJ	5	ABCDE	
ABCDEFGHIJ	6	ABCDEF	

图 6-86　在单元格输入 LAMBDA 函数公式

公式使用 MAP 函数传入了两个参数，最后一个参数简写使用了 MID 函数，MID 函数有 3 个必填参数，因为 MAP 函数传入的参数数量与简写函数的必填参数数量不同，所以公式返回错误值 #VALUE!。

（2）虽然所有函数都支持简写，但是在实际应用中，只有部分聚合函数并且没有特殊参数的聚合函数才适合使用简写，如在使用 BYROW、BYCOL 函数时，函数第 2 个参数可以使用 CONCAT 函数连接字符串，因为 CONCAT 函数的参数全部都是字符串，无论是使用 BYROW、BYCOL 函数传入 1 个参数或使用 SCAN 函数传入 2 个参数，还是使用 MAP 函数传入多个参数，CONCAT 函数都有对应的参数接收，都是可以正常计算的。常用的此类函数还有 SUM、MAX、MIN、COUNT、COUNTA、AVERAGE、PRODUCT 等，却无法使用 TEXTJOIN 函数指定分隔符连接字符串，因为函数需要指定“分隔符”及“是否忽略空”两个参数，如果想使用 TEXTJOIN 简写，需要根据要合并数据的数组大小传入相同大小的参数数组，并且只有 MAP 函数有传入多组参数的能力。在 G15 单元格输入公式，如图 6-87 所示。

=MAP(E15:E20,F15:F20,B15:B20,C15:C20,D15:D20,TEXTJOIN)

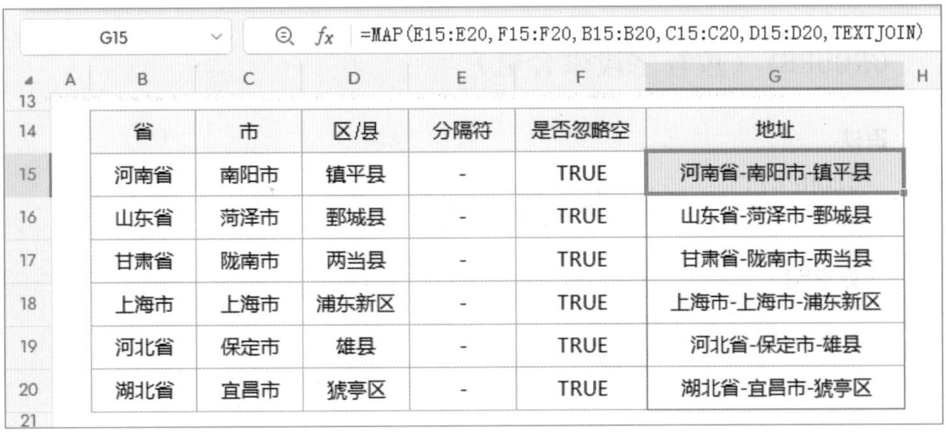

	A	B	C	D	E	F	G	H
13								
14		省	市	区/县	分隔符	是否忽略空	地址	
15		河南省	南阳市	镇平县	-	TRUE	河南省-南阳市-镇平县	
16		山东省	菏泽市	鄄城县	-	TRUE	山东省-菏泽市-鄄城县	
17		甘肃省	陇南市	两当县	-	TRUE	甘肃省-陇南市-两当县	
18		上海市	上海市	浦东新区	-	TRUE	上海市-上海市-浦东新区	
19		河北省	保定市	雄县	-	TRUE	河北省-保定市-雄县	
20		湖北省	宜昌市	猇亭区	-	TRUE	湖北省-宜昌市-猇亭区	
21								

G15 =MAP(E15:E20,F15:F20,B15:B20,C15:C20,D15:D20,TEXTJOIN)

图 6-87 当 TEXTJOIN 函数使用简写

使用 MAP 函数依次传入“分隔符”数组、“是否忽略空”数组和待连接的多组数据，MAP 函数的最后一个参数直接引用 TEXTJOIN 函数名称是可以正确返回结果的。

此示例只是为了演示当函数有多个参数在简写时，函数会根据传入的多组参数的顺序依次接收，实际应用中并不建议这样使用。

使用 BYROW 函数可以更简便地实现需求。在 G23 单元格输入公式，如图 6-88 所示。

```
=BYROW(B23:D28,LAMBDA( 变量 ,TEXTJOIN("-",TRUE, 变量 )))
```

	A	B	C	D	E	F	G
21							
22		省	市	区/县	分隔符	是否忽略空	地址
23		河南省	南阳市	镇平县			河南省-南阳市-镇平县
24		山东省	菏泽市	鄄城县			山东省-菏泽市-鄄城县
25		甘肃省	陇南市	两当县			甘肃省-陇南市-两当县
26		上海市	上海市	浦东新区			上海市-上海市-浦东新区
27		河北省	保定市	雄县			河北省-保定市-雄县
28		湖北省	宜昌市	猇亭区			湖北省-宜昌市-猇亭区
29							

G23 =BYROW(B23:D28,LAMBDA(变量,TEXTJOIN("-",TRUE,变量)))

图 6-88 使用 BYROW 函数

6.10 GROUPBY（按行字段聚合值）

GROUPBY 函数可以按行字段进行聚合值，函数语法如图 6-89 所示。

GROUPBY（按行字段聚合值）

语法

=GROUPBY(行字段，值，函数，[标头]，[总计]，[排序顺序]，[筛选数组]，[字段关系])

参数说明

参数1	行字段（必填项） 数组、单元格区域
参数2	值字段（必填项） 数组、单元格区域
参数3	LAMBDA表达式（必填项） 参数必须是LAMBDA表达式
参数4	字段是否包含标头 0 - 否 1 - 是，但是不显示 2 - 否，但生成 3 - 是并显示 省略参数时，默认值（智能识别）
参数5	总计显示模式 0 - 无总计 1 - 总计 2 - 总计和小计 -1 - 顶部显示总计 -2 - 顶部显示总计和小计 省略参数时，默认值（1）
参数6	排序方式 正数 - 升序 负数 - 降序 省略参数时，默认值（1，行字段首列升序）
参数7	筛选数组 省略参数时，默认值（不筛选）
参数8	字段关系和排序模式 0 - 层次结构 1 - 表格 省略参数时，默认值（0）

图 6-89　GROUPBY 函数语法

示例 6-36：根据地区汇总数量

在 G5 单元格输入公式，如图 6-90 所示。

```
=GROUPBY(B5:B15,E5:E15,SUM,0)
```

	A	B	C	D	E	F	G	H
4		地区	产品	销售姓名	数量		地区	合计
5		天津	操作台	步志文	62		北京	285
6		天津	工作椅	丁嘉祥	27		内蒙	152
7		天津	操作台	韩红丽	36		天津	190
8		内蒙	工作椅	张望	21		总计	627
9		北京	工作椅	杨问旋	24			
10		北京	操作台	黄川	92			
11		北京	工作椅	袁晓	82			
12		内蒙	工作椅	赵顺花	55			
13		北京	操作台	李源博	87			
14		天津	操作台	李源博	65			
15		内蒙	工作椅	闫小妮	76			

G5　=GROUPBY(B5:B15,E5:E15,SUM,0)

图 6-90　根据地区汇总数量

GROUPBY 函数的第 1 个参数行字段引用“地区”所在的 B5:B15 单元格区域，第 2 个参数值字段引用“数量”所在的 E5:E15 单元格区域，第 3 个参数 LAMBDA 函数使用 LAMBDA 函数简写，输入函数名称 SUM 即可，第 4 个参数字段是否包含标头设置为 0（否），GROUPBY 函数即可根据地区汇总数量。

示例 6-37：根据地区汇总销售姓名

在 G20 单元格输入公式，如图 6-91所示。

=GROUPBY(B20:B30,D20:D30,ARRAYTOTEXT,0,0)

	A	B	C	D	E	F	G	H
19		地区	产品	销售姓名	数量		地区	销售姓名
20		天津	操作台	步志文	62		北京	杨问旋，黄川，袁晓，李源博
21		天津	工作椅	丁嘉祥	27		内蒙	张望，赵顺花，闫小妮
22		天津	操作台	韩红丽	36		天津	步志文，丁嘉祥，韩红丽，李源博
23		内蒙	工作椅	张望	21			
24		北京	工作椅	杨问旋	24			
25		北京	操作台	黄川	92			
26		北京	工作椅	袁晓	82			
27		内蒙	工作椅	赵顺花	55			
28		北京	操作台	李源博	87			
29		天津	操作台	李源博	65			
30		内蒙	工作椅	闫小妮	76			

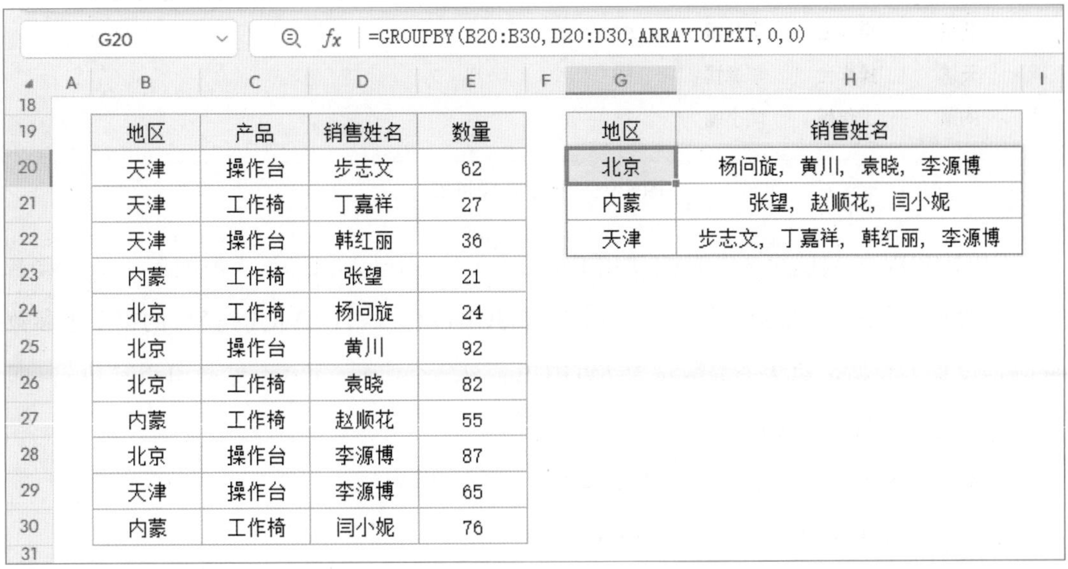

G20　=GROUPBY(B20:B30,D20:D30,ARRAYTOTEXT,0,0)

图 6-91　根据地区汇总销售姓名

GROUPBY 函数的第 1个参数行字段引用“地区”所在的 B20:B30 单元格区域，第 2 个参数值字段引用“销售姓名”所在的 D20:D30 单元格区域，第 3 个参数 LAMBDA 函数使用 ARRAYTOTEXT 函数聚合，将每个地区对应的姓名子集返回数组的文本表达形式，即可实现将文本合并，第 4 个参数字段是否包含标头设置为 0（否），第 5 个参数总计显示模式设置为 0（无总计），GROUPBY 函数即可根据地区汇总销售姓名。

使用 ARRAYTOTEXT 函数聚合时，无法设置指定分隔符，如需要指定分隔符，可修改 GROUPBY 函数的第 3 个参数。在 G25 单元格输入公式，如图 6-92 所示。

=GROUPBY(B20:B30,D20:D30,LAMBDA(x,TEXTJOIN(" ",TRUE,x)),0,0)

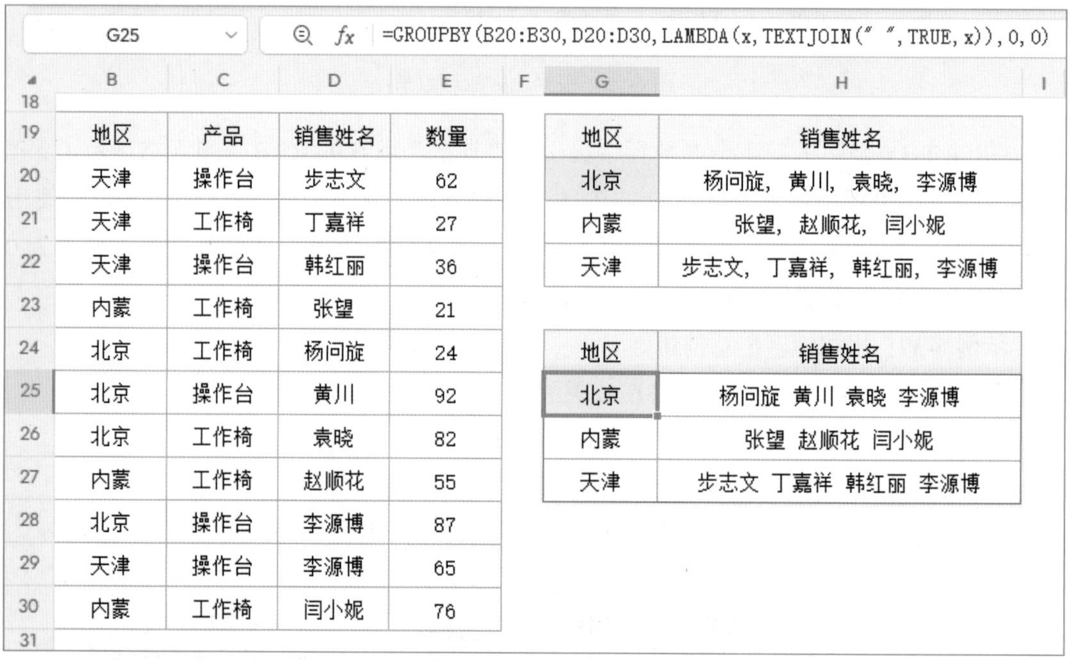

G25 =GROUPBY(B20:B30,D20:D30,LAMBDA(x,TEXTJOIN(" ",TRUE,x)),0,0)

	B	C	D	E
19	地区	产品	销售姓名	数量
20	天津	操作台	步志文	62
21	天津	工作椅	丁嘉祥	27
22	天津	操作台	韩红丽	36
23	内蒙	工作椅	张望	21
24	北京	工作椅	杨问旋	24
25	北京	操作台	黄川	92
26	北京	工作椅	袁晓	82
27	内蒙	工作椅	赵顺花	55
28	北京	操作台	李源博	87
29	天津	操作台	李源博	65
30	内蒙	工作椅	闫小妮	76

地区	销售姓名
北京	杨问旋，黄川，袁晓，李源博
内蒙	张望，赵顺花，闫小妮
天津	步志文，丁嘉祥，韩红丽，李源博

地区	销售姓名
北京	杨问旋 黄川 袁晓 李源博
内蒙	张望 赵顺花 闫小妮
天津	步志文 丁嘉祥 韩红丽 李源博

图 6-92 指定分隔符聚合

GROUPBY 函数的第 3 个参数使用 LAMBDA 函数，LAMBDA 函数的第 1 个参数名称设置为 x，最后一个参数计算公式使用 TEXTJOIN 函数，TEXTJOIN 函数的第 1 个参数分隔符设置为空格，第 2 个参数设置为 TRUE（忽略空值），第 3 个参数引用参数 x，即可实现指定分隔符聚合文本。

示例 6-38：根据地区、产品汇总数量合计

在 G35 单元格输入公式，如图 6-93 所示。

=GROUPBY(B35:C45,E35:E45,SUM,0)

G35 =GROUPBY(B35:C45,E35:E45,SUM,0)

地区	产品	销售姓名	数量
天津	操作台	步志文	62
天津	工作椅	丁嘉祥	27
天津	操作台	韩红丽	36
内蒙	工作椅	张望	21
北京	工作椅	杨问旋	24
北京	操作台	黄川	92
北京	工作椅	袁晓	82
内蒙	工作椅	赵顺花	55
北京	操作台	李源博	87
天津	操作台	李源博	65
内蒙	工作椅	闫小妮	76

地区	产品	合计
北京	操作台	179
北京	工作椅	106
内蒙	工作椅	152
天津	操作台	163
天津	工作椅	27
总计		627

图 6-93　根据地区、产品汇总数量合计

GROUPBY 函数的第 1 个参数行字段引用“地区”“产品”所在的 B35:C45 单元格区域，第 2 个参数值字段引用“数量”所在的 E35:E45 单元格区域，第 3 个参数 LAMBDA 函数使用 SUM 函数聚合，第 4 个参数字段是否包含标头设置为 0（否），GROUPBY 函数即可根据“地区”“产品”多列汇总数量合计。

示例 6-39：根据地区汇总数量合计、次数

在 G50 单元格输入公式，如图 6-94 所示。

```
=GROUPBY(B50:B60,E50:E60,HSTACK(SUM,COUNT),0)
```

G50 =GROUPBY(B50:B60,E50:E60,HSTACK(SUM,COUNT),0)

地区	产品	销售姓名	数量
天津	操作台	步志文	62
天津	工作椅	丁嘉祥	27
天津	操作台	韩红丽	36
内蒙	工作椅	张望	21
北京	工作椅	杨问旋	24
北京	操作台	黄川	92
北京	工作椅	袁晓	82
内蒙	工作椅	赵顺花	55
北京	操作台	李源博	87
天津	操作台	李源博	65
内蒙	工作椅	闫小妮	76

地区	合计	次数
	SUM	COUNT
北京	285	4
内蒙	152	3
天津	190	4
总计	627	11

图 6-94　根据地区汇总数量合计、次数

GROUPBY 函数的第 1 个参数行字段引用“地区”所在的 B50:B60 单元格区域，第 2 个参数值字段引用“数量”所在的 E50:E60 单元格区域，第 3 个参数 LAMBDA 函数使用

HSTACK 函数将 SUM、COUNT 两个函数拼接，第 4 个参数字段是否包含标头设置为 0（否），GROUPBY 函数即可根据 HSTACK 函数拼接的多个函数，依次将值字段传入不同的函数进行计算，返回多列聚合结果。

当值字段参数传入一列数组或单元格区域时，可使用 HSTACK 函数将多个函数拼接，GROUPBY 函数返回的结果列对应的标头显示计算函数的名称，若不想显示此行的标头，可以使用 DROP 函数将第 1 行删除。在 G57 单元格输入公式，如图 6-95 所示。

=DROP(GROUPBY(B50:B60,E50:E60,HSTACK(SUM,COUNT),0),1)

G57 =DROP(GROUPBY(B50:B60,E50:E60,HSTACK(SUM,COUNT),0),1)

地区	产品	销售姓名	数量
天津	操作台	步志文	62
天津	工作椅	丁嘉祥	27
天津	操作台	韩红丽	36
内蒙	工作椅	张望	21
北京	工作椅	杨问旋	24
北京	操作台	黄川	92
北京	工作椅	袁晓	82
内蒙	工作椅	赵顺花	55
北京	操作台	李源博	87
天津	操作台	李源博	65
内蒙	工作椅	闫小妮	76

地区	合计	次数
	SUM	COUNT
北京	285	4
内蒙	152	3
天津	190	4
总计	627	11

地区	合计	次数
北京	285	4
内蒙	152	3
天津	190	4
总计	627	11

图 6-95　使用 DROP 函数删除标头

示例 6-40：根据地区汇总数量合计（生成标题）

在 G64 单元格输入公式，如图 6-96 所示。

=GROUPBY(B64:B75,E64:E75,SUM,3)

G64 =GROUPBY(B64:B75,E64:E75,SUM,3)

地区	产品	销售姓名	数量
天津	操作台	步志文	62
天津	工作椅	丁嘉祥	27
天津	操作台	韩红丽	36
内蒙	工作椅	张望	21
北京	工作椅	杨问旋	24
北京	操作台	黄川	92
北京	工作椅	袁晓	82
内蒙	工作椅	赵顺花	55
北京	操作台	李源博	87
天津	操作台	李源博	65
内蒙	工作椅	闫小妮	76

地区	数量
北京	285
内蒙	152
天津	190
总计	627

图 6-96　根据地区汇总数量合计（生成标题）

GROUPBY 函数的第 1 个参数行字段引用包含“地区”标题所在的 B64:B75 单元格区域，第 2 个参数值字段引用包含“数量”标题所在的 E64:E75 单元格区域，第 3 个参数 LAMBDA 函数使用 SUM 函数聚合，第 4 个参数字段是否包含标头，设置为 3（是并显示），GROUPBY 函数即可根据地区汇总数量合计，并且显示标头。

GROUPBY 函数的第 4 个参数字段是否包含标头，设置为 3（是并显示）时，值字段的标头并没有显示，可通过设置 GROUPBY 函数的第 3 个参数来显示标头。在 G70 单元格输入公式，如图 6-97 所示。

=GROUPBY(B64:B75,E64:E75,VSTACK(SUM," 合计 "),3)

G70　=GROUPBY(B64:B75,E64:E75,VSTACK(SUM,"合计"),3)

	A	B	C	D	E	F	G	H	I
63									
64		地区	产品	销售姓名	数量		地区	数量	
65		天津	操作台	步志文	62		北京	285	
66		天津	工作椅	丁嘉祥	27		内蒙	152	
67		天津	操作台	韩红丽	36		天津	190	
68		内蒙	工作椅	张望	21		总计	627	
69		北京	工作椅	杨问旋	24				
70		北京	操作台	黄川	92			合计	
71		北京	工作椅	袁晓	82		地区	数量	
72		内蒙	工作椅	赵顺花	55		北京	285	
73		北京	操作台	李源博	87		内蒙	152	
74		天津	操作台	李源博	65		天津	190	
75		内蒙	工作椅	闫小妮	76		总计	627	
76									

图 6-97　显示值字段标头

使用 VSTACK 函数的第 1 个参数设置聚合函数，第 2 个参数设置标头显示值，即可给 GROUPBY 函数值字段添加标头。

示例 6-41：根据地区汇总数量合计、次数、最大值（生成标题）

在 G79 单元格输入公式，如图 6-98 所示。

=GROUPBY(B79:B90,E79:E90,HSTACK(VSTACK(SUM," 合计 "),VSTACK(COUNT," 次数 "),VSTACK(MAX," 最大值 ")),3)

G79 =GROUPBY(B79:B90,E79:E90,HSTACK(VSTACK(SUM,"合计"),VSTACK(COUNT,"次数"),VSTACK(MAX,"最大值")),3)

地区	产品	销售姓名	数量
天津	操作台	步志文	62
天津	工作椅	丁嘉祥	27
天津	操作台	韩红丽	36
内蒙	工作椅	张望	21
北京	工作椅	杨问旋	24
北京	操作台	黄川	92
北京	工作椅	袁晓	82
内蒙	工作椅	赵顺花	55
北京	操作台	李源博	87
天津	操作台	李源博	65
内蒙	工作椅	闫小妮	76

	合计	次数	最大值
地区	数量	数量	数量
北京	285	4	92
内蒙	152	3	76
天津	190	4	65
总计	627	11	92

图 6-98　根据地区汇总数量、合计、次数、最大值（生成标题）

GROUPBY 函数的第 1 个参数行字段引用包含“地区”标题所在的 B79:B90 单元格区域，第 2 个参数值字段引用包含“数量”标题所在的 E79:E90 单元格区域，第 3 个参数 LAMBDA 函数依次使用 VSTACK 函数设置聚合函数和标头显示值，然后使用 HSTACK 函数拼接多个 VSTACK 函数，即可给多列值字段添加标头，第 4 个参数字段是否包含标头设置为 3（是并显示），GROUPBY 函数即可根据地区汇总数量合计、次数、最大值，并且显示标头。

在给多列值字段添加标头时，HSTACK 函数返回的结果数组是一个 2 行多列的数组，第 1 行为聚合函数名称，第 2 行为显示标头值，根据这个结构，可以先使用 2 个 HSTACK 函数依次拼接聚合函数名称、标头显示值，然后使用 VSTACK 函数拼接 2 个 HSTACK 函数。在 G79 单元格输入公式，如图 6-99 所示。

=GROUPBY(B79:B90,E79:E90,VSTACK(HSTACK(SUM,COUNT,MAX),HSTACK("合计","次数","最大值")),3)

G79 =GROUPBY(B79:B90,E79:E90,VSTACK(HSTACK(SUM,COUNT,MAX),HSTACK("合计","次数","最大值")),3)

地区	产品	销售姓名	数量
天津	操作台	步志文	62
天津	工作椅	丁嘉祥	27
天津	操作台	韩红丽	36
内蒙	工作椅	张望	21
北京	工作椅	杨问旋	24
北京	操作台	黄川	92
北京	工作椅	袁晓	82
内蒙	工作椅	赵顺花	55
北京	操作台	李源博	87
天津	操作台	李源博	65
内蒙	工作椅	闫小妮	76

	合计	次数	最大值
地区	数量	数量	数量
北京	285	4	92
内蒙	152	3	76
天津	190	4	65
总计	627	11	92

图 6-99　使用 HSTACK、VSTACK 函数拼接

示例 6-42：根据地区汇总多列数量

在 G94 单元格输入公式，如图 6-100 所示。

=GROUPBY(B94:B105,C94:E105,SUM,3)

G94 =GROUPBY(B94:B105, C94:E105, SUM, 3)

	B	C	D	E
94	地区	1月数量	2月数量	3月数量
95	天津	62	93	31
96	天津	27	91	93
97	天津	36	72	91
98	内蒙	21	77	79
99	北京	24	81	65
100	北京	92	81	67
101	北京	82	27	47
102	内蒙	55	75	67
103	北京	87	84	97
104	天津	65	54	91
105	内蒙	76	25	22

G	H	I	J
地区	1月数量	2月数量	3月数量
北京	285	273	276
内蒙	152	177	168
天津	190	310	306
总计	627	760	750

图 6-100 根据地区汇总多列数量

GROUPBY 函数的第 1 个参数行字段引用包含“地区”标题所在的 B94:B105 单元格区域，第 2 个参数值字段引用包含“数量”标题所在的 C94:E105 单元格区域，第 3 个参数 LAMBDA 函数使用 SUM 函数聚合，第 4 个参数字段是否包含标头设置为 3（是并显示），GROUPBY 函数即可根据地区汇总多列数量，并显示标头。

示例 6-43：根据地区使用不同聚合函数汇总数量、单价、金额

在 G109 单元格输入公式，如图 6-101 所示。

=GROUPBY(B109:B120,C109:E120,VSTACK(HSTACK(SUM,MAX,AVERAGE),HSTACK(" 合计 "," 最大值 "," 平均值 ")),3,0)

G109 =GROUPBY(B109:B120, C109:E120, VSTACK(HSTACK(SUM, MAX, AVERAGE), HSTACK("合计", "最大值", "平均值")), 3, 0)

	B	C	D	E
109	地区	数量	单价	金额
110	天津	62	800	49600
111	天津	27	200	5400
112	天津	36	100	3600
113	内蒙	20	480	9600
114	北京	24	400	9600
115	北京	92	300	27600
116	北京	82	600	49200
117	内蒙	50	600	30000
118	北京	20	500	10000
119	天津	60	800	48000
120	内蒙	60	300	18000

G	H	I	J
	合计	最大值	平均值
地区	数量	单价	金额
北京	218	600	24100
内蒙	130	600	19200
天津	185	800	26650

图 6-101 根据地区使用不同聚合函数汇总数量、单价、金额

GROUPBY 函数的第 1 个参数行字段引用包含“地区”标题所在的 B109:B120 单元格区域，第 2 个参数值字段引用包含“数量”“单价”“金额”标题所在的 C109:E120 单元格区域，第 3 个参数 LAMBDA 函数使用 HSTACK、VSTACK 函数依次将不同的聚合函数名称、标头显示值拼接，第 4 个参数字段是否包含标头设置为 3（是并显示），第 5 个参数总计显示模式设置为 0（无总计），GROUPBY 函数即可根据地区使用不同聚合函数汇总数量、单价、金额，并显示标头。

当 GROUPBY 函数的第 2 个参数值字段引用多列，并且第 3 个参数 LAMBDA 函数使用不同的聚合函数，GROUPBY 函数将返回 2 行标头，第 1 行为第 3 个参数聚合函数名称或指定的标头值，第 2 行为行字段和值字段数据标头，如果需要显示一行标头，通过 GROUPBY 函数自带的参数是无法设置的，可以通过修改 GROUPBY 函数的第 2 个参数值字段来处理。在 G115 单元格输入公式，如图 6-102 所示。

```
=DROP(GROUPBY(B109:B120,VSTACK(HSTACK("数量合计","单价最大值","金额平均值"),C110:E120),HSTACK(SUM,MAX,AVERAGE),3,0),1)
```

G115　=DROP(GROUPBY(B109:B120,VSTACK(HSTACK("数量合计","单价最大值","金额平均值"),C110:E120),HSTACK(SUM,MAX,AVERAGE),3,0),1)

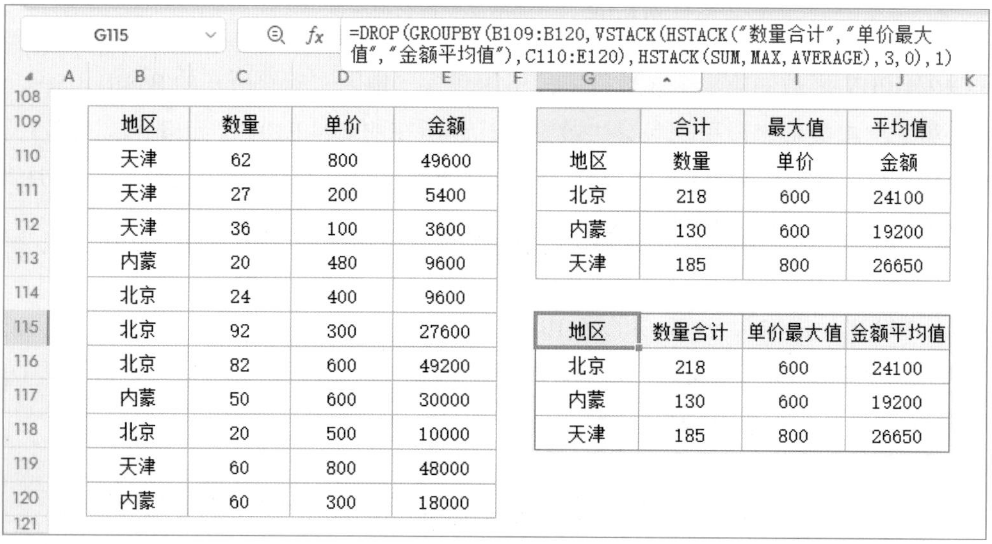

地区	数量	单价	金额
天津	62	800	49600
天津	27	200	5400
天津	36	100	3600
内蒙	20	480	9600
北京	24	400	9600
北京	92	300	27600
北京	82	600	49200
内蒙	50	600	30000
北京	20	500	10000
天津	60	800	48000
内蒙	60	300	18000

	合计	最大值	平均值
地区	数量	单价	金额
北京	218	600	24100
内蒙	130	600	19200
天津	185	800	26650

地区	数量合计	单价最大值	金额平均值
北京	218	600	24100
内蒙	130	600	19200
天津	185	800	26650

图 6-102　显示一行标头

GROUPBY 函数的第 1 个参数行字段引用包含“地区”标题所在的 B109:B120 单元格区域，第 2 个参数值字段使用 HSTACK 函数拼接值字段标头值，使用 VSTACK 函数将标头值和“数量”“单价”“金额”所在的 C110:E120 单元格区域拼接，第 3 个参数 LAMBDA 函数使用 HSTACK 函数依次将不同的聚合函数名称拼接，第 4 个参数字段是否包含标头设置为 3（是并显示），第 5 个参数总计显示模式设置为 0（无总计），GROUPBY 函数返回结果时，即可将第 2 个参数设置的标头显示到第 2 行，使用 DROP 函数删除第 1 行，即可实现显示一行标头。

示例 6-44：根据地区汇总数量、金额后排序

在 G124 单元格输入公式，如图 6-103 所示。

=GROUPBY(B124:B135,D124:E135,SUM,3,0,2)

G124　=GROUPBY(B124:B135,D124:E135,SUM,3,0,2)

	A	B	C	D	E	F	G	H	I	J
123										
124		地区	销售姓名	数量	金额		地区	数量	金额	
125		天津	步志文	62	49600		内蒙	130	111600	
126		天津	丁嘉祥	27	5400		天津	155	82600	
127		天津	韩红丽	36	3600		北京	218	96400	
128		内蒙	张望	20	9600					
129		北京	杨问旋	24	9600					
130		北京	黄川	92	27600					
131		北京	袁晓	82	49200					
132		内蒙	赵顺花	50	30000					
133		北京	李源博	20	10000					
134		天津	李源博	30	24000					
135		内蒙	闫小妮	60	72000					
136										

图 6-103　根据地区汇总数量、金额后排序

GROUPBY 函数的第 1 个参数行字段引用包含“地区”标题所在的 B124:B135 单元格区域，第 2 个参数值字段引用“数量”“金额”所在的 D124:E135 单元格区域，第 3 个参数 LAMBDA 函数使用 SUM 函数聚合，第 4 个参数字段是否包含标头设置为 3（是并显示），第 5 个参数总计显示模式设置为 0（无总计），第 6 个参数排序方式设置为 2，对返回结果第 2 列升序排序，GROUPBY 函数即可返回排序后的汇总结果。

关于 GROUPBY 函数的第 6 个参数排序方式，参数值设置规则为返回结果总列数的正数或负数序列，正数为升序排序，负数为降序排序，如 GROUPBY 函数聚合后返回 3 列结果，正数序列 1 ～ 3 可以分别对第 1 ～ 3 列升序排序，负数序列 –1 ～ –3，可以分别对第 1 ～ 3 列降序排序，当行字段参数为 1 列时，只支持设置单值，如将第 6 个参数值设置为 –3，对结果第 3 列“金额”降序排序。在 G129 单元格输入公式，如图 6-104 所示。

=GROUPBY(B124:B135,D124:E135,SUM,3,0,−3)

G129 =GROUPBY(B124:B135,D124:E135,SUM,3,0,-3)

地区	销售姓名	数量	金额
天津	步志文	62	49600
天津	丁嘉祥	27	5400
天津	韩红丽	36	3600
内蒙	张望	20	9600
北京	杨问旋	24	9600
北京	黄川	92	27600
北京	袁晓	82	49200
内蒙	赵顺花	50	30000
北京	李源博	20	10000
天津	李源博	30	24000
内蒙	闫小妮	60	72000

地区	数量	金额
内蒙	130	111600
天津	155	82600
北京	218	96400

地区	数量	金额
内蒙	130	111600
北京	218	96400
天津	155	82600

图 6-104　设置第 3 列降序排序

示例 6-45：根据地区、型号汇总数量后对多列排序

在 G139 单元格输入任意一个公式，如图 6-105 所示。

=GROUPBY(B139:C150,D139:D150,VSTACK(SUM,"数量合计"),3,0,{1,-2})

=GROUPBY(B139:C150,D139:D150,VSTACK(SUM,"数量合计"),3,0,HSTACK(1,-2))

G139 =GROUPBY(B139:C150,D139:D150,VSTACK(SUM,"数量合计"),3,0,{1,-2})

地区	型号	数量	金额
天津	K0001	62	49600
天津	K0002	27	5400
天津	K0003	36	3600
内蒙	K0001	20	9600
北京	K0001	24	9600
北京	K0002	92	27600
北京	K0003	82	49200
内蒙	K0002	50	30000
北京	K0002	20	10000
天津	K0001	30	24000
内蒙	K0001	60	72000

地区	型号	数量合计
北京	K0003	82
北京	K0002	112
北京	K0001	24
内蒙	K0002	50
内蒙	K0001	80
天津	K0003	36
天津	K0002	27
天津	K0001	92

图 6-105　根据地区、型号汇总数量后对多列排序

GROUPBY 函数的第 1 个参数行字段引用包含“地区”“型号”标题所在的 B139:C150 单元格区域，第 2 个参数值字段引用“数量”所在的 D139:D150 单元格区域，第 3 个参数 LAMBDA 函数使用 SUM 函数聚合，使用 VSTACK 函数拼接标头，第 4 个参数字段是否包含标头设置为 3（是并显示），第 5 个参数总计显示模式设置为 0（无总计），关于第 6 个参数排序方式，当第 1 个参数行字段为多列时，使用常量数组（一行多列），

或 HSTACK 函数拼接多个排序参数，GROUPBY 函数即可根据多个排序条件对行字段进行排序。

示例 4-46：根据地区、型号汇总数量后对值字段排序

在 G154 单元格输入公式，如图 6-106 所示。

=GROUPBY(B154:C165,D154:D165,SUM,3,0,−3)

G154 =GROUPBY(B154:C165,D154:D165,SUM,3,0,-3)

地区	型号	数量	金额
天津	K0001	62	49600
天津	K0002	27	5400
天津	K0003	36	3600
内蒙	K0001	20	9600
北京	K0001	24	9600
北京	K0002	92	27600
北京	K0003	82	49200
内蒙	K0002	50	30000
北京	K0002	20	10000
天津	K0001	60	24000
内蒙	K0001	60	72000

地区	型号	数量
北京	K0002	112
北京	K0003	82
北京	K0001	24
天津	K0001	122
天津	K0003	36
天津	K0002	27
内蒙	K0001	80
内蒙	K0002	50

图 6-106 根据地区、型号汇总数量后对值字段排序

GROUPBY 函数的第 1 个参数行字段，引用包含“地区”“型号”标题所在的 B154:C165 单元格区域，第 2 个参数值字段，引用“数量”所在的 D154:D165 单元格区域，第 3 个参数 LAMBDA 函数，使用 SUM 函数聚合，第 4 个参数字段是否包含标头，设置为 3（是并显示），第 5 个参数总计显示模式设置为 0（无总计），第 6 个参数排序方式设置为 –3，GROUPBY 函数即可对第 3 列的值字段降序排序。

通过观察可以发现，GROUPBY 函数并不是直接根据第 3 列值字段的大小进行降序排序，这是因为省略了第 8 个参数值排序模式，当省略后默认值为 0（层次结构），在此排序模式下，函数将根据行字段的父级小计对行进行排序，即使第 5 个参数没有设置显示小计，也执行同样的操作。具体排序逻辑是，先根据每个“地区”的“数量”小计降序排序，再依次对每个“地区”内的数据降序排序。

如需要直接根据第 3 列值字段的大小进行降序排序，将 GROUPBY 函数的第 8 个参数值排序模式为 1（表格）即可，在 G154 单元格输入公式，如图 6-107 所示。

=GROUPBY(B154:C165,D154:D165,SUM,3,0,−3,,1)

示例 6-47：根据地区、销售姓名汇总数量同时添加筛选条件

在 G169 单元格输入公式，如图 6-108 所示。

=GROUPBY(B169:C180,D169:D180,SUM,3,0,−3,B169:B180=" 北京 ",1)

G154　=GROUPBY(B154:C165,D154:D165,SUM,3,0,-3,,1)

地区	型号	数量	金额
天津	K0001	62	49600
天津	K0002	27	5400
天津	K0003	36	3600
内蒙	K0001	20	9600
北京	K0001	24	9600
北京	K0002	92	27600
北京	K0003	82	49200
内蒙	K0002	50	30000
北京	K0002	20	10000
天津	K0001	60	24000
内蒙	K0001	60	72000

地区	型号	数量
天津	K0001	122
北京	K0002	112
北京	K0003	82
内蒙	K0001	80
内蒙	K0002	50
天津	K0003	36
天津	K0002	27
北京	K0001	24

图 6-107　设置 GROUPBY 函数的第 8 个参数值排序模式为 1（表格）

G169　=GROUPBY(B169:C180,D169:D180,SUM,3,0,-3,B169:B180="北京",1)

地区	销售姓名	数量	金额
天津	步志文	62	49600
天津	丁嘉祥	27	5400
天津	韩红丽	36	3600
内蒙	张望	20	9600
北京	杨问旋	24	9600
北京	黄川	92	27600
北京	袁晓	82	49200
内蒙	赵顺花	50	30000
北京	李源博	20	10000
天津	李源博	30	24000
内蒙	闫小妮	60	72000

地区	销售姓名	数量
北京	黄川	92
北京	袁晓	82
北京	杨问旋	24
北京	李源博	20

图 6-108　根据地区、销售姓名汇总数量同时添加筛选条件

GROUPBY 函数的第 1 个参数行字段，引用包含“地区”“销售姓名”标题所在的 B169:C180 单元格区域，第 2 个参数值字段引用“数量”所在的 D169:D180 单元格区域，第 3 个参数 LAMBDA 函数使用 SUM 函数聚合，第 4 个参数字段是否包含标头设置为 3（是并显示），第 5 个参数总计显示模式设置为 0（无总计），第 6 个参数排序方式设置为 –3，对第 3 列降序排序，第 7 个参数筛选条件引用“地区”所在的 B169:B180 单元格区域判断是否等于“北京”，第 8 个参数值排序模式设置为 1（表格），GROUPBY 函数即可根据地区、销售姓名汇总数量同时添加筛选条件。

注意事项

（1）GROUPBY 函数的第 1 个参数行字段、第 2 个参数值字段、第 7 个参数筛选条件这 3 个参数引用的数组或单元格区域行数需要相同，否则 GROUPBY 函数返回错误值 #VALUE!。

（2）GROUPBY 函数的第 1 个参数行字段引用多列时，第 5 个参数总计显示模式，才可以设置为 2（总计和小计）或 –2（顶部显示总计和小计），否则 GROUPBY 函数返回错

误值 #VALUE!。

（3）关于 GROUPBY 函数的第 6 个参数排序方式，使用单条件排序时，参数值不能超出 GROUPBY 函数返回的列数，使用多条件排序时，条件数量及参数值不能超出行字段列数且排序条件不能重复或冲突，否则 GROUPBY 函数返回错误值 #VALUE!。

6.11 PIVOTBY（按行和列聚合值）

PIVOTBY 函数可以按行和列进行聚合值，函数语法如图 6-109 所示。

PIVOTBY（按行和列聚合值）

语法

=PIVOTBY(行字段，列字段，值，函数，[标头]，[行字段总计深度]，[行字段排序顺序]，[列字段总计深度]，[列字段排序顺序]，[筛选数组]，[相对关系])

参数说明

参数	说明
参数1	行字段（必填项） 数组、单元格区域
参数2	列字段（必填项） 数组、单元格区域
参数3	值字段（必填项） 数组、单元格区域
参数4	LAMBDA表达式（必填项） 参数必须是LAMBDA表达式
参数5	字段是否包含标头 0 - 否 1 - 是，但是不显示 2 - 否，但生成 3 - 是并显示 省略参数时，默认值（智能识别）
参数6	行字段总计显示模式 0 - 无总计 1 - 总计 2 - 总计和小计 -1 - 顶部显示总计 -2 - 顶部显示总计和小计 省略参数时，默认值（1）
参数7	行字段排序方式 正数 - 升序 负数 - 降序 省略参数时，默认值（1，行字段首列升序）
参数8	列字段总计显示模式 0 - 无总计 1 - 总计 2 - 总计和小计 -1 - 顶部显示总计 -2 - 顶部显示总计和小计 省略参数时，默认值（1）
参数9	列字段排序方式 正数 - 升序 负数 - 降序 省略参数时，默认值（1，列字段首列升序）
参数10	筛选数组 省略参数时，默认值（不筛选）
参数11	相对关系和总计计算模式 0 - 列总计 1 - 行总计 2 - 总计 3 - 父列合计 4 - 父级行汇总 省略参数时，默认值（0）

图 6-109　PIVOTBY 函数语法

示例 6-48：根据地区、产品汇总数量

在 G5 单元格输入公式，如图 6-110 所示。

=PIVOTBY(B5:B15,C5:C15,E5:E15,SUM,0)

G5 =PIVOTBY(B5:B15,C5:C15,E5:E15,SUM,0)

地区	产品	销售姓名	数量
天津	操作台	步志文	62
天津	工作椅	丁嘉祥	27
天津	操作台	韩红丽	36
内蒙	工作椅	张望	21
北京	工作椅	杨问旋	24
北京	操作台	黄川	92
北京	工作椅	袁晓	82
内蒙	工作椅	赵顺花	55
北京	操作台	李源博	87
天津	操作台	李源博	65
内蒙	工作椅	闫小妮	76

	操作台	工作椅	总计
北京	179	106	285
内蒙		152	152
天津	163	27	190
总计	342	285	627

图 6-110　根据地区、产品汇总数量

PIVOTBY 函数的第 1 个参数行字段引用“地区”所在的 B5:B15 单元格区域，第 2 个参数列字段引用“产品”所在的 C5:C15 单元格区域，第 3 个参数值字段引用“数量”所在的 E5:E15 单元格区域，第 4 个参数 LAMBDA 函数使用 SUM 函数聚合，第 5 个参数字段是否显示标头设置为 0（不显示标头），PIVOTBY 函数即可根据地区、产品汇总数量。

示例 6-49：根据姓名、打卡日期汇总打卡时间

在 F20 单元格输入公式，如图 6-111 所示。

=PIVOTBY(B20:B48,C20:C48,D20:D48,LAMBDA(x,TEXTJOIN(CHAR(10),TRUE,x)),0,0,,0)

F20 =PIVOTBY(B20:B48,C20:C48,D20:D48,LAMBDA(x,TEXTJOIN(CHAR(10),TRUE,x)),0,0,,0)

姓名	打卡日期	打卡时间
步志文	23日	07:58
步志文	23日	12:01
丁嘉祥	23日	14:01
丁嘉祥	23日	19:01
丁嘉祥	24日	07:55

	23日	24日	25日	26日
步志文	07:58 12:01		12:01 12:03 13:56 20:01	13:57 20:01
丁嘉祥	14:01 19:01	07:55 12:00 12:01	07:56 12:01 13:57 20:00	07:57 12:01 13:55 20:01
韩红丽		12:01 12:02	13:56 20:00	07:57 12:01 13:57 20:02

图 6-111　根据姓名、打卡日期汇总打卡时间

PIVOTBY 函数的第 1 个参数行字段引用“姓名”所在的 B20:B48 单元格区域，第 2 个参数列字段引用“打卡日期”所在的 C20:C48 单元格区域，第 3 个参数值字段引用“打卡时间”所在的 D20:D48 单元格区域，第 4 个参数 LAMBDA 函数的第 1 个参数名称设置为 x，最后一个参数计算公式使用 TEXTJOIN 函数，TEXTJOIN 函数的第 1 个参数分隔符使用 CHAR(10) 公式返回换行符，第 2 个参数设置为 TRUE（忽略空值），第 3 个参数引用参数 x，PIVOTBY 函数的第 5 个参数字段是否显示标头设置为 0（不显示标头），第 6 个参数行总计显示模式设置为 0（无总计），省略第 7 个参数行排序方式，第 8 个参数列总计显示模式设置为 0（无总计），PIVOTBY 函数即可根据姓名、打卡日期汇总打卡时间。

输入公式后，选中公式溢出区域“打卡时间”所在的单元格区域，对齐方式设置顶端对齐，设置自动换行，即可实现目标效果。

示例 6-50： 将一维表转换为二维表

在 F53 单元格输入公式，如图 6-112 所示。

=PIVOTBY(B53:B67,C53:C67,D53:D67,N,0,0,,0)

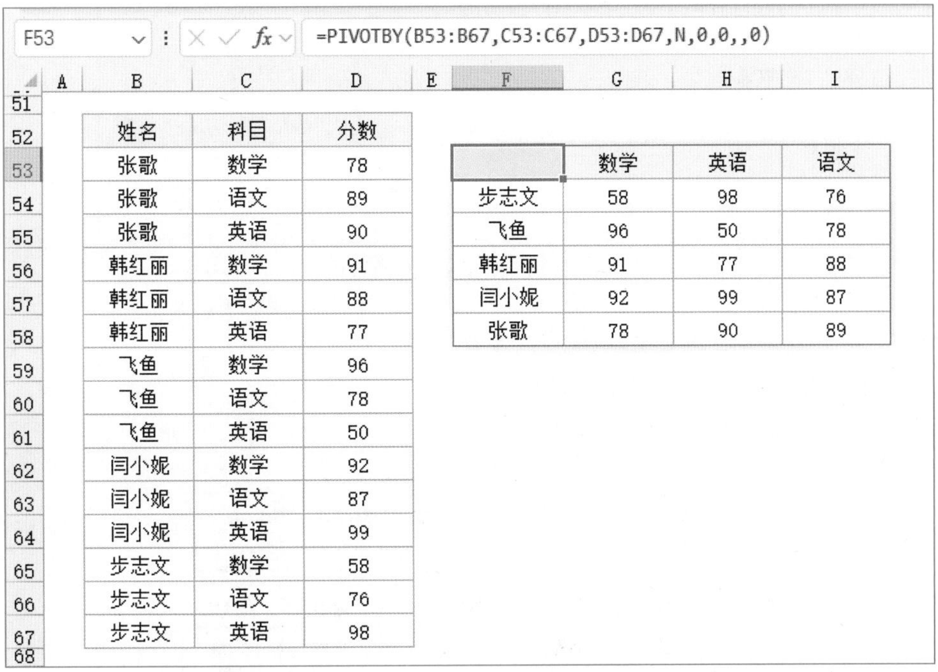

F53　=PIVOTBY(B53:B67,C53:C67,D53:D67,N,0,0,,0)

姓名	科目	分数
张歌	数学	78
张歌	语文	89
张歌	英语	90
韩红丽	数学	91
韩红丽	语文	88
韩红丽	英语	77
飞鱼	数学	96
飞鱼	语文	78
飞鱼	英语	50
闫小妮	数学	92
闫小妮	语文	87
闫小妮	英语	99
步志文	数学	58
步志文	语文	76
步志文	英语	98

	数学	英语	语文
步志文	58	98	76
飞鱼	96	50	78
韩红丽	91	77	88
闫小妮	92	99	87
张歌	78	90	89

图 6-112　将一维表转换为二维表

PIVOTBY 函数的第 1 个参数行字段引用“姓名”所在的 B53:B67 单元格区域，第 2 个参数列字段引用“科目”所在的 C53:C67 单元格区域，第 3 个参数值字段引用“分钟”所在的 D53:D67 单元格区域，第 4 个参数 LAMBDA 函数使用 N 函数聚合，第 5 个参数字段是否显示标头设置为 0（不显示标头），第 6 个参数行总计显示模式设置为 0（无总计），省略第 7 个参数行排序方式，第 8 个参数列总计显示模式设置为 0（无总计），PIVOTBY 函数即可实现将一维表转换为二维表。

在设置 PIVOTBY 函数的第 4 个参数 LAMBDA 函数时，当值字段数据类型为数值类型时，可以使用 N、SUM、MAX、MIN 等函数聚合，当值字段数据类型为文本时，可以使用 T、CONCAT、ARRAYTOTEXT 等函数聚合。

因为 PIVOTBY 函数的标头、总计、排序、筛选参数的作用和 GROUPBY 函数完全一样，所以本节将不再重复讲解，如有不解，可先学习 GROUPBY 函数。

6.12 PERCENTOF（返回给定数据集子集的百分比）

PERCENTOF 函数可以返回给定数据集子集的百分比，函数语法如图 6-113 所示。

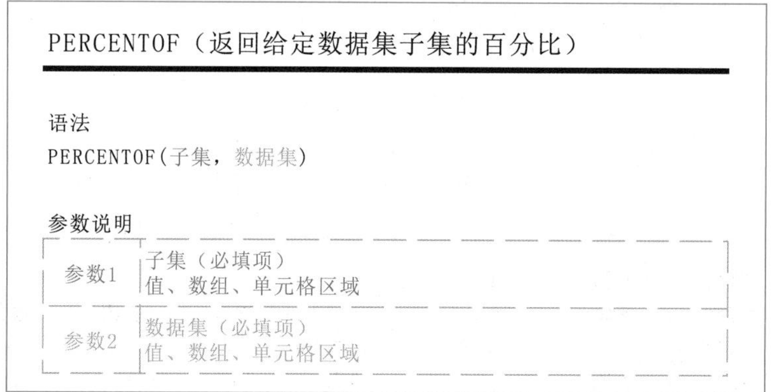

PERCENTOF（返回给定数据集子集的百分比）

语法

PERCENTOF(子集，数据集)

参数说明

参数1	子集（必填项） 值、数组、单元格区域
参数2	数据集（必填项） 值、数组、单元格区域

图 6-113　PERCENTOF 函数语法

示例 6-51：计算某个姓名的数量占总数量的百分比

在 G5 单元格输入公式，如图 6-114 所示。

=PERCENTOF(D5:D7,D5:D10)

G5　=PERCENTOF(D5:D7,D5:D10)

序号	姓名	数量
1	张歌	15
2	张歌	20
3	张歌	5
4	闫小妮	40
5	闫小妮	60
6	闫小妮	20

姓名	百分比
张歌	25.00%

图 6-114　计算某个姓名的数量占总数量的百分比

PERCENTOF 函数的第 1 个参数子集引用姓名“张歌”所在的 D5:D7 单元格区域，第 2 个参数数据集引用全部“数量”所在的 D5:D10 单元格区域，PERCENTOF 函数即可返回姓名“张歌”的数量所占总数量的百分比。

PERCENTOF 函数的计算逻辑是使用 SUM 函数分别对参数 1、参数 2 这两个参数进行求和，然后使用参数 1 的和除以参数 2 的和，计算百分比。在 G6 单元格输入公式，如图 6-115 所示。

```
=SUM(D5:D7)/SUM(D5:D10)
```

G6 =SUM(D5:D7)/SUM(D5:D10)

序号	姓名	数量
1	张歌	15
2	张歌	20
3	张歌	5
4	闫小妮	40
5	闫小妮	60
6	闫小妮	20

姓名	百分比
张歌	25.00%
张歌	25.00%

图 6-115 PERCENTOF 函数的计算逻辑

示例 6-52：在 GROUPBY 函数中使用 PERCENTOF 函数

PERCENTOF 函数主要是为了支持 GROUPBY、PIVOTBY 两个函数，同时软件对这两个函数做了特殊的处理，在这两个函数中使用语法糖简写时，如果参数中使用 PERCENTOF 函数，会向 PERCENTOF 函数传入每个项目的子集和总数据集两个参数（使用其他函数如 SUM、CONCAT 等函数只会传入每个项目子集一个参数）。在 F15 单元格输入公式，如图 6-116 所示。

```
=GROUPBY(C15:C20,D15:D20,PERCENTOF,0)
```

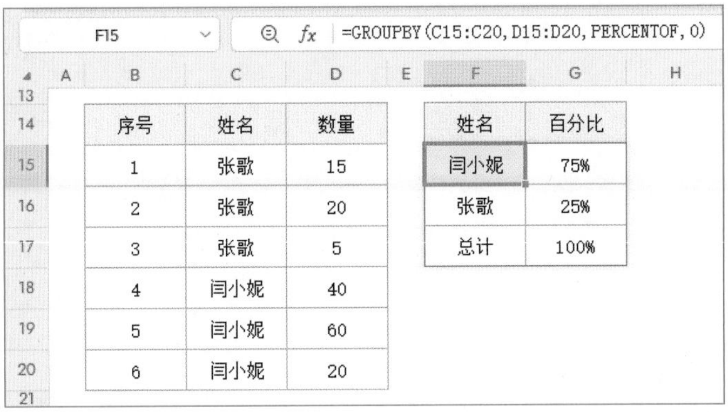

F15 =GROUPBY(C15:C20,D15:D20,PERCENTOF,0)

序号	姓名	数量
1	张歌	15
2	张歌	20
3	张歌	5
4	闫小妮	40
5	闫小妮	60
6	闫小妮	20

姓名	百分比
闫小妮	75%
张歌	25%
总计	100%

图 6-116 在 GROUPBY 函数中使用 PERCENTOF 函数

GROUPBY 函数的第 1 个参数引用“姓名”所在的 C15:C20 单元格区域，第 2 个参数引用“数量”所在的 D15:D20 单元格区域，第 3 个参数使用 PERCENTOF 函数，第 4 个参数字段是否包含标头设置为 0（否），GROUPBY 函数即可根据“姓名”分组，同时对每个“姓名”的数量计算百分比。

示例 6-53：使用 GROUPBY 函数计算合计和百分比

在 F24 单元格输入公式，如图 6-117 所示。

```
=GROUPBY(C24:C30,D24:D30,HSTACK(VSTACK(SUM,"合计"),VSTACK(PERCENTOF,"百分比")),3)
```

F24 | =GROUPBY(C24:C30,D24:D30,HSTACK(VSTACK(SUM,"合计"),VSTACK(PERCENTOF,"百分比")),3)

序号	姓名	数量
1	张歌	15
2	张歌	20
3	张歌	5
4	闫小妮	40
5	闫小妮	60
6	闫小妮	20

姓名	合计	百分比
闫小妮	120	75.00%
张歌	40	25.00%
总计	160	100.00%

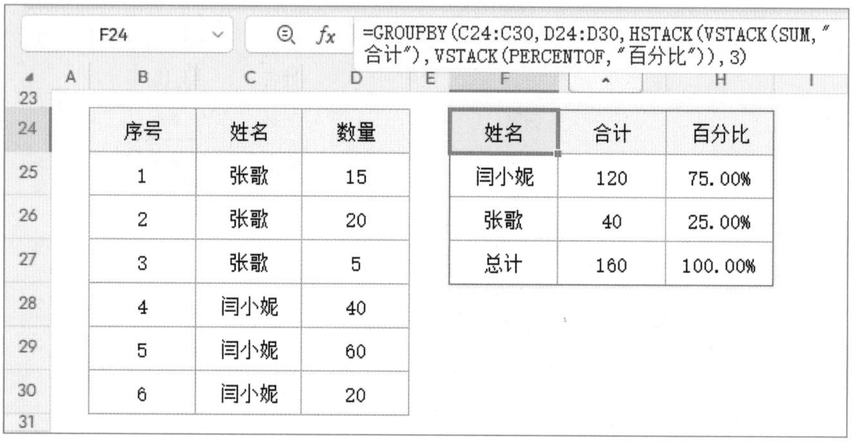

图 6-117　使用 GROUPBY 函数计算合计和百分比

GROUPBY 函数的第 1 个参数引用包含“姓名”标题所在的 C24:C30 单元格区域，第 2 个参数引用包含“数量”标题所在的 D24:D30 单元格区域，第 3 个参数使用 VSTACK 函数分别构造“合计”和“百分比”两列的计算公式和显示标题，使用 HSTACK 函数将构造好的内容横向拼接，第 4 个参数设置为 3（是并显示标题），GROUPBY 函数即可根据“姓名”分组，同时对每个“姓名”的数量计算合计和百分比。

第 7 章 综合案例

在处理复杂需求时，应采取一种有条不紊的方法，即将需求细化为多个子需求，并逐一解决。这种方法有助于更好地理解和把握问题的全貌，从而更有效地解决它。

7.1 综合案例：根据工资表明细生成工资条

根据工资表明细生成工资条，目标结果如图 7-1 所示。

	A	B	C	D	E	F	G	H	I	J	K	L	M
3													
4		姓名	电话	性别	年龄	部门		姓名	电话	性别	年龄	部门	
5		张歌	13X XXXX XX17	女	45	市场部		张歌	13X XXXX XX17	女	45	市场部	
6		韩红丽	13X XXXX XX18	女	20	市场部							
7		飞鱼	13X XXXX XX19	男	48	技术部		姓名	电话	性别	年龄	部门	
8		闫小妮	13X XXXX XX20	女	21	技术部		韩红丽	13X XXXX XX18	女	20	市场部	
9		步志文	13X XXXX XX21	男	23	财务部							
10		赵子明	13X XXXX XX22	男	28	财务部		姓名	电话	性别	年龄	部门	
11								飞鱼	13X XXXX XX19	男	48	技术部	
12													
13								姓名	电话	性别	年龄	部门	
14								闫小妮	13X XXXX XX20	女	21	技术部	
15													
16								姓名	电话	性别	年龄	部门	
17								步志文	13X XXXX XX21	男	23	财务部	
18													
19								姓名	电话	性别	年龄	部门	
20								赵子明	13X XXXX XX22	男	28	财务部	
21													

图 7-1　根据工资表明细生成工资条

1. 排序生成法

有一种基础操作的方法可以快速制作工资条，操作步骤如图 7-2 所示。

G	H	I	J	K	L	M
	姓名	电话	性别	年龄	部门	1
	姓名	电话	性别	年龄	部门	2
	姓名	电话	性别	年龄	部门	3
	姓名	电话	性别	年龄	部门	4
	姓名	电话	性别	年龄	部门	5
	姓名	电话	性别	年龄	部门	6
	张歌	13X XXXX XX17	女	45	市场部	1
	韩红丽	13X XXXX XX18	女	20	市场部	2
	飞鱼	13X XXXX XX19	男	48	技术部	3
	闫小妮	13X XXXX XX20	女	21	技术部	4
	步志文	13X XXXX XX21	男	23	财务部	5
	赵子明	13X XXXX XX22	男	28	财务部	6
						1
						2
						3
						4
						5
						6

图 7-2　基础操作方法生成工资条

（1）将标题行根据工资表明细行数重复多行。

（2）将工资表明细复制、粘贴到已经生成的重复标题行下。

（3）根据工资表明细行数生成序号。

（4）将生成好的序号依次向下粘贴 2 次，共生成 3 组序号。

（5）使用自定义排序功能根据序号排序。

根据基础操作的方法步骤，下面使用函数公式实现。

（1）将标题行根据工资表明细行数重复多行，在 H4 单元格输入任意一个公式，如图 7-3 所示。

```
=T(SEQUENCE(6,5))&B4:F4
=CHOOSEROWS(B4:F4,SEQUENCE(6,,1,0))
=MAKEARRAY(6,5,LAMBDA(x,y,INDEX(B4:F4,y)))
```

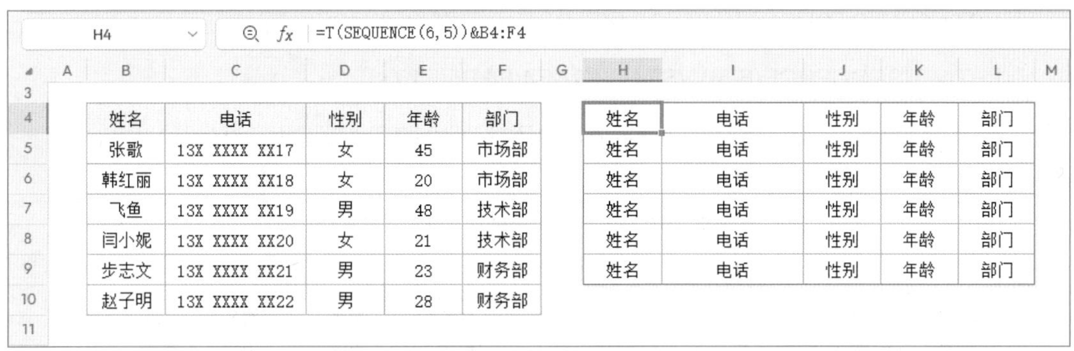

H4 =T(SEQUENCE(6,5))&B4:F4

	A	B	C	D	E	F	G	H	I	J	K	L	M
3													
4		姓名	电话	性别	年龄	部门		姓名	电话	性别	年龄	部门	
5		张歌	13X XXXX XX17	女	45	市场部		姓名	电话	性别	年龄	部门	
6		韩红丽	13X XXXX XX18	女	20	市场部		姓名	电话	性别	年龄	部门	
7		飞鱼	13X XXXX XX19	男	48	技术部		姓名	电话	性别	年龄	部门	
8		闫小妮	13X XXXX XX20	女	21	技术部		姓名	电话	性别	年龄	部门	
9		步志文	13X XXXX XX21	男	23	财务部		姓名	电话	性别	年龄	部门	
10		赵子明	13X XXXX XX22	男	28	财务部							
11													

图 7-3 重复生成标题行

公式 1：使用 SEQUENCE 函数生成 6 行 5 列的序号，使用 T 函数可以将生成的序号转换为空文本，使用 & 运算符连接标题即可生成。

公式 2：使用 SEQUENCE 函数生成 6 行数值为 1 的序号，使用 CHOOSEROWS 函数将标题行重复生成 6 行。

公式 3：使用 MAKEARRAY 函数生成 6 行 5 列的数组，LAMBDA 函数计算公式使用 INDEX 函数依次引用标题行对应列生成。

（2）使用 VSTACK 函数将生成的重复标题行和工资明细数据拼接，在 H4 单元格输入公式，如图 7-4 所示。

```
=VSTACK(T(SEQUENCE(6,5))&B4:F4,B5:F10)
```

H4 =VSTACK(T(SEQUENCE(6,5))&B4:F4,B5:F10)

	A	B	C	D	E	F	G	H	I	J	K	L	M
3													
4		姓名	电话	性别	年龄	部门		姓名	电话	性别	年龄	部门	
5		张歌	13X XXXX XX17	女	45	市场部		姓名	电话	性别	年龄	部门	
6		韩红丽	13X XXXX XX18	女	20	市场部		姓名	电话	性别	年龄	部门	
7		飞鱼	13X XXXX XX19	男	48	技术部		姓名	电话	性别	年龄	部门	
8		闫小妮	13X XXXX XX20	女	21	技术部		姓名	电话	性别	年龄	部门	
9		步志文	13X XXXX XX21	男	23	财务部		姓名	电话	性别	年龄	部门	
10		赵子明	13X XXXX XX22	男	28	财务部		张歌	13X XXXX XX17	女	45	市场部	
11								韩红丽	13X XXXX XX18	女	20	市场部	
12								飞鱼	13X XXXX XX19	男	48	技术部	
13								闫小妮	13X XXXX XX20	女	21	技术部	
14								步志文	13X XXXX XX21	男	23	财务部	
15								赵子明	13X XXXX XX22	男	28	财务部	
16													

图 7-4 使用 VSTACK 函数拼接工资明细

（3）使用 VSTACK 函数拼接 6 行 5 列空白数组，在 H4 单元格输入任意一个公式，如图 7-5 所示。

```
=VSTACK(T(SEQUENCE(6,5))&B4:F4,B5:F10,T(SEQUENCE(6,5)))
=LET(x,T(SEQUENCE(6,5)),VSTACK(x&B4:F4,B5:F10,x))
=EXPAND(VSTACK(T(SEQUENCE(6,5))&B4:F4,B5:F10),18,5,"")
```

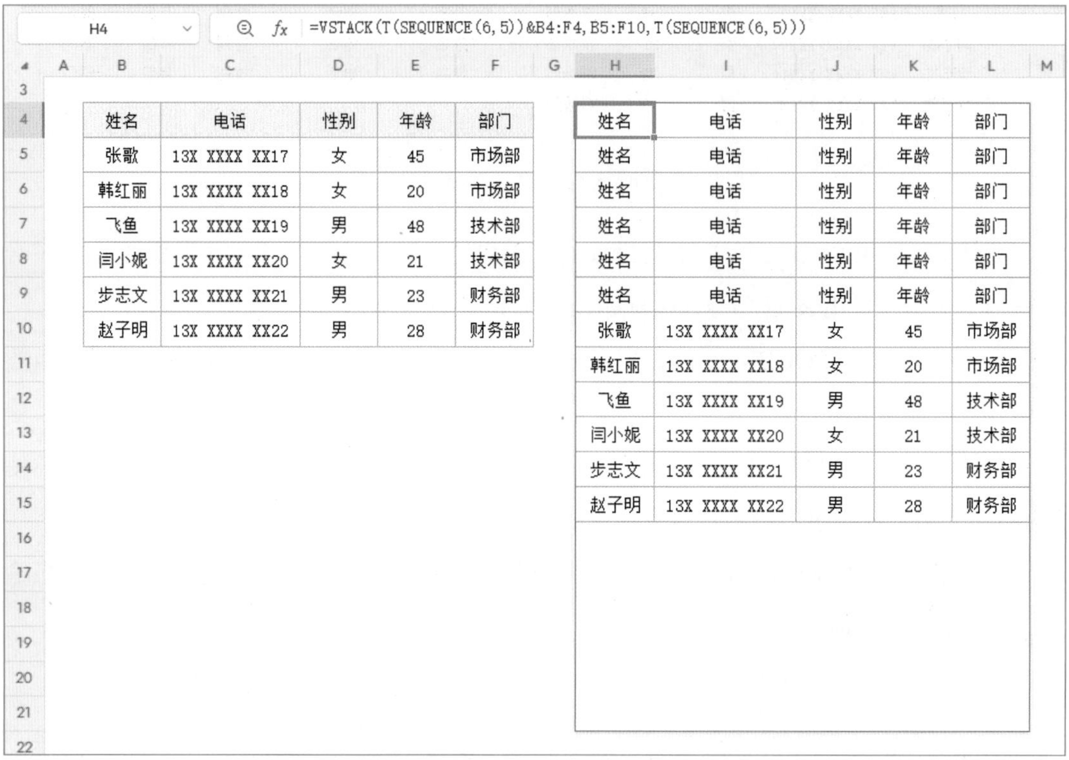

H4 =VSTACK(T(SEQUENCE(6,5))&B4:F4,B5:F10,T(SEQUENCE(6,5)))

姓名	电话	性别	年龄	部门
张歌	13X XXXX XX17	女	45	市场部
韩红丽	13X XXXX XX18	女	20	市场部
飞鱼	13X XXXX XX19	男	48	技术部
闫小妮	13X XXXX XX20	女	21	技术部
步志文	13X XXXX XX21	男	23	财务部
赵子明	13X XXXX XX22	男	28	财务部

姓名	电话	性别	年龄	部门
姓名	电话	性别	年龄	部门
姓名	电话	性别	年龄	部门
姓名	电话	性别	年龄	部门
姓名	电话	性别	年龄	部门
姓名	电话	性别	年龄	部门
张歌	13X XXXX XX17	女	45	市场部
韩红丽	13X XXXX XX18	女	20	市场部
飞鱼	13X XXXX XX19	男	48	技术部
闫小妮	13X XXXX XX20	女	21	技术部
步志文	13X XXXX XX21	男	23	财务部
赵子明	13X XXXX XX22	男	28	财务部

图 7-5 使用 VSTACK 函数拼接空白数组

公式 1：公式“=T(SEQUENCE(6,5))”可以返回 6 行 5 列空白数组，使用 VSTACK 函数继续向下拼接。

公式 2：公式“=T(SEQUENCE(6,5))”部分需要重复使用，使用 LET 函数将公式指定给名称 x 后使用，简化公式。

公式 3：使用 EXPAND 函数将 12 行 5 列的数组扩展到 18 行 5 列，并使用空文本填充扩展的区域。

（4）生成 3 组 1~6 的序号，在 M4 单元格输入任意一个公式，如图 7-6 所示。

```
=VSTACK(SEQUENCE(6),SEQUENCE(6),SEQUENCE(6))
=LET(x,SEQUENCE(6),VSTACK(x,x,x))
=MOD(SEQUENCE(18,,6),6)+1
```

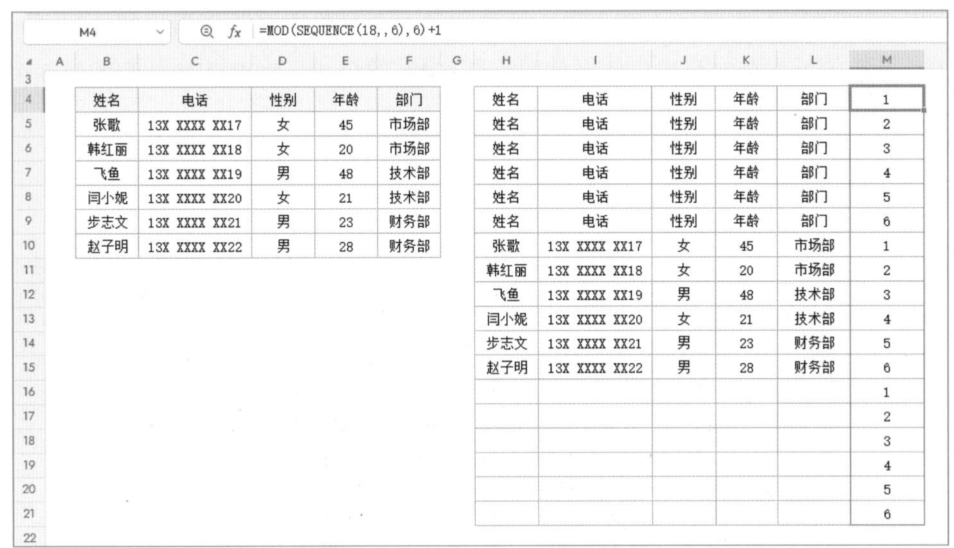

M4　=MOD(SEQUENCE(18,,6),6)+1

姓名	电话	性别	年龄	部门
张歌	13X XXXX XX17	女	45	市场部
韩红丽	13X XXXX XX18	女	20	市场部
飞鱼	13X XXXX XX19	男	48	技术部
闫小妮	13X XXXX XX20	女	21	技术部
步志文	13X XXXX XX21	男	23	财务部
赵子明	13X XXXX XX22	男	28	财务部

姓名	电话	性别	年龄	部门	1
姓名	电话	性别	年龄	部门	2
姓名	电话	性别	年龄	部门	3
姓名	电话	性别	年龄	部门	4
姓名	电话	性别	年龄	部门	5
姓名	电话	性别	年龄	部门	6
张歌	13X XXXX XX17	女	45	市场部	1
韩红丽	13X XXXX XX18	女	20	市场部	2
飞鱼	13X XXXX XX19	男	48	技术部	3
闫小妮	13X XXXX XX20	女	21	技术部	4
步志文	13X XXXX XX21	男	23	财务部	5
赵子明	13X XXXX XX22	男	28	财务部	6
					1
					2
					3
					4
					5
					6

图 7-6　生成 3 组 1 ～ 6 的序号

公式 1：使用 3 次 SEQUENCE 函数生成 1 ～ 6 的序号，使用 VSTACK 函数拼接。

公式 2：公式“=SEQUENCE(6)”部分需要重复使用，使用 LET 函数将公式生成的序号指定给名称 x 后使用，简化公式。

公式 3：使用 SEQUENCE 函数生成 18 行从 6 开始的序号，生成的序号使用 MOD 函数和 6 求余数后加 1，即可返回 3 组 1 ～ 6 的序号。

（5）使用 SORTBY 函数将生成的 18 行 5 列数据根据生成 3 组 1 ～ 6 的序号升级排序即可，在 H4 单元格输入公式，如图 7-7 所示。

```
=SORTBY(LET(x,T(SEQUENCE(6,5)),VSTACK(x&B4:F4,B5:F10,x)),MOD(SEQUENCE(18,,6),6)+1)
```

H4　=SORTBY(LET(x,T(SEQUENCE(6,5)),VSTACK(x&B4:F4,B5:F10,x)),MOD(SEQUENCE(18,,6),6)+1)

姓名	电话	性别	年龄	部门
张歌	13X XXXX XX17	女	45	市场部
韩红丽	13X XXXX XX18	女	20	市场部
飞鱼	13X XXXX XX19	男	48	技术部
闫小妮	13X XXXX XX20	女	21	技术部
步志文	13X XXXX XX21	男	23	财务部
赵子明	13X XXXX XX22	男	28	财务部

姓名	电话	性别	年龄	部门
张歌	13X XXXX XX17	女	45	市场部
姓名	电话	性别	年龄	部门
韩红丽	13X XXXX XX18	女	20	市场部
姓名	电话	性别	年龄	部门
飞鱼	13X XXXX XX19	男	48	技术部
姓名	电话	性别	年龄	部门
闫小妮	13X XXXX XX20	女	21	技术部
姓名	电话	性别	年龄	部门
步志文	13X XXXX XX21	男	23	财务部
姓名	电话	性别	年龄	部门
赵子明	13X XXXX XX22	男	28	财务部

图 7-7　使用 SORTBY 函数排序

使用 SORTBY 函数排序，SORTBY 函数的第 1 个参数数据源使用步骤（3）的公式，SORTBY 函数的第 2 个参数排序依据使用步骤（4）的公式，SORTBY 函数的第 3 个参数排序方式可以省略，省略时默认为升序排序。

2. 序号生成法

如果给工资表所在区域加上序号，生成工资条时的序号规律为 128、138、148、158、168、178，如图 7-8 所示。

	A	B	C	D	E	F	G	H	I
3									
4	1	姓名	电话	性别	年龄	部门		序号	
5	2	张歌	13X XXXX XX17	女	45	市场部		1	
6	3	韩红丽	13X XXXX XX18	女	20	市场部		2	
7	4	飞鱼	13X XXXX XX19	男	48	技术部		8	
8	5	闫小妮	13X XXXX XX20	女	21	技术部		1	
9	6	步志文	13X XXXX XX21	男	23	财务部		3	
10	7	赵子明	13X XXXX XX22	男	28	财务部		8	
11	8							1	
12								4	
13								8	
14									

图 7-8　工资条序号规律

继续观察可以发现每组序号开始值为 1，结束值为 8，中间部分是 2 ～ 7 的连续序号，依次在 I5、J5、K5 单元格输入公式可以生成 3 组指定规则的序号，如图 7-9 所示。

I5 单元格公式：

=SEQUENCE(6,,1,0)

J5 单元格公式：

=SEQUENCE(6,,2)

K5 单元格公式：

=SEQUENCE(6,,8,0)

K5　fx　=SEQUENCE(6,,8,0)

	A	B	C	D	E	F	G	H	I	J	K
3											
4	1	姓名	电话	性别	年龄	部门		序号	6个1	2~7	6个8
5	2	张歌	13X XXXX XX17	女	45	市场部		1	1	2	8
6	3	韩红丽	13X XXXX XX18	女	20	市场部		2	1	3	8
7	4	飞鱼	13X XXXX XX19	男	48	技术部		8	1	4	8
8	5	闫小妮	13X XXXX XX20	女	21	技术部		1	1	5	8
9	6	步志文	13X XXXX XX21	男	23	财务部		3	1	6	8
10	7	赵子明	13X XXXX XX22	男	28	财务部		8	1	7	8
11	8							1			
12								4			
13								8			
14											

图 7-9　生成 3 组指定规则序号

使用 SEQUENCE 函数通过设置行数、列数、开始值、增量参数生成指定规则的序号。

使用 HSTACK 函数将 3 组序号拼接成 6 行 3 组的数组，然后使用 TOCOL 函数将 3 组序号转换为一列，即可得到制作工资条时需要的序号。在 H5 单元格输入公式，如图 7-10 所示。

```
=TOCOL(HSTACK(SEQUENCE(6,,1,0),SEQUENCE(6,,2),SEQUENCE(6,,8,0)))
```

H5　=TOCOL(HSTACK(SEQUENCE(6,,1,0),SEQUENCE(6,,2),SEQUENCE(6,,8,0)))

	A	B	C	D	E	F	G	H
3								
4	1	姓名	电话	性别	年龄	部门		序号
5	2	张歌	13X XXXX XX17	女	45	市场部		1
6	3	韩红丽	13X XXXX XX18	女	20	市场部		2
7	4	飞鱼	13X XXXX XX19	男	48	技术部		8
8	5	闫小妮	13X XXXX XX20	女	21	技术部		1
9	6	步志文	13X XXXX XX21	男	23	财务部		3
10	7	赵子明	13X XXXX XX22	男	28	财务部		8
11	8							1
12								4
13								8
14								1
15								5
16								8
17								1
18								6
19								8
20								1
21								7
22								8

图 7-10　使用 HSTACK 函数拼接后使用 TOCOL 函数转置

得到需要的序号后，使用 CHOOSEROWS 函数将工资表明细按生成好的序号返回指定行即可。在 H4 单元格输入公式，如图 7-11 所示。

```
=CHOOSEROWS(B4:F11&"",TOCOL(HSTACK(SEQUENCE(6,,1,0),SEQUENCE(6,,2),SEQUENCE(6,,8,0))))
```

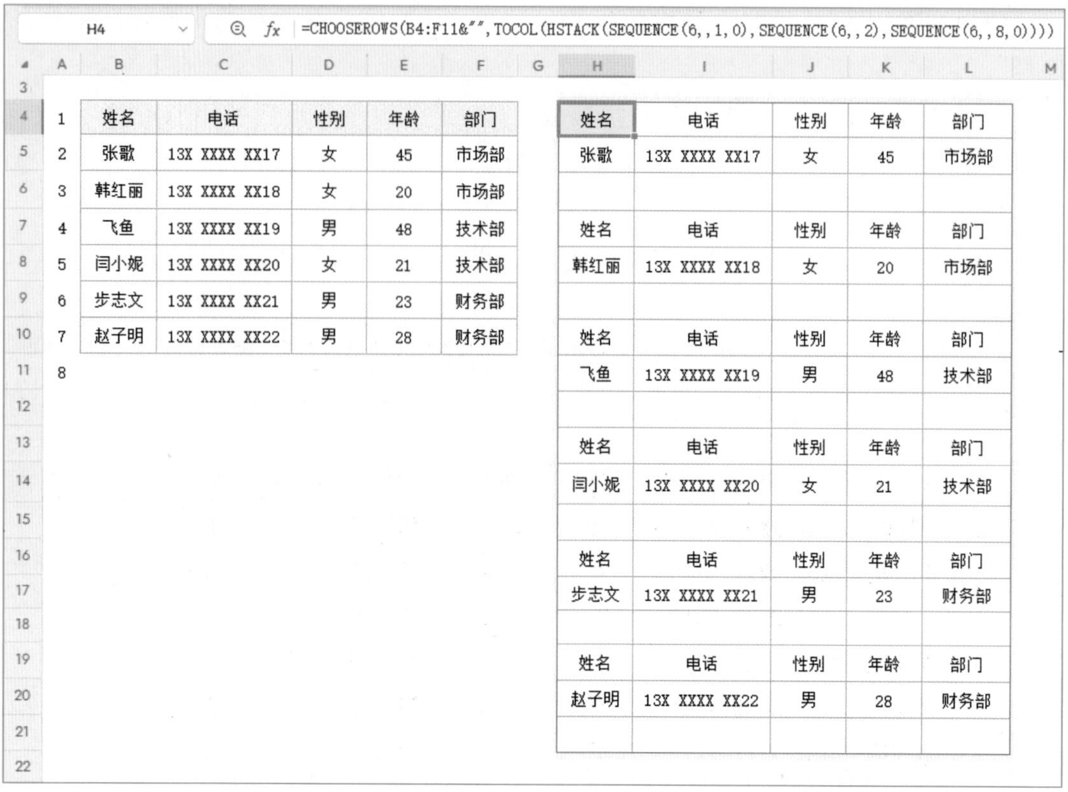

H4 =CHOOSEROWS(B4:F11&"",TOCOL(HSTACK(SEQUENCE(6,,1,0),SEQUENCE(6,,2),SEQUENCE(6,,8,0))))

1	姓名	电话	性别	年龄	部门
2	张歌	13X XXXX XX17	女	45	市场部
3	韩红丽	13X XXXX XX18	女	20	市场部
4	飞鱼	13X XXXX XX19	男	48	技术部
5	闫小妮	13X XXXX XX20	女	21	技术部
6	步志文	13X XXXX XX21	男	23	财务部
7	赵子明	13X XXXX XX22	男	28	财务部
8					

姓名	电话	性别	年龄	部门
张歌	13X XXXX XX17	女	45	市场部
姓名	电话	性别	年龄	部门
韩红丽	13X XXXX XX18	女	20	市场部
姓名	电话	性别	年龄	部门
飞鱼	13X XXXX XX19	男	48	技术部
姓名	电话	性别	年龄	部门
闫小妮	13X XXXX XX20	女	21	技术部
姓名	电话	性别	年龄	部门
步志文	13X XXXX XX21	男	23	财务部
姓名	电话	性别	年龄	部门
赵子明	13X XXXX XX22	男	28	财务部

图 7-11　使用 CHOOSEROWS 函数返回指定行

CHOOSEROWS 函数的第 1 个参数因为需要引用工资表明细区域下方一行的空行作为工资条每组之间的分隔，所以需要引用工资表所在的 B4:F11 单元格区域，然后使用 & 运算符连接空文本，CHOOSEROWS 函数的第 2 个参数使用已经生成的序号的公式即可。

需要注意的是，使用 & 运算符连接空文本虽然在写公式时简单一些，但是公式返回的工资条结果是文本类型，会将工作表数据中数值类型的值转换为文本型，如果对结果直接打印是没有问题的，如果后期需要对生成的工资条数据进行再次计算，可以使用 EXPAND 函数扩展，根据工资明细表行数扩展 1 行空行，或使用 VSTACK 函数拼接。在 H4 单元格输入任意一个公式，如图 7-12 所示。

```
=CHOOSEROWS(EXPAND(B4:F10,8,5,""),TOCOL(HSTACK(SEQUENCE(6,,1,0),SEQUENCE(6,,2),SEQUENCE(6,,8,0))))
=CHOOSEROWS(VSTACK(B4:F10,B11:F11&""),TOCOL(HSTACK(SEQUENCE(6,,1,0),SEQUENCE(6,,2),SEQUENCE(6,,8,0))))
```

H4 =CHOOSEROWS(EXPAND(B4:F10,8,5,""),TOCOL(HSTACK(SEQUENCE(6,,1,0),SEQUENCE(6,,2),SEQUENCE(6,,8,0))))

A	姓名	电话	性别	年龄	部门
1	姓名	电话	性别	年龄	部门
2	张歌	13X XXXX XX17	女	45	市场部
3	韩红丽	13X XXXX XX18	女	20	市场部
4	飞鱼	13X XXXX XX19	男	48	技术部
5	闫小妮	13X XXXX XX20	女	21	技术部
6	步志文	13X XXXX XX21	男	23	财务部
7	赵子明	13X XXXX XX22	男	28	财务部
8					

姓名	电话	性别	年龄	部门
张歌	13X XXXX XX17	女	45	市场部
姓名	电话	性别	年龄	部门
韩红丽	13X XXXX XX18	女	20	市场部
姓名	电话	性别	年龄	部门
飞鱼	13X XXXX XX19	男	48	技术部
姓名	电话	性别	年龄	部门
闫小妮	13X XXXX XX20	女	21	技术部
姓名	电话	性别	年龄	部门
步志文	13X XXXX XX21	男	23	财务部
姓名	电话	性别	年龄	部门
赵子明	13X XXXX XX22	男	28	财务部

图 7-12 使用 EXPAND 函数或 VSTACK 函数处理空行

3. 转置生成法

将重复的标题行、工资表明细和工资表明细大小的空数组进行横向拼接，在 B12 单元格输入任意一个公式，如图 7-13 所示。

```
=LET(x,T(SEQUENCE(6,5)),HSTACK(x&B4:F4,B5:F10,x))
=EXPAND(IFNA(HSTACK(B4:F4,B5:F10),B4:F4),,15,"")
=EXPAND(HSTACK(T(SEQUENCE(6,5))&B4:F4,B5:F10),,15,"")
```

B12 =EXPAND(HSTACK(T(SEQUENCE(6,5))&B4:F4,B5:F10),,15,"")

姓名	电话	性别	年龄	部门
张歌	13X XXXX XX17	女	45	市场部
韩红丽	13X XXXX XX18	女	20	市场部
飞鱼	13X XXXX XX19	男	48	技术部
闫小妮	13X XXXX XX20	女	21	技术部
步志文	13X XXXX XX21	男	23	财务部
赵子明	13X XXXX XX22	男	28	财务部

B	C	D	E	F	G	H	I	J	K	L	M	N	O	P
姓名	电话	性别	年龄	部门	张歌	X XXXX XX	女	45	市场部					
姓名	电话	性别	年龄	部门	韩红丽	X XXXX XX	女	20	市场部					
姓名	电话	性别	年龄	部门	飞鱼	X XXXX XX	男	48	技术部					
姓名	电话	性别	年龄	部门	闫小妮	X XXXX XX	女	21	技术部					
姓名	电话	性别	年龄	部门	步志文	X XXXX XX	男	23	财务部					
姓名	电话	性别	年龄	部门	赵子明	X XXXX XX	男	28	财务部					

图 7-13 将数据横向拼接

公式 1：使用 LET 函数，将 T(SEQUENCE(6,5)) 公式生成的空数组指定给名称 x，然后使用 HSTACK 函数依次将空数组连接标题行生成的重复标题行、工资表明细、空数组进行横向拼接。

公式 2：使用 HSTACK 函数将标题行和工资表明细拼接，因为标题行数少于工资表明细行数，拼接后，标题行部分除第 1 行外，返回错误值 #N/A，使用 IFNA 函数将错误值 #N/A 返回标题行，然后使用 EXPAND 函数将数组扩展到 15 列，并且将扩展的数组填充为空文本。

公式 3：使用 T(SEQUENCE(6,5))&B4:F4 重复生成标题行，使用 HSTACK 函数将重复生成的标题行和工资表明细横向拼接，然后使用 EXPAND 函数将数组扩展到 15 列，并且将扩展的数组填充为空文本。

使用 TOCOL 函数将拼接好的结果转换为一列，然后使用 WRAPROWS 函数将一列数组转换为多行，WRAPROWS 函数的第 2 个参数设置为 5，函数可以将数据每 5 列转换为一行。在 H4 单元格输入公式，如图 7-14 所示。

```
=WRAPROWS(TOCOL(LET(x,T(SEQUENCE(6,5)),HSTACK(x&B4:F4,B5:F10,x))),5)
```

H4　=WRAPROWS(TOCOL(LET(x,T(SEQUENCE(6,5)),HSTACK(x&B4:F4,B5:F10,x))),5)

姓名	电话	性别	年龄	部门
张歌	13X XXXX XX17	女	45	市场部
韩红丽	13X XXXX XX18	女	20	市场部
飞鱼	13X XXXX XX19	男	48	技术部
闫小妮	13X XXXX XX20	女	21	技术部
步志文	13X XXXX XX21	男	23	财务部
赵子明	13X XXXX XX22	男	28	财务部

姓名	电话	性别	年龄	部门
张歌	13X XXXX XX17	女	45	市场部
姓名	电话	性别	年龄	部门
韩红丽	13X XXXX XX18	女	20	市场部
姓名	电话	性别	年龄	部门
飞鱼	13X XXXX XX19	男	48	技术部
姓名	电话	性别	年龄	部门
闫小妮	13X XXXX XX20	女	21	技术部
姓名	电话	性别	年龄	部门
步志文	13X XXXX XX21	男	23	财务部
姓名	电话	性别	年龄	部门
赵子明	13X XXXX XX22	男	28	财务部

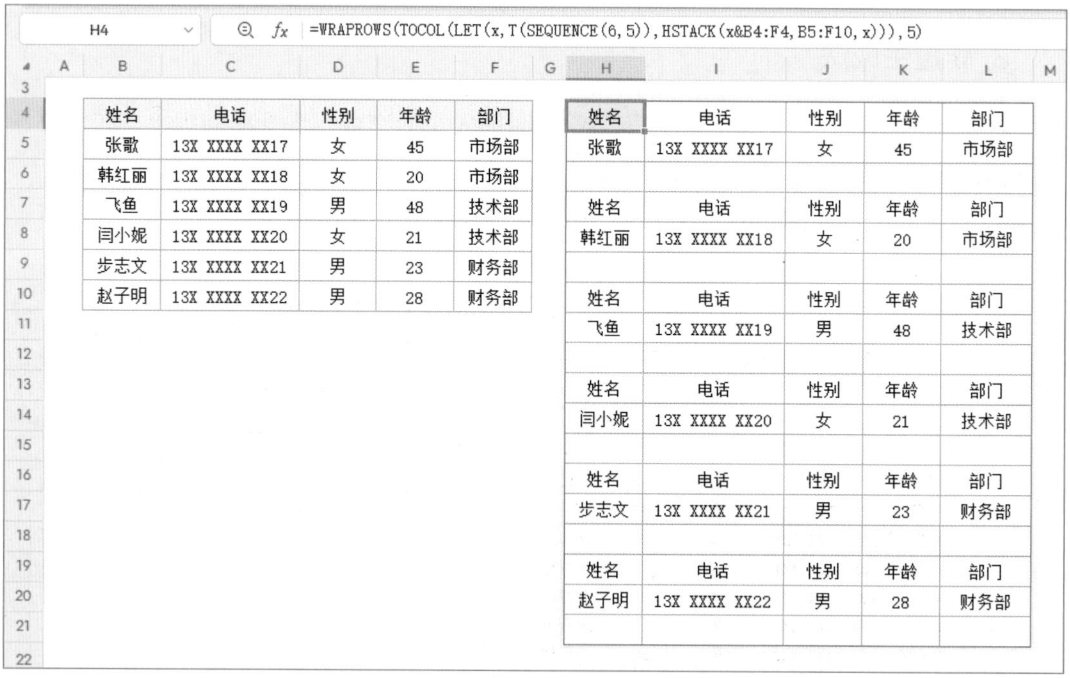

图 7-14　使用 TOCOL、WRAPROWS 函数转置

4. 循环生成法

使用 VSTACK 函数将标题行、工资表明细的其中一行、对应大小的空数组进行拼接，生成单人工资条。在 H4 单元格输入公式，如图 7-15 所示。

=VSTACK(B4:F4,OFFSET(B5,0,0,1,5),T(SEQUENCE(1,5)))

H4　=VSTACK(B4:F4,OFFSET(B5,0,0,1,5),T(SEQUENCE(1,5)))

姓名	电话	性别	年龄	部门
张歌	13X XXXX XX17	女	45	市场部
韩红丽	13X XXXX XX18	女	20	市场部
飞鱼	13X XXXX XX19	男	48	技术部
闫小妮	13X XXXX XX20	女	21	技术部
步志文	13X XXXX XX21	男	23	财务部
赵子明	13X XXXX XX22	男	28	财务部

姓名	电话	性别	年龄	部门
张歌	13X XXXX XX17	女	45	市场部

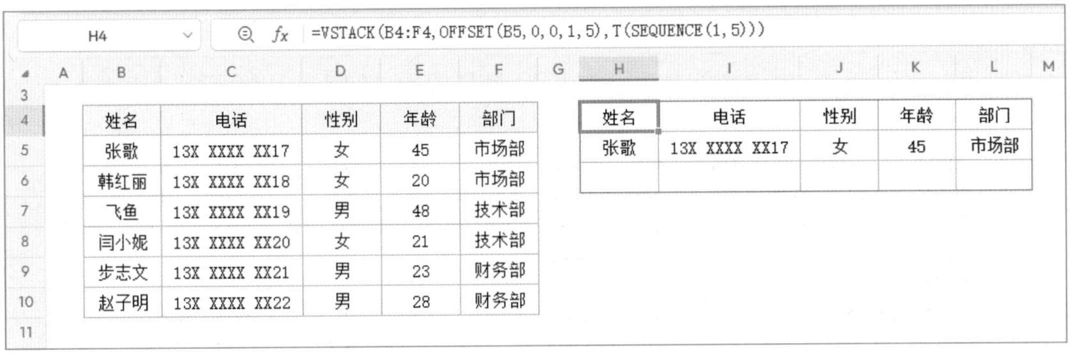

图 7-15　生成单人工资条

因为需要 REDUCE 函数通过循环返回累计的数组结果，同时 REDUCE 函数只能循环数组中的每一个值，无法按行或按列循环，所以工资表明细部分需要使用 OFFSET 函数，将单个单元格根据工资表明细列数扩展后引用。

使用 LAMBDA 函数将公式定义成自定义函数，在 H4 单元格输入公式，如图 7-16 所示。

=LAMBDA(x,y,VSTACK(x,VSTACK(B4:F4,OFFSET(y,0,0,1,5),T(SEQUENCE(1,5)))))("",B5)

H4　=LAMBDA(x,y,VSTACK(x,VSTACK(B4:F4,OFFSET(y,0,0,1,5),T(SEQUENCE(1,5)))))("",B5)

姓名	电话	性别	年龄	部门
张歌	13X XXXX XX17	女	45	市场部
韩红丽	13X XXXX XX18	女	20	市场部
飞鱼	13X XXXX XX19	男	48	技术部
闫小妮	13X XXXX XX20	女	21	技术部
步志文	13X XXXX XX21	男	23	财务部
赵子明	13X XXXX XX22	男	28	财务部

	#N/A	#N/A	#N/A	#N/A
姓名	电话	性别	年龄	部门
张歌	13X XXXX XX17	女	45	市场部

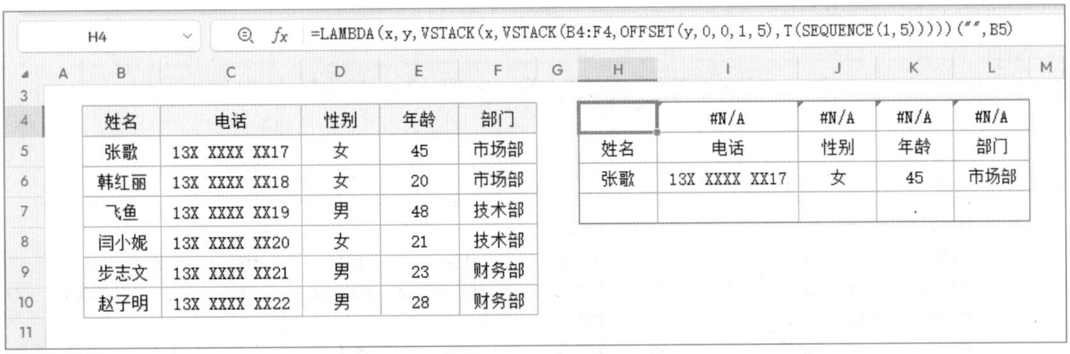

图 7-16　使用 LAMBDA 函数将公式定义成自定义函数

因为 REDUCE 函数会传入两个参数，所以 LAMBDA 函数依次设置 x、y 两个参数用来接收 REDUCE 函数传入的参数，其中参数 x 为上一次的计算结果，参数 y 为当前计算结果，使用 VSTACK 函数拼接即可实现累计的效果，OFFSET 函数的第 1 个参数引用参数 y 即可，模拟 REDUCE 函数的第 1 次计算，LAMBDA 函数的第 1 个参数传入任意值，第 2 个参数引用工资明细表第 1 个姓名所在的 B5 单元格，公式即可返回结果。

模拟 REDUCE 函数的第 2 次计算，LAMBDA 函数的第 1 个参数引用上次计算结果所在的 H4# 单元格，第 2 个参数引用工资表第 2 个姓名所在的 B6 单元格。在 H9 单元格输入公式，如图 7-17 所示。

=LAMBDA(x,y,VSTACK(x,VSTACK(B4:F4,OFFSET(y,0,0,1,5),T(SEQUENCE(1,5)))))(H4#,B6)

H9　=LAMBDA(x,y,VSTACK(x,VSTACK(B4:F4,OFFSET(y,0,0,1,5),T(SEQUENCE(1,5)))))(H4#,B6)

姓名	电话	性别	年龄	部门
张歌	13X XXXX XX17	女	45	市场部
韩红丽	13X XXXX XX18	女	20	市场部
飞鱼	13X XXXX XX19	男	48	技术部
闫小妮	13X XXXX XX20	女	21	技术部
步志文	13X XXXX XX21	男	23	财务部
赵子明	13X XXXX XX22	男	28	财务部

	#N/A	#N/A	#N/A	#N/A
姓名	电话	性别	年龄	部门
张歌	13X XXXX XX17	女	45	市场部

	#N/A	#N/A	#N/A	#N/A
姓名	电话	性别	年龄	部门
张歌	13X XXXX XX17	女	45	市场部
姓名	电话	性别	年龄	部门
韩红丽	13X XXXX XX18	女	20	市场部

图 7-17　模拟 REDUCE 函数的第 2 次计算

测试 LAMBDA 函数正确后，使用 REDUCE 函数循环所有姓名即可。在 H4 单元格输入公式，如图 7-18 所示。

=DROP(REDUCE("",B5:B10,LAMBDA(x,y,VSTACK(x,VSTACK(B4:F4,OFFSET(y,0,0,1,5),T(SEQUENCE(1,5)))))),1)

H4　=DROP(REDUCE("",B5:B10,LAMBDA(x,y,VSTACK(x,VSTACK(B4:F4,OFFSET(y,0,0,1,5),T(SEQUENCE(1,5)))))),1)

姓名	电话	性别	年龄	部门
张歌	13X XXXX XX17	女	45	市场部
韩红丽	13X XXXX XX18	女	20	市场部
飞鱼	13X XXXX XX19	男	48	技术部
闫小妮	13X XXXX XX20	女	21	技术部
步志文	13X XXXX XX21	男	23	财务部
赵子明	13X XXXX XX22	男	28	财务部

姓名	电话	性别	年龄	部门
张歌	13X XXXX XX17	女	45	市场部
姓名	电话	性别	年龄	部门
韩红丽	13X XXXX XX18	女	20	市场部
姓名	电话	性别	年龄	部门
飞鱼	13X XXXX XX19	男	48	技术部
姓名	电话	性别	年龄	部门
闫小妮	13X XXXX XX20	女	21	技术部
姓名	电话	性别	年龄	部门
步志文	13X XXXX XX21	男	23	财务部
姓名	电话	性别	年龄	部门
赵子明	13X XXXX XX22	男	28	财务部

图 7-18　使用 REDUCE 函数循环

REDUCE 函数的第 1 个参数初始化值设置为任意值，第 2 个参数引用姓名所在的 B5:B10 单元格区域，第 3 个参数使用编写好的 LAMBDA 自定义函数，REDUCE 函数返回结果后，使用 DROP 函数将第 1 行初始化值删除即可。

注意事项

生成的工资条标题所在行的背景颜色及工资条的边框线是通过格式刷或条件格式设置的，函数只能返回数据，无法返回单元格格式。

7.2 综合案例：二维数据表转换为一维表

将二维数据表转换为一维表，目标结果如图 7-19 所示。

	A	B	C	D	E	F	G	H	I	J
3										
4		姓名	舞蹈	书法	美术		姓名	科目	分数	
5		张歌	78	89			张歌	舞蹈	78	
6		韩红丽	91		77		张歌	书法	89	
7		飞鱼		54			韩红丽	舞蹈	91	
8		闫小妮	92	87	99		韩红丽	美术	77	
9		步志文	58	76			飞鱼	书法	54	
10		赵子明		71	64		闫小妮	舞蹈	92	
11							闫小妮	书法	87	
12							闫小妮	美术	99	
13							步志文	舞蹈	58	
14							步志文	书法	76	
15							赵子明	书法	71	
16							赵子明	美术	64	
17										

图 7-19　二维数据表转换为一维表

1. 传统方法拼接后筛选

在 G5 单元格输入公式，如图 7-20 所示。

```
=LET(姓名,INDEX(B5:B10,INT(SEQUENCE(18,,3)/3)),科目,INDEX(C4:E4,MOD(SEQUENCE(18,,3),3)+1),分数,TOCOL(C5:E10),FILTER(HSTACK(姓名,科目,分数),分数<>""))
```

G5

```
=LET(姓名,INDEX(B5:B10,INT(SEQUENCE(18,,3)/3)),科目,INDEX(C4:E4,MOD(SEQUENCE(18,,3),3)+1),分数,TOCOL(C5:E10),FILTER(HSTACK(姓名,科目,分数),分数<>""))
```

姓名	舞蹈	书法	美术
张歌	78	89	
韩红丽	91		77
飞鱼		54	
闫小妮	92	87	99
步志文	58	76	
赵子明		71	64

姓名	科目	分数
张歌	舞蹈	78
张歌	书法	89
韩红丽	舞蹈	91
韩红丽	美术	77
飞鱼	书法	54
闫小妮	舞蹈	92
闫小妮	书法	87
闫小妮	美术	99
步志文	舞蹈	58
步志文	书法	76
赵子明	书法	71
赵子明	美术	64

图 7-20　传统方法拼接后筛选

使用 LET 函数依次定义“姓名”“科目”“分数”3 个名称。

（1）“姓名”名称对应公式：

=INDEX(B5:B10,INT(SEQUENCE(18,,3)/3))

INDEX 函数的第 1 个参数引用“姓名”所在的 B5:B10 单元格区域，第 2 个参数使用 INT、SEQUENCE 函数根据科目列总数生成 111、222、333 有规律的序号，INDEX 函数即可返回转换后的姓名。

（2）“科目”名称对应公式：

=INDEX(C4:E4,MOD(SEQUENCE(18,,3),3)+1)

INDEX 函数的第 1 个参数引用“科目”所在的 C4:E4 单元格区域，第 2 个参数使用 MOD、SEQUENCE 函数根据科目列总数生成 123、123、123 有规律的序号，INDEX 函数即可返回转换后的科目。

（3）“分数”名称对应公式：

=TOCOL(C5:E10)

使用 TOCOL 函数的第 1 个参数引用分数所在的 C5:E10 单元格区域，TOCOL 函数即可将多列分数转换成一列。

使用 HSTACK 函数依次将“姓名”“科目”“分数”横向拼接，作为 FILTER 函数的第 1 个参数，FILTER 函数的第 2 个参数筛选条件，判断“分数”不等于空，即可完成转换。

2. 连接合并后拆分

在 G5 单元格输入公式，如图 7-21 所示。

=TEXTSPLIT(TEXTJOIN("+",TRUE,IF(C5:E10<>"",B5:B10&"-"&C4:E4&"-"&C5:E10,"")),"-","+")

G5　=TEXTSPLIT(TEXTJOIN("+",TRUE,IF(C5:E10<>"",B5:B10&"-"&C4:E4&"-"&C5:E10,"")),"-","+")

姓名	舞蹈	书法	美术
张歌	78	89	
韩红丽	91		77
飞鱼		54	
闫小妮	92	87	99
步志文	58	76	
赵子明		71	64

姓名	科目	分数
张歌	舞蹈	78
张歌	书法	89
韩红丽	舞蹈	91
韩红丽	美术	77
飞鱼	书法	54
闫小妮	舞蹈	92
闫小妮	书法	87
闫小妮	美术	99
步志文	舞蹈	58
步志文	书法	76
赵子明	书法	71
赵子明	美术	64

图 7-21　连接合并后拆分

（1）使用 IF 函数判断“分数”所在的 C5:E10 单元格区域是否不等于空，如果不等于则使用公式依次将“姓名”所在的 B5:B10 单元格区域、“科目”所在的 C4:E4 单元格区域、“分数”所在的 C5:E10 单元格区域之间使用“–”分隔符连接，否则返回空文本。

（2）将 TEXTJOIN 函数的第 1 个参数分隔符设置为“+”，第 2 个参数是否忽略空值设置为 TRUE（忽略空值），第 3 个参数使用 IF 函数返回的数组，可以将数组中多个非空字符串使用“+”分隔连接成一个字符串。

（3）使用 TEXTSPLIT 函数拆分，将 TEXTJOIN 函数返回的字符串作为 TEXTSPLIT 函数的第 1 个参数，第 2 个参数按列拆分分隔符设置为“–”符号，第 3 个参数按行拆分分隔符设置为“+”符号，TEXTSPLIT 即可将 TEXTJOIN 合并后的字符串拆分为指定的多行多列。

注意事项

在使用 TEXTJOIN 函数合并后再使用 TEXTSPLIT 拆分虽然方便，但是因为文本函数有 32 767 个字符长度限制，所以无法处理大量数据，在使用此方法时，需要先确认使用

TEXTJOIN 函数连接后的字符串长度不能超过 32 767 个字符，否则公式将无法返回正确结果。

3. 连接转换后循环

在 G5 单元格输入公式，如图 7-22 所示。

```
=DROP(REDUCE("",TOCOL(IF(C5:E10<>"",B5:B10&"-"&C4:E4&"-"&C5:E10,NA()),2),LAMBDA(x,y,VSTACK(x,TEXTSPLIT(y,"-")))),1)
```

G5　fx

```
=DROP(REDUCE("",TOCOL(IF(C5:E10<>"",B5:B10&"-"&C4:E4&"-"&C5:E10,NA()),2),LAMBDA(x,y,VSTACK(x,TEXTSPLIT(y,"-")))),1)
```

姓名	舞蹈	书法	美术
张歌	78	89	
韩红丽	91		77
飞鱼		54	
闫小妮	92	87	99
步志文	58	76	
赵子明		71	64

姓名	科目	分数
张歌	舞蹈	78
张歌	书法	89
韩红丽	舞蹈	91
韩红丽	美术	77
飞鱼	书法	54
闫小妮	舞蹈	92
闫小妮	书法	87
闫小妮	美术	99
步志文	舞蹈	58
步志文	书法	76
赵子明	书法	71
赵子明	美术	64

图 7-22　连接转换后循环

（1）使用 IF 函数判断分数所在的 C5:E10 单元格区域是否不等于空，如果不等于则使用公式依次将“姓名”所在的 B5:B10 单元格区域、“科目”所在的 C4:E4 单元格区域、“分数”所在的 C5:E10 单元格区域之间使用“–”分隔符连接，否则使用 NA 函数返回错误值。

（2）使用 TOCOL 函数，将 IF 函数返回的数组作为 TOCOL 函数的第 1 个参数，TOCOL 函数的第 2 个参数设置为 2（忽略错误），TOCOL 函数即可将 IF 函数返回的多行多列数组转换为一列。

（3）使用 REDUCE 函数循环，REDUCE 函数的第 1 个参数初始化值，指定一个任意值，第 2 个参数使用 TOCOL 函数返回的一列数组，第 3 个参数 LAMBDA 计算公式使用 TEXTSPLIT 函数将 REDUCE 函数传入的每一个值根据“–”符号进行拆分，使用

VSTACK 函数将上次计算结果和本次计算结果拼接，REDUCE 函数即可返回将一列数组拆分后的多列累计数组结果。

（4）使用 REDUCE 函数返回累计数据结果时，第 1 个参数的初始化值指定的任意值也会被拼接返回，需要使用 DROP 函数将第 1 行删除。

将“转换后的标题”作为 REDUCE 函数的第 1 个参数，无须使用 DROP 函数删除第 1 行数据。在 K4 单元格输入公式，如图 7-23 所示。

=REDUCE({"姓名","科目","分数"},TOCOL(IF(C5:E10<>"",B5:B10&"-"&C4:E4&"-"&C5:E10,NA()),2),LAMBDA(x,y,VSTACK(x,TEXTSPLIT(y,"-"))))

K4　=REDUCE({"姓名","科目","分数"},TOCOL(IF(C5:E10<>"",B5:B10&"-"&C4:E4&"-"&C5:E10,NA()),2),LAMBDA(x,y,VSTACK(x,TEXTSPLIT(y,"-"))))

姓名	舞蹈	书法	美术
张歌	78	89	
韩红丽	91		77
飞鱼		54	
闫小妮	92	87	99
步志文	58	76	
赵子明		71	64

姓名	科目	分数
张歌	舞蹈	78
张歌	书法	89
韩红丽	舞蹈	91
韩红丽	美术	77
飞鱼	书法	54
闫小妮	舞蹈	92
闫小妮	书法	87
闫小妮	美术	99
步志文	舞蹈	58
步志文	书法	76
赵子明	书法	71
赵子明	美术	64

图 7-23　REDUCE 函数的第 1 个参数传入标题

REDUCE 函数的第 1 个参数初始化变量，传入常量数组标题，在 REDUCE 函数第 1 次计算时，即可将传入的标题拼接。

4. 自定义函数拼接

在 G5 单元格输入公式，如图 7-24 所示。

=LET(fx,LAMBDA(x,TOCOL(IF(C5:E10<>"",x,NA()),2)),HSTACK(fx(B5:B10),fx(C4:E4),fx(C5:E10)))

G5 fx

```
=LET(fx,LAMBDA(x,TOCOL(IF(C5:E10<>"",x,NA()),2)),HSTACK(fx(B5:B10),fx(C4:E4),fx(C5:E10)))
```

姓名	舞蹈	书法	美术
张歌	78	89	
韩红丽	91		77
飞鱼		54	
闫小妮	92	87	99
步志文	58	76	
赵子明		71	64

姓名	科目	分数
张歌	舞蹈	78
张歌	书法	89
韩红丽	舞蹈	91
韩红丽	美术	77
飞鱼	书法	54
闫小妮	舞蹈	92
闫小妮	书法	87
闫小妮	美术	99
步志文	舞蹈	58
步志文	书法	76
赵子明	书法	71
赵子明	美术	64

图 7-24　自定义函数拼接

使用 LET 函数定义名称为 fx 的自定义函数，LAMBDA 函数设置一个变量 x，LAMBDA 函数最后一个参数计算公式使用 IF 函数判断“分数”所在的 C5:E10 单元格区域是否等于空，如果不等于空，则返回 LAMBDA 函数传入的参数 x，否则使用 NA 函数返回错误值 #N/A，使用 TOCOL 函数，将 IF 函数返回的数组作为 TOCOL 函数的第 1 个参数，TOCOL 函数的第 2 个参数设置为 2（忽略错误），LAMBDA 自定义函数即可根据传入的参数返回分数不为空的对应结果。

LET 函数最后一个参数调用定义好的自定义函数 fx，依次将“姓名”所在的 B5:B10 单元格区域、“科目”所在的 C4:E4 单元格区域、“分数”所在的 C5:E10 单元格区域作为参数传入，使用 HSTACK 函数，将多次调用自定义函数 fx 返回的结果拼接，即可完成转换。

7.3 综合案例：根据资产标签表转换为明细表

根据资产标签表转换为明细表，目标结果如图 7-25 所示。

图 7-25 根据资产标签表转换为明细表

（1）通过观察可以发现，标签左侧部分为标题，右侧部分为标题对应的内容，可以使用 TOCOL、WRAPROWS 函数将标签多列转换为两列。在 G5 单元格输入公式，如图 7-26 所示。

```
=WRAPROWS(TOCOL(B4:E39),2)
```

图 7-26 将标签转换为两列

使用 TOCOL 函数将标签所在的 B4:E39 单元格区域转换为一列，使用 WRAPROWS 函数将 TOCOL 函数转换的一列结果按行转换为 2 列。

（2）使用 FILTER 函数筛选，筛选转换后的标题列非空的行，将空行删除。在 G5 单元格输入公式，如图 7-27 所示。

```
=LET(arr,WRAPROWS(TOCOL(B4:E39),2),FILTER(arr,CHOOSECOLS(arr,1)<>""))
```

G5　=LET(arr,WRAPROWS(TOCOL(B4:E39),2),FILTER(arr,CHOOSECOLS(arr,1)<>""))

	A	B	C	D	E	F	G	H	I	J	K
3											
4		XXXX有限公司					名称	编码	型号	部门	地点
5		名称	台式计算机				XXXX有限公司	0			
6		编码	FY0001	型号	PC-0001		名称	台式计算机			
7		部门	产品部	地点	3#1101		编码	FY0001			
8		负责人	张歌	日期	01-23		型号	PC-0001			
9							部门	产品部			
10		XXXX有限公司					地点	3#1101			
11		名称	台式计算机				负责人	张歌			
12		编码	FY0002	型号	PC-0002		日期	45314			
13		部门	产品部	地点	3#1102		XXXX有限公司	0			
14		负责人	韩红丽	日期	01-23		名称	台式计算机			
15							编码	FY0002			
16		XXXX有限公司					型号	PC-0002			
17		名称	微型计算机				部门	产品部			
18		编码	FY0003	型号	PC-0003		地点	3#1102			
19		部门	产品部	地点	3#1103		负责人	韩红丽			
20		负责人	飞鱼	日期	01-23		日期	45314			
21							XXXX有限公司	0			

图 7-27　使用 FILTER 函数筛选标签列非空行

使用 LET 函数的第 1 个参数定义一个名称为 arr，将 WRAPROWS 函数返回的两列数组作为 arr 名称的值，LET 函数最后一个参数使用 FILTER 函数筛选，FILTER 函数的第 1 个参数引用 arr 名称，使用 CHOOSECOLS 函数取 arr 名称中的第 1 列，判断不等于空作为 FILTER 函数的第 2 个参数的筛选条件，公式将返回筛选后的结果数组。

使用 CHOOSECOLS 函数取 LET 函数返回的数组结果的第 2 列。在 G5 单元格输入公式，如图 7-28 所示。

```
=CHOOSECOLS(LET(arr,WRAPROWS(TOCOL(B4:E39),2),FILTER(arr,CHOOSECOLS(arr,1)<>"")),2)
```

G5　=CHOOSECOLS(LET(arr,WRAPROWS(TOCOL(B4:E39),2),FILTER(arr,CHOOSECOLS(arr,1)<>"")),2)

B	C	D	E
XXXX有限公司			
名称	台式计算机		
编码	FY0001	型号	PC-0001
部门	产品部	地点	3#1101
负责人	张歌	日期	01-23
XXXX有限公司			
名称	台式计算机		
编码	FY0002	型号	PC-0002
部门	产品部	地点	3#1102
负责人	韩红丽	日期	01-23
XXXX有限公司			
名称	微型计算机		

名称	编码
0	
台式计算机	
FY0001	
PC-0001	
产品部	
3#1101	
张歌	
45314	
0	
台式计算机	
FY0002	
PC-0002	
产品部	

图 7-28　取 LET 函数返回的数组结果的第 2 列

使用 WRAPROWS 函数将 CHOOSECOLS 函数返回的一列结果按行转换为 8 列。在 G5 单元格输入公式，如图 7-29 所示。

=WRAPROWS(CHOOSECOLS(LET(arr,WRAPROWS(TOCOL(B4:E39),2),FILTER(arr,CHOOSECOLS(arr,1)<>"")),2),8)

G5　=WRAPROWS(CHOOSECOLS(LET(arr,WRAPROWS(TOCOL(B4:E39),2),FILTER(arr,CHOOSECOLS(arr,1)<>"")),2),8)

B	C	D	E
XXXX有限公司			
名称	台式计算机		
编码	FY0001	型号	PC-0001
部门	产品部	地点	3#1101
负责人	张歌	日期	01-23
XXXX有限公司			
名称	台式计算机		
编码	FY0002	型号	PC-0002
部门	产品部	地点	3#1102
负责人	韩红丽	日期	01-23
XXXX有限公司			
名称	微型计算机		
编码	FY0003	型号	PC-0003
部门	产品部	地点	3#1103
负责人	飞鱼	日期	01-23

名称	编码	型号	部门	地点	负责人	日期	
0	台式计算机	FY0001	PC-0001	产品部	3#1101	张歌	45314
0	台式计算机	FY0002	PC-0002	产品部	3#1102	韩红丽	45314
0	微型计算机	FY0003	PC-0003	产品部	3#1103	飞鱼	45314
0	微型计算机	FY0004	PC-0004	技术部	3#1104	闫小妮	45314
0	工控输入机	FY0005	PC-0005	技术部	3#1105	步志文	45314
0	工控输入机	FY0006	PC-0006	技术部	3#1106	赵子明	45314

图 7-29　使用 WRAPROWS 函数将结果按行转换为 8 列

在使用 FILTER 函数筛选时，因为标题首行有公司名称在标题所在列，所以在筛选时首行的公司名称也会被保留，在使用 WRAPROWS 函数转换后，使用 DROP 函数将第 1 列删除即可。在 G5 单元格输入公式，如图 7-30 所示。

=DROP(WRAPROWS(CHOOSECOLS(LET(arr,WRAPROWS(TOCOL(B4:E39),2),FILTER(arr,CHOOSECOLS(arr,1)<>"")),2),8),,1)

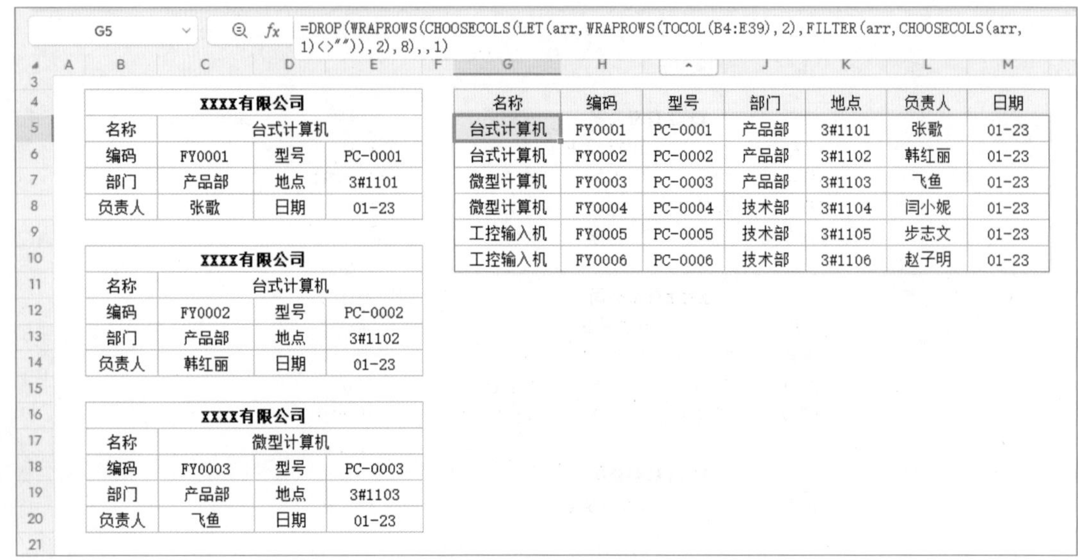

XXXX有限公司			
名称	台式计算机		
编码	FY0001	型号	PC-0001
部门	产品部	地点	3#1101
负责人	张歌	日期	01-23

XXXX有限公司			
名称	台式计算机		
编码	FY0002	型号	PC-0002
部门	产品部	地点	3#1102
负责人	韩红丽	日期	01-23

XXXX有限公司			
名称	微型计算机		
编码	FY0003	型号	PC-0003
部门	产品部	地点	3#1103
负责人	飞鱼	日期	01-23

名称	编码	型号	部门	地点	负责人	日期
台式计算机	FY0001	PC-0001	产品部	3#1101	张歌	01-23
台式计算机	FY0002	PC-0002	产品部	3#1102	韩红丽	01-23
微型计算机	FY0003	PC-0003	产品部	3#1103	飞鱼	01-23
微型计算机	FY0004	PC-0004	技术部	3#1104	闫小妮	01-23
工控输入机	FY0005	PC-0005	技术部	3#1105	步志文	01-23
工控输入机	FY0006	PC-0006	技术部	3#1106	赵子明	01-23

图 7-30　使用 DROP 函数删除首列

7.4 综合案例：根据明细表生成打印标签

根据明细表生成打印标签，目标结果如图 7-31 所示。

工号	姓名	性别	年龄
K001	步志文	男	18
K002	丁嘉祥	男	21
K003	韩红丽	女	32
K004	闫小妮	女	19
K005	杨问旋	男	26
K006	顾达	男	26
K007	庄海儿	女	22
K008	夏凇	女	45
K009	尚锐思	男	26
K010	司砂	男	34
K011	党孤云	女	18
K012	慕弓	男	45
K013	黎和煦	男	29
K014	黎葛菲	女	39

B	C	D	E
工号：K001 姓名：步志文 性别：男 年龄：18	工号：K002 姓名：丁嘉祥 性别：男 年龄：21	工号：K003 姓名：韩红丽 性别：女 年龄：32	工号：K004 姓名：闫小妮 性别：女 年龄：19
工号：K005 姓名：杨问旋 性别：男 年龄：26	工号：K006 姓名：顾达 性别：男 年龄：26	工号：K007 姓名：庄海儿 性别：女 年龄：22	工号：K008 姓名：夏凇 性别：女 年龄：45
工号：K009 姓名：尚锐思 性别：男 年龄：26	工号：K010 姓名：司砂 性别：男 年龄：34	工号：K011 姓名：党孤云 性别：女 年龄：18	工号：K012 姓名：慕弓 性别：男 年龄：45
工号：K013 姓名：黎和煦 性别：男 年龄：29	工号：K014 姓名：黎葛菲 性别：女 年龄：39	工号：K015 姓名：武浩渺 性别：男 年龄：35	工号：K016 姓名：梁阳成 性别：男 年龄：49
工号：K017 姓名：钭骏 性别：男 年龄：21	工号：K018 姓名：聂凤婷 性别：女 年龄：23	工号：K019 姓名：唐智志 性别：男 年龄：39	工号：K020 姓名：孔月 性别：女 年龄：26

图 7-31　根据明细表生成打印标签

使用 TEXTJOIN 函数将明细表第 1 行信息与标题行合并。在“公式”工作表 B2 单元格输入公式，如图 7-32 所示。

```
=TEXTJOIN(CHAR(10), TRUE, 数据源 !B2:E2&": "& 数据源 !B3:E3)
```

图 7-32 使用 TEXTJOIN 函数将明细表第 1 行信息与标题行合并

TEXTJOIN 函数的第 1 个参数分隔符设置为 CHAR(10), CHAR(10) 返回的换行符作为每组数据之间的分隔符，第 2 个参数设置为 TRUE（忽略空值），引用标题行所在的“数据源”工作表 B2:E2 单元格区域，使用 & 运算符连接“:”符号，再使用 & 运算符连接，连接明细表数据第 1 行所在的“数据源”工作表 B3:E3 单元格区域，将每个标题和对应数据进行连接，将公式返回结果作为 TEXTJOIN 函数的第 3 个参数，输入公式后，在“开始”选项卡中，单击“换行”按钮，合并的数据即可换行显示。

使用 LAMBDA 函数将 TEXTJOIN 函数公式定义成自定义函数。在“公式”工作表 B2 单元格输入公式，如图 7-33 所示。

=LAMBDA(arr,TEXTJOIN(CHAR(10),TRUE, 数据源 !B2:E2&"："&arr))(数据源 !B3:E3)

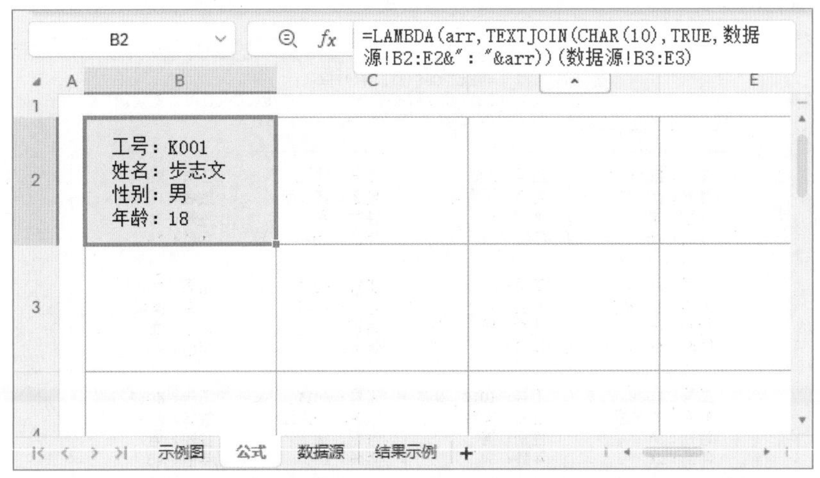

图 7-33 使用 LAMBDA 函数将 TEXTJOIN 函数公式定义成自定义函数

LAMBDA 函数的第 1 个参数定义一个 arr 参数，最后一个参数计算公式使用 TEXTJOIN 函数公式，将明细表数据第 1 行所在的“数据源”工作表 B2：E2 单元格区域修改为 arr 变量，定义好自定义函数后，传入“数据源”工作表 B3:E3 单元格区域测试。

测试 LAMBDA 自定义函数正确后，使用 BYROW 函数循环明细表所有数据。在“公式”工作表 B2 单元格输入公式，如图 7-34 所示。

=BYROW(数据源 !B3:E42,LAMBDA(arr,TEXTJOIN(CHAR(10),, 数据源 !B2:E2&"："&arr)))

	B
2	工号：K001 姓名：步志文 性别：男 年龄：18
3	工号：K002 姓名：丁嘉祥 性别：男 年龄：21
4	工号：K003 姓名：韩红丽

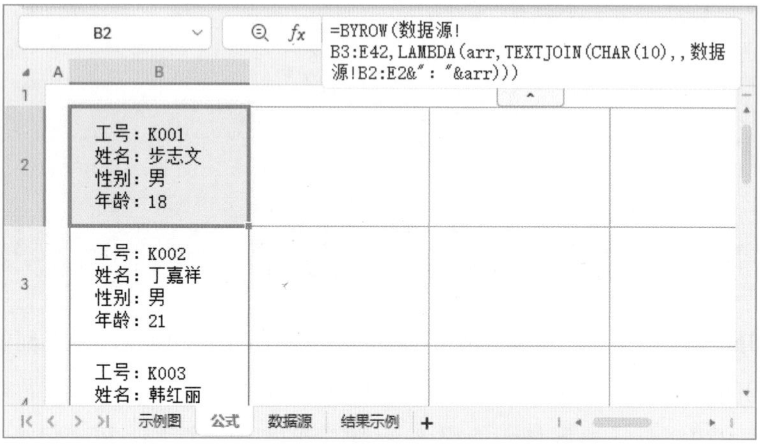

图 7-34　使用 BYROW 函数循环明细表所有数据

BYROW 函数的第 1 个参数引用明细表数据所在的“数据源”工作表 B3:E42 单元格区域，BYROW 函数的第 2 个参数使用 LAMBDA 自定义函数，BYROW 函数即可将每行数据合并，返回计算后的结果数组。

使用 WRAPROWS 函数按行转换。在 B2 单元格输入公式，如图 7-35 所示。

=WRAPROWS(BYROW(数据源 !B3:E42,LAMBDA(arr,TEXTJOIN(CHAR(10),, 数据源 !B2:E2&"："&arr))),4)

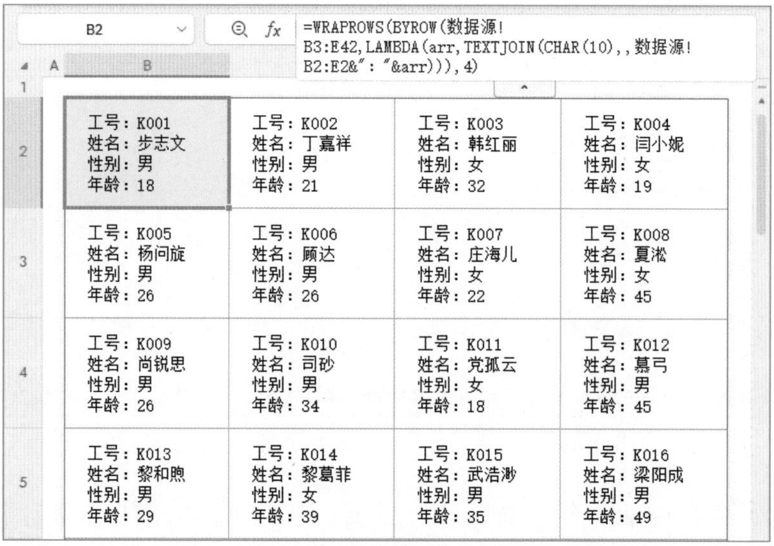

	B	C	D	E
2	工号：K001 姓名：步志文 性别：男 年龄：18	工号：K002 姓名：丁嘉祥 性别：男 年龄：21	工号：K003 姓名：韩红丽 性别：女 年龄：32	工号：K004 姓名：闫小妮 性别：女 年龄：19
3	工号：K005 姓名：杨问旋 性别：男 年龄：26	工号：K006 姓名：顾达 性别：男 年龄：26	工号：K007 姓名：庄海儿 性别：女 年龄：22	工号：K008 姓名：夏凇 性别：女 年龄：45
4	工号：K009 姓名：尚锐思 性别：男 年龄：26	工号：K010 姓名：司砂 性别：男 年龄：34	工号：K011 姓名：党孤云 性别：女 年龄：18	工号：K012 姓名：慕弓 性别：男 年龄：45
5	工号：K013 姓名：黎和煦 性别：男 年龄：29	工号：K014 姓名：黎葛菲 性别：女 年龄：39	工号：K015 姓名：武浩渺 性别：男 年龄：35	工号：K016 姓名：梁阳成 性别：男 年龄：49

图 7-35　使用 WRAPROWS 函数按行转换

将 BYROW 函数返回结果作为 WRAPROWS 函数的第 1 个参数，WRAPROWS 函数的第 2 个参数设置为 4，每 4 列 1 行转换。

公式返回结果后，需要选中结果单元格区域，在“开始”选项卡中，单击“换行”按钮，结果数据即可换行显示。

7.5 综合案例：根据商品信息生成所有组合的 SKU

根据商品信息生成所有组合的 SKU，目标结果如图 7-36 所示。

	A	B	C	D	E	F	G	H
3								
4		名称	等级	颜色	尺寸		商品SKU	
5		桌子A	S	白色	500*1000		桌子A-S-白色-500*1000	
6		桌子B	A	黑色	600*1200		桌子A-S-白色-600*1200	
7		桌子C			700*1400		桌子A-S-白色-700*1400	
8							桌子A-S-黑色-500*1000	
9							桌子A-S-黑色-600*1200	
10							桌子A-S-黑色-700*1400	
11							桌子A-A-白色-500*1000	

图 7-36 根据商品信息生成所有组合的 SKU

使用 TOROW、TOCOL 函数转换。在 G5 单元格输入公式，如图 7-37 所示。

```
=TOCOL(D5:D6&"-"&TOROW(E5:E7))
```

G5 fx =TOCOL(D5:D6&"-"&TOROW(E5:E7))

	A	B	C	D	E	F	G	H
3								
4		名称	等级	颜色	尺寸		商品SKU	
5		桌子A	S	白色	500*1000		白色-500*1000	
6		桌子B	A	黑色	600*1200		白色-600*1200	
7		桌子C			700*1400		白色-700*1400	
8							黑色-500*1000	
9							黑色-600*1200	
10							黑色-700*1400	
11								

图 7-37 使用 TOROW、TOCOL 函数转换

使用 TOROW 函数将“尺寸”所在的 E5:E7 单元格区域转换为一行，使用 & 运算符将“颜色”所在的 D5:D6 单元格区域、分隔符“-”和 TOROW 函数转换结果进行连接，使用 TOCOL 函数将连接后的多列数组转换为一列，即可将所有“颜色”“尺寸”组合。

使用 TOROW、TOCOL 函数连接“等级”后转换。在 G5 单元格输入公式，如图 7-38 所示。

=TOCOL(C5:C6&"-"&TOROW(TOCOL(D5:D6&"-"&TOROW(E5:E7))))

G5　=TOCOL(C5:C6&"-"&TOROW(TOCOL(D5:D6&"-"&TOROW(E5:E7))))

	名称	等级	颜色	尺寸		商品SKU
5	桌子A	S	白色	500*1000		S-白色-500*1000
6	桌子B	A	黑色	600*1200		S-白色-600*1200
7	桌子C			700*1400		S-白色-700*1400
8						S-黑色-500*1000
9						S-黑色-600*1200
10						S-黑色-700*1400
11						A-白色-500*1000

图 7-38　使用 TOROW、TOCOL 函数连接“等级”后转换

使用 TOROW 函数将上步的结果转换为一行，使用 & 运算符将“等级”所在的 C5:C6 单元格区域、分隔符“-”和 TOROW 函数转换结果进行连接，使用 TOCOL 函数将连接后的多列数组转换为一列，即可将所有“等级”“颜色”“尺寸”组合。

使用 TOROW、TOCOL 函数连接“名称”后转换。在 G5 单元格输入公式，如图 7-39 所示。

=TOCOL(B5:B7&"-"&TOROW(TOCOL(C5:C6&"-"&TOROW(TOCOL(D5:D6&"-"&TOROW(E5:E7))))))

G5　=TOCOL(B5:B7&"-"&TOROW(TOCOL(C5:C6&"-"&TOROW(TOCOL(D5:D6&"-"&TOROW(E5:E7))))))

	名称	等级	颜色	尺寸		商品SKU
5	桌子A	S	白色	500*1000		桌子A-S-白色-500*1000
6	桌子B	A	黑色	600*1200		桌子A-S-白色-600*1200
7	桌子C			700*1400		桌子A-S-白色-700*1400
8						桌子A-S-黑色-500*1000
9						桌子A-S-黑色-600*1200
10						桌子A-S-黑色-700*1400
11						桌子A-A-白色-500*1000

图 7-39　使用 TOROW、TOCOL 函数连接“名称”后转换

使用 TOROW 函数将上步的结果转换为一行，使用 & 运算符将“名称”所在的 B5:B7 单元格区域、分隔符“-”和 TOROW 函数转换结果进行连接，使用 TOCOL 函数将连接后的多列数组转换为一列，即可将所有“名称”“等级”“颜色”“尺寸”组合。

在组合每个类型的信息时，使用 TOCOL 函数先将结果转为一列，下次组合时再使用

TOROW 函数将结果转换为一行，此方法是为了更好地展示转换过程，了解转换原理及规律，可以根据此规律将公式修改为通用性更高、更简洁的公式，当熟练使用此公式后，可以将此公式简化，当使用 & 运算符连接后，直接使用 TOROW 函数将结果转为一行，最后一次连接后使用 TOCOL 函数转换为一列即可。在 G5 单元格输入公式，如图 7-40 所示。

```
=TOCOL(B5:B7&"-"&TOROW(C5:C6&"-"&TOROW(D5:D6&"-"&TOROW(E5:E7))))
```

G5 =TOCOL(B5:B7&"-"&TOROW(C5:C6&"-"&TOROW(D5:D6&"-"&TOROW(E5:E7))))

名称	等级	颜色	尺寸		商品SKU
桌子A	S	白色	500*1000		桌子A-S-白色-500*1000
桌子B	A	黑色	600*1200		桌子A-S-白色-600*1200
桌子C			700*1400		桌子A-S-白色-700*1400
					桌子A-S-黑色-500*1000
					桌子A-S-黑色-600*1200
					桌子A-S-黑色-700*1400
					桌子A-A-白色-500*1000

图 7-40　简化转换公式

通过观察可以发现公式的规律是将一列数据转换为一行后，与一列数组连接，对返回的多行多列结果再转换为一列，依次重复此操作将所有信息连接，可使用 LET 函数将重复操作的部分定义成自定义函数后，重复调用即可更方便地将所有信息连接。在 G5 单元格输入公式，如图 7-41 所示。

```
=LET(fx,LAMBDA(x,y, TOCOL(y & "-" &TOROW(x))),fx(E5:E7,D5:D6))
```

G5 =LET(fx,LAMBDA(x,y,TOCOL(y&"-"&TOROW(x))),fx(E5:E7,D5:D6))

名称	等级	颜色	尺寸		商品SKU
桌子A	S	白色	500*1000		白色-500*1000
桌子B	A	黑色	600*1200		白色-600*1200
桌子C			700*1400		白色-700*1400
					黑色-500*1000
					黑色-600*1200
					黑色-700*1400

图 7-41　将重复操作的部分定义成自定义函数

使用 LET 函数的第 1 个参数定义名称为 fx 的自定义函数，第 2 个参数使用 LAMBDA 函数，依次定义 x、y 两个参数，用来接收传入两列要组合的数据，LAMBDA 函数最后一个参数计算公式使用 TOROW 函数将第 1 个参数 x 转换为一行，然后使用 &

运算符将第 2 个参数 y、分隔符“–”和 TOROW 函数转换结果进行连接，LET 函数最后一个参数调用定义好的自定义函数 fx，将“尺寸”所在的 E5:E7 单元格区域、“颜色”所在的 D5:D6 单元格区域作为参数传入，公式即可将所有“颜色”“尺寸”组合。

将 fx 自定义函数返回的结果作为下一次组合的第 1 个参数，第 2 个参数传入新一列要组合的数据，依次调用自定义函数即可将所有“颜色”“尺寸”“等级”“名称”组合。在 G5 单元格输入公式，如图 7-42 所示。

=LET(fx,LAMBDA(x,y, TOCOL(y & "–" &TOROW(x))),fx(fx(fx(E5:E7,D5:D6),C5:C6),B5:B7))

G5 =LET(fx,LAMBDA(x,y,TOCOL(y&"–"&TOROW(x))),fx(fx(fx(E5:E7,D5:D6),C5:C6),B5:B7))

名称	等级	颜色	尺寸		商品SKU
桌子A	S	白色	500*1000		桌子A-S-白色-500*1000
桌子B	A	黑色	600*1200		桌子A-S-白色-600*1200
桌子C			700*1400		桌子A-S-白色-700*1400
					桌子A-S-黑色-500*1000
					桌子A-S-黑色-600*1200
					桌子A-S-黑色-700*1400
					桌子A-A-白色-500*1000

图 7-42　依次调用自定义函数

通过以上的公式已经可以实现将多列商品信息生成所有组合，但是公式还不够灵活，在传入参数时，需要根据每一列数据不同行数，引用有数据的单元格区域，当某一列数据行数发生改变时，需要修改公式引用的单元格区域，可以通过修改 LAMBDA 自定义函数来解决这个问题。在 G5 单元格输入公式，如图 7-43 所示。

=LET(fx,LAMBDA(x,y, TOCOL(TOCOL(y,1) & "–" &TOROW(x,1))),fx(fx(fx(E5:E10,D5:D10),C5:C10),B5:B10))

G5 =LET(fx,LAMBDA(x,y,TOCOL(TOCOL(y,1)&"–"&TOROW(x,1))),fx(fx(fx(E5:E10,D5:D10),C5:C10),B5:B10))

名称	等级	颜色	尺寸		商品SKU
桌子A	S	白色	500*1000		桌子A-S-白色-500*1000
桌子B	A	黑色	600*1200		桌子A-S-白色-600*1200
桌子C			700*1400		桌子A-S-白色-700*1400
					桌子A-S-黑色-500*1000
					桌子A-S-黑色-600*1200
					桌子A-S-黑色-700*1400
					桌子A-A-白色-500*1000

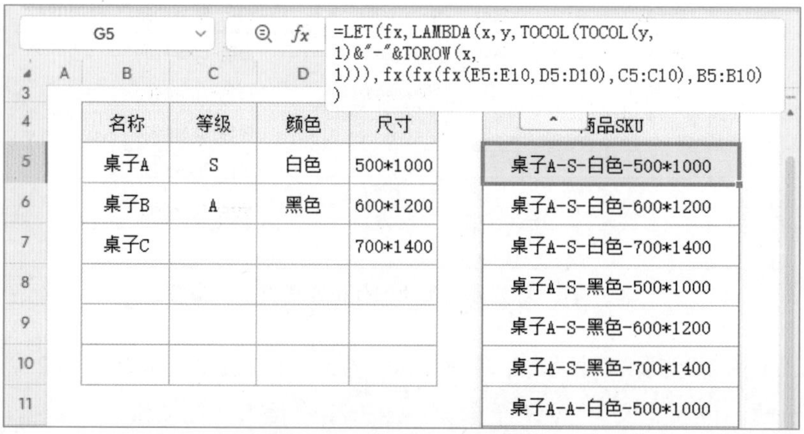

图 7-43　修改 LAMBDA 函数

TOROW 函数的第 2 个参数设置为 1（忽略空白），对参数 y 添加 TOCOL 函数，第 2 个参数同样设置为 1（忽略空白），即可将传入的空白数据过滤掉，在调用自定义函数 fx 时，根据实际情况传入一个相对较大的单元格区域，即可实现在某列数据行数发生改变时，无须修改公式，函数公式即可返回正确的结果。

通过几次的修改升级，只需要根据实际需求反复调用几次自定义函数 fx 即可返回结果，但是仍然需要重复调用几次自定义函数，当商品信息只有 3、4 列时还好，当有更多列的信息时，使用起来还是有些麻烦，通过观察可以发现一个规律，每次调用自定义函数 fx 的返回结果要作为下次计算的参数，SCAN、REDUCE 函数都有循环并获取上一次计算结果的能力，因为 SCAN 函数中的 LAMBDA 函数不支持返回数组结果，所以只能使用 REDUCE 函数来解决这个问题。在 G5 单元格输入公式，如图 7-44 所示。

```
=LET(fx,LAMBDA(x,y, TOCOL(TOCOL(y,1) & "-" &TOROW(x,1))),REDUCE(E5:E10, SEQUENCE(3,,3,-1),LAMBDA(x,y,fx(x,CHOOSECOLS(B5:D10,y)))))
```

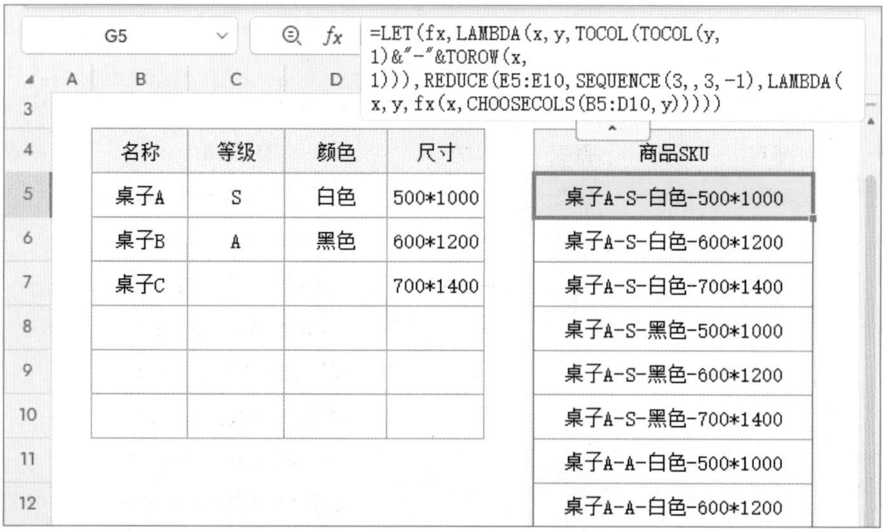

名称	等级	颜色	尺寸		商品SKU
桌子A	S	白色	500*1000		桌子A-S-白色-500*1000
桌子B	A	黑色	600*1200		桌子A-S-白色-600*1200
桌子C			700*1400		桌子A-S-白色-700*1400
					桌子A-S-黑色-500*1000
					桌子A-S-黑色-600*1200
					桌子A-S-黑色-700*1400
					桌子A-A-白色-500*1000
					桌子A-A-白色-600*1200

图 7-44　使用 REDUCE 函数循环

REDUCE 函数的第 1 个参数初始化值引用“尺寸”所在的 E5:E10 单元格区域，REDUCE 函数的第 2 个参数循环数组，循环数组只能循环单值，并且此需求还需从右向左倒序循环，当前要合并生成的信息共 4 列，因为初始化参数中已引用最后一列，所以循环前 3 列即可，使用 SEQUENCE 函数，通过设置“开始值”“增量”参数生成 3 行倒序序列。

REDUCE 函数的第 3 个参数 LAMBDA 计算公式依次设置 x、y 两个参数用来接收 REDUCE 函数传入的参数，LAMBDA 函数最后一个参数计算公式调用自定义函数 fx。

自定义函数 fx 的第 1 个参数引用参数 x，自定义函数 fx 的第 2 个参数使用

CHOOSECOLS 函数，CHOOSECOLS 函数的第 1 个参数引用商品信息前 3 列所在的 B5:D10 单元格区域，CHOOSECOLS 函数的第 2 个参数引用 REDUCE 函数的第 2 个参数传入倒序序号对应的参数 y，CHOOSECOLS 函数即可依次返回对应的“颜色”“等级”“名称”所在的单元格区域，函数公式即可返回正确的结果。

使用 REDUCE 函数后，无论商品信息有多少列数据，只需要引用两个单元格区域、根据总列数修改 SEQUENCE 函数参数，函数公式即可返回正确的结果。如果是自己使用或者把公式交给有函数基础的用户使用都是可以的，但是还不能作为成品自定义函数公式使用，一个标准成品自定义函数公式是无须修改公式内部参数的，使用者只需要根据需求传入参数，函数即可返回正确结果。可通过增加 LET 函数中的名称来将公式修改成标准的成品自定义函数公式。在 G5 单元格输入公式，如图 7-45 所示。

```
=LET(arr,B5:E10,cols,COLUMNS(arr),fx,LAMBDA(x,y, TOCOL(TOCOL(y,1) & "-" &TOROW(x,1))),REDUCE(CHOOSECOLS(arr,cols),SEQUENCE(cols-1,,cols-1,-1), LAMBDA(x,y,fx(x,CHOOSECOLS(arr,y)))))
```

G5　fx =LET(arr,B5:E10,cols,COLUMNS(arr),fx,LAMBDA(x,y,TOCOL(TOCOL(y,1)&"-"&TOROW(x,1))),REDUCE(CHOOSECOLS(arr,cols),SEQUENCE(cols-1,,cols-1,-1),LAMBDA(x,y,fx(x,CHOOSECOLS(arr,y)))))

	A	B	C	D	E	F	G
3							
4		名称	等级	颜色	尺寸		商品SKU
5		桌子A	S	白色	500*1000		桌子A-S-白色-500*1000
6		桌子B	A	黑色	600*1200		桌子A-S-白色-600*1200
7		桌子C			700*1400		桌子A-S-白色-700*1400
8							桌子A-S-黑色-500*1000
9							桌子A-S-黑色-600*1200
10							桌子A-S-黑色-700*1400
11							桌子A-A-白色-500*1000
12							桌子A-A-白色-600*1200

图 7-45　将公式修改成标准的成品自定义函数公式

（1）增加 arr 名称，将引用商品信息单元格区域通过 arr 名称传入。

（2）增加 cols 名称，使用 COLUMNS 函数根据 arr 名称计算总列数。

（3）REDUCE 函数的第 1 个参数初始化变量根据总列数 cols 名称，使用 CHOOSECOLS 函数取 arr 名称的最后一列。

（4）根据总列数 cols 名称，使用 SEQUENCE 函数生成倒序序列。

（5）自定义函数 fx 的第 2 个参数中 CHOOSECOLS 函数的第 1 个参数数据源引用 arr 名称。

即可将公式修改成标准的成品自定义函数。使用者通过修改 LET 函数中的 arr 名称对应的单元格区域，公式即可返回正确结果。

使用 LET 函数制作函数公式虽然有自定义函数的效果，但是却无法通过定义名称功能将函数公式定义成有自定义名称的自定义函数，它和 LAMBDA 函数定义的自定义函数还是有一些区别的，在传入参数的方式上，也没有 LAMBDA 函数直观，可在 LET 函数的基础上再次使用 LAMBDA 函数创建自定义函数。在 G5 单元格输入公式，如图 7-46 所示。

```
=LAMBDA(arr,LET(cols,COLUMNS(arr),fx,LAMBDA(x,y, TOCOL(TOCOL(y,1) & "−" &TOROW(x,1))),REDUCE(CHOOSECOLS(arr,cols),SEQUENCE(cols−1,,cols−1,−1), LAMBDA(x,y,fx(x,CHOOSECOLS(arr,y))))))(B5:E10)
```

G5 fx =LAMBDA(arr,LET(cols,COLUMNS(arr),fx,LAMBDA(x,y,TOCOL(TOCOL(y,1)&"-"&TOROW(x,1))),REDUCE(CHOOSECOLS(arr,cols),SEQUENCE(cols-1,,cols-1,-1),LAMBDA(x,y,fx(x,CHOOSECOLS(arr,y))))))(B5:E10)

	A	B	C	D	E	F	G
3							
4		名称	等级	颜色	尺寸		SKU
5		桌子A	S	白色	500*1000		桌子A-S-白色-500*1000
6		桌子B	A	黑色	600*1200		桌子A-S-白色-600*1200
7		桌子C			700*1400		桌子A-S-白色-700*1400
8							桌子A-S-黑色-500*1000
9							桌子A-S-黑色-600*1200
10							桌子A-S-黑色-700*1400
11							桌子A-A-白色-500*1000
12							桌子A-A-白色-600*1200

图 7-46 使用 LAMBDA 函数创建自定义函数

LAMBDA 函数的第 1 个参数定义一个 arr 参数，LAMBDA 函数的最后一个参数计算公式使用 LET 函数公式，因为新加的 LAMBDA 函数已使用 arr 参数传入引用的单元格，所以 LET 函数中的 arr 名称和对应值可以删除，使用 LAMBDA 函数定义好自定义函数公式后，传入商品信息所在的 B5:E10 单元格区域，公式即可返回正确结果。

7.6 综合案例：制作随机不重复抽奖工具

制作随机不重复抽奖工具，目标结果如图 7-47 所示。

员工名单

工号	姓名	手机号
K001	步志文	156****2853
K002	丁嘉祥	146****5782
K003	韩红丽	151****0242
K004	闫小妮	131****2300
K005	杨问旋	134****8976
K006	顾达	184****8884
K007	庄海儿	177****7471
K008	夏淞	177****4703
K009	尚锐思	175****1681
K010	司砂	184****5965
K011	党孤云	181****6314
K012	幕弓	198****2840

抽奖区

奖项	三等奖
人数	6

工号	姓名	手机号
K010	司砂	184****5965
K005	杨问旋	134****8976
K015	武浩渺	176****8170
K002	丁嘉祥	146****5782
K017	钭骏	191****9742
K019	唐智志	137****2961

中奖记录

工号	姓名	手机号	奖项

图 7-47　制作随机不重复抽奖工具

不重复抽奖工具分别有“员工名单”“抽奖区”“中奖记录”3 个区域，在使用时，先将员工信息填写到“员工名单”区域中，设置“抽奖区”区域的“奖项”“人数”参数，因为公式需要使用随机函数，所以通过长按 F9 键可以触发公式重复计算，可实现中奖区域名单滚动效果，松开 F9 键停止重复计算，当前公式返回结果作为中奖名单，需截图将当前中奖名单保存，然后选中“抽奖区”的中奖名单进行复制，将复制的名单粘贴为数值到“中奖记录”中，并且填写中奖“奖项”，在下次抽奖时，“中奖记录”名单中的人员将不会再次被抽中。

使用 FILTER 函数筛选不在“中奖记录”区域中的员工名单。在 F8 单元格输入公式，如图 7-48 所示。

```
=FILTER(B5:D24,ISNA(MATCH(B5:B24,J5:J24,0)))
```

F8　=FILTER(B5:D24,ISNA(MATCH(B5:B24,J5:J24,0)))

员工名单

工号	姓名	手机号
K001	步志文	156****2853
K002	丁嘉祥	146****5782
K003	韩红丽	151****0242
K004	闫小妮	131****2300
K005	杨问旋	134****8976
K006	顾达	184****8884
K007	庄海儿	177****7471
K008	夏淞	177****4703
K009	尚锐思	175****1681
K010	司砂	184****5965

抽奖区

奖项	三等奖
人数	6

工号	姓名	手机号
K001	步志文	156****2853
K002	丁嘉祥	146****5782
K003	韩红丽	151****0242
K004	闫小妮	131****2300
K005	杨问旋	134****8976
K006	顾达	184****8884
K007	庄海儿	177****7471

图 7-48　使用 FILTER 函数筛选

FILTER 函数的第 1 个参数引用“员工名单”所在的 B5:D24 单元格区域，第 2 个参数使用 MATCH 函数查询，MATCH 函数的第 1 个参数引用“员工名单”区域中“工号”所在的 B5:B24 单元格区域，MATCH 函数的第 2 个参数引用“中奖名单”区域中“工号”所在的 J5:J24 单元格区域，MATCH 函数的第 3 个参数匹配类型设置为 0（精确匹配），MATCH 函数没有查询到会返回错误值 #N/A，使用 ISNA 函数判断，如果值是错误值 #N/A，则 ISNA 函数会返回 TRUE，FILTER 函数即可将不在“中奖记录”区域中的员工筛选出来。

使用 LET 函数的第 1 个参数定义名称为 arr 的名称，第 2 个参数使用 FILTER 函数返回的结果，第 3 个参数定义名称为 x 的名称，第 4 个参数使用 ROWS 函数返回 arr 名称的总行数，LET 函数的最后一个参数引用 x 名称。在 F8 单元格输入公式，如图 7-49 所示。

```
=LET(arr,FILTER(B5:D24,ISNA(MATCH(B5:B24,J5:J24,0))),x,ROWS(arr),x)
```

F8　=LET(arr,FILTER(B5:D24,ISNA(MATCH(B5:B24,J5:J24,0))),x,ROWS(arr),x)

员工名单

工号	姓名	手机号
K001	步志文	156****2853
K002	丁嘉祥	146****5782
K003	韩红丽	151****0242
K004	闫小妮	131****2300
K005	杨问旋	134****8976
K006	顾达	184****8884
K007	庄海儿	177****7471
K008	夏凇	177****4703

抽奖区

奖项	三等奖
人数	6

工号	姓名	手机号
20		

图 7-49　使用 LET 函数定义名称

使用 SORTBY、RANDARRAY、TAKE 函数随机抽取。在 F8 单元格输入公式，如图 7-50 所示。

```
=LET(arr,FILTER(B5:D24,ISNA(MATCH(B5:B24,J5:J24,0))),x,ROWS(arr),TAKE(SORTBY(arr,RANDARRAY(x)),G5))
```

F8　=LET(arr,FILTER(B5:D24,ISNA(MATCH(B5:B24,J5:J24,0))),x,ROWS(arr),TAKE(SORTBY(arr,RANDARRAY(x)),G5))

员工名单

工号	姓名	手机号
K001	步志文	156****2853
K002	丁嘉祥	146****5782
K003	韩红丽	151****0242
K004	闫小妮	131****2300
K005	杨问旋	134****8976
K006	顾达	184****8884
K007	庄海儿	177****7471
K008	夏淞	177****4703
K009	尚锐思	175****1681
K010	司砂	184****5965

抽奖区

奖项	三等奖
人数	6

工号	姓名	手机号
K017	钭骏	191****9742
K010	司砂	184****5965
K001	步志文	156****2853
K018	聂凤婷	136****7360
K008	夏淞	177****4703
K012	慕弓	198****2840

图 7-50　使用 SORTBY、RANDARRAY、TAKE 函数随机抽取

使用 SORTBY 函数的第 1 个参数引用不在“中奖记录”区域中的员工对应的 arr 名称，SORTBY 函数的第 1 个参数排序依据使用 RANDARRRAY 函数，根据 arr 名称总行数对应的 x 名称生成指定行数的随机数，SORTBY 函数即可将不在“中奖记录”区域中的员工明细随机排序，使用 TAKE 函数根据“人数”返回随机排序后的指定行数即可。

选择“奖项”“人数”后，长按 F9 键开始抽奖，“抽奖区”区域名单开始滚动，松开 F9 键，公式当前返回结果作为中奖名单，因为随机抽取使用了随机函数，在任意单元格输入或修改值都会触发公式重新计算，所以在将“抽奖区”的中奖名单粘贴到“中奖记录”区域前，需要先将“抽奖区”的中奖名单截图保存。“三等奖”中奖名单如图 7-51 所示。

抽奖区

奖项	三等奖
人数	6

工号	姓名	手机号
K019	唐智志	137****2961
K017	钭骏	191****9742
K005	杨问旋	134****8976
K003	韩红丽	151****0242
K016	梁阳成	135****3396
K020	孔月	157****9774

中奖记录

工号	姓名	手机号	奖项

图 7-51　“三等奖”中奖名单

选中“抽奖区”的中奖名单区域进行复制，选中“中奖记录”区域“工号”所在 J 列空白单元格，右击，在弹出的快捷菜单中单击“粘贴为数值”按钮，如图 7-52 所示。

图 7-52　粘贴为数值

将中奖名单粘贴到“中奖记录”区域，下次抽奖时，“中奖记录”区域名单中的人员将不会再次中奖。

将上次中奖名单粘贴到“中奖记录”区域后，修改抽奖区“奖项”选项为“二等奖”、设置“人数”为 3 人后，长按 F9 键开始再次抽奖，松开 F9 键，“二等奖”中奖名单产生，截图保存即可。“二等奖”中奖名单如图 7-53 所示。

图 7-53　“二等奖”中奖名单

重复上次操作，将“二等奖”中奖名单复制、粘贴到“中奖记录”区域，修改抽奖区“奖项”选项为“一等奖”、设置“人数”为 1 人后，再次抽奖，将“一等奖”抽出，“一等奖”中奖名单如图 7-54 所示。

	E	F	G	H	I	J	K	L	M	N
1										
2			抽奖区				中奖记录			
3										
4		奖项	一等奖			工号	姓名	手机号	奖项	
5		人数	1			K019	唐智志	137****2961	三等奖	
6						K017	钭骏	191****9742	三等奖	
7		工号	姓名	手机号		K005	杨问旋	134****8976	三等奖	
8		K010	司砂	184****5965		K003	韩红丽	151****0242	三等奖	
9						K016	梁阳成	135****3396	三等奖	
10						K020	孔月	157****9774	三等奖	
11						K013	黎和煦	162****1983	二等奖	
12						K002	丁嘉祥	146****5782	二等奖	
13						K006	顾达	184****8884	二等奖	
14										
15										

图 7-54 “一等奖”中奖名单

将“一等奖”中奖名单复制、粘贴到“中奖记录”区域，所有奖项中奖人员名单如图 7-55 所示。

中奖记录

工号	姓名	手机号	奖项
K019	唐智志	137****2961	三等奖
K017	钭骏	191****9742	三等奖
K005	杨问旋	134****8976	三等奖
K003	韩红丽	151****0242	三等奖
K016	梁阳成	135****3396	三等奖
K020	孔月	157****9774	三等奖
K013	黎和煦	162****1983	二等奖
K002	丁嘉祥	146****5782	二等奖
K006	顾达	184****8884	二等奖
K010	司砂	184****5965	一等奖

图 7-55 所有奖项中奖人员名单